本书献给1920年海原8.5级大地震100周年

1920年海原8.5级大地震
地震断层破裂带调查与研究

环文林　潘　华　李金臣　葛　民　吴　宣　著

地震出版社

图书在版编目（CIP）数据

1920年海原8.5级大地震地震断层破裂带调查与研究 /
环文林等著. -- 北京：地震出版社，2023.2
ISBN 978-7-5028-5531-4

Ⅰ.①1… Ⅱ.①环… Ⅲ.①巨大地震—断层—断裂
带—调查研究—宁夏—1920 Ⅳ.①P315.3

中国版本图书馆CIP数据核字(2022)第240753号

地震版 XM5383/P (6355)

1920年海原8.5级大地震地震断层破裂带调查与研究
环文林 潘 华 李金臣 葛 民 吴 宣 著

策划编辑：王亚明
责任编辑：王亚明
责任校对：凌 樱

出版发行 地震出版社
北京市海淀区民族大学南路 9 号　　　　　邮编：100081
发行部：68423031　68467993　　　　传真：68467991
总编办：68462709　68423029
编辑室：68426052
http://seismologicalpress.com
E-mail：dzpress2023@163.com

经销：全国各地新华书店
印刷：河北文盛印刷有限公司

版（印）次：2023 年 2 月第一版　2023 年 2 月第一次印刷
开本：787×1092　1/16
字数：534 千字
印张：22.25
书号：ISBN 978-7-5028-5531-4
定价：128.00 元

序

地震地表破裂带是出露的震源，是认识大地震的窗口。"烨烨震电，不宁不令。百川沸腾，山冢崒崩。高岸为谷，深谷为陵"。几千年前《诗经》就有对地震的描述，混杂了地震时的多种现象。而对 1891 年日本浓尾地震和 1906 年美国旧金山大地震地表破裂带的研究开启了对地震科学认识的先河。地震地表破裂带不同于崩塌、滑坡等地震动产生的地表破坏效应，是震源断层错动在地表的表现，记录了震源的信息。对地震地表破裂带的调查和研究，仍是现代地震科学研究（地震科考）的重要方面。人们可以通过地震地表破裂带的表现形式、断错位移、破裂分布，了解震源断层的几何学、运动学和动力学，认识震源破裂的不均匀性和规模（震级）。

地震地表破裂带还是研究地震和断层关系的纽带。地震不仅是物理现象，也是地质现象。地震破裂是断层重复性黏滑活动的表现，对地震重复活动相关的沉积、地貌演化记录的研究，就是古地震研究。而地震地表破裂现象是研究和理解古地震的钥匙。同时地震地表破裂与先存断层的空间差异，也是研究断层活动破裂分段及继承性和新生性的重要资料。

1920 年海原 8.5 级大地震是中国大陆震级最大的三次大地震（其他两次为 1668 年郯城地震、1950 年察隅 — 墨脱地震）之一。其巨大的地震规模和重要的大地构造位置都具有独特的科研价值。虽然无人见证几分钟之内大地撕裂近 200km 的壮观场面，但沿着裂痕留下了丰富、复杂的断错现象。这些现象有冲沟同步断错、断头沟断尾沟、断塞塘、断错阶地、断错洪积扇、断错山脊、断错土堰、撕裂树木，还有多种类型组合型地表破裂，以及地震动引起的崩塌、滑坡、山体裂缝等。

环文林先生用相机和皮尺记录和测量了地震的断错行迹，结合遥感和填图从不同空间层次进行了整理和归纳，分析研究了这些现象的地质本质，包括地震破裂的起始、终止、分段以及位移量分布等特征。虽然针对海原断裂带有很多研究成果，但如此细致、形象、系统的整理还是第一次。该书不仅是地震地质专业人员，也是其他人员了解和研究海原大地震的重要参考。随着时间的流逝，地表的外动力地质过程和人类活动会模糊地震行迹，后人追寻和研究会变得越来越困难，而该书中的记录会变得越来越重要，将成为进一步研究海原断裂带的指南。

田勤俭

2022 年 10 月

序

多年来，环文林先生从事全国许多大地震的地震构造野外调查与研究工作。全国 7.5 级以上大地震现场几乎都留下了他的汗水和足迹。不论寒冬腊月还是酷暑夏日，他始终兢兢业业，一丝不苟，积累了极其丰富的研究地震构造的经验。即便是退休以后，他依然继续承担了地震科研工作，对我国多处核电工程地震构造的调查、安全性评价，做出了重要贡献。

20 世纪 70 年代前后，随着海洋地球物理研究的发展，板块构造学说崛起，地球物理学、地质学有了突破性进展，地震构造、定量活断层古地震研究方法也随之发展起来。与此同时，我国改革开放，开始了大规模的经济建设，急需进行大面积的国土建设规划。国家地震局及时敏锐地感觉到这一重大的转变和发展机遇。1980 年，中国地震学会地震地质专业委员会，在丁国瑜院士的主持下，召开了"中国活动断裂及古地震研究讨论会"，掀起了大规模全国性的地震构造和活动断裂研究的新高潮，为此国家地震局设立了诸多重大研究基金项目。许多有条件的地震单位，投入大量人力物力，开展了全国性的地震构造、活断层调查和填图工作。国家地震局地质研究所、地球物理研究所、分析预报中心、兰州地震研究所，宁夏地震局等单位，积极投入到了这些重点基金项目中，并取得了丰硕成果。我国在活断层和大地震的地震构造定量化、物理化、精确化的研究方面取得了很大进展，我国的地震构造和构造物理研究从此进入了一个新的时代。

我国大多数大地震，是走滑断层活动的结果。对走滑断层特征和识别标志的研究成为地震区域划分的关键研究内容之一。1920 年海原 8.5 级大地震，是我国内陆近代震级最大和伤亡最惨重的地震。这次地震在地表形成长达 200 多千米的地震断层破裂带，断层两侧形成了长达 10 余米的水平位移。而这次大地震又位于引人注目的青藏高原东北缘，自然条件远远好于其他地区，地广人稀，植被稀少，基岩裸露，地震的遗迹保存良好。因此，引起了地震地质工作者的高度重视，许多单位都在此开展了不同规模的研究工作。

国家地震局地球物理研究所环文林先生为首的研究团队，联合宁夏地震局，于 1982—1984 年，对 1920 年海原大地震进行了多次全线徒步调查测量，采用航空照片解译，结合耗费体力的野外徒步测量，获得了许多第一手定量资料。

近年来我国地质学、地球物理学研究方面取得了更大进展，特别是随着地球资源卫星数字遥感影像的发展。在这种情况下，20 世纪靠人工徒步调查所取得的定量地震地质学基础资料在应用方面与现代的遥测技术、数字化技术缺乏直接联系的桥梁。为了架设这一座桥梁，本书的研究团队对数字卫星影像进行解释分析，得到更高分辨率（包括全彩色高清分辨率）的地球资源卫星数字影像资料，在更大的高度和广度上对 1920 年海原地震破裂带进行观察和研究，拓宽了视野，开阔了眼界，把原来所取得的实际资料又重新过滤一遍，得到了许多在地面上调查难以涉及、现场肉眼观察难以鉴别的大尺度形变现象。

书中以巨大的工程量，把长达 240 多千米的海原大地震的地震断层形变带，在大比例尺数字地球卫星影像图上分区分段填图，给出各段的地震断层形变带分布的大比例尺卫星影像图。同时用大比例尺数字卫星影像资料给出各地的典型形变现象，结合大量现场拍摄的彩色照片，在原有基础上又补充了许多有价值的新资料、新数据，使原来考察得到的认识又向前迈了一大步，让后人进行后续研究时能更直观地看到地震断层的分布位置和各种类型破裂的特征图像。

本书以大量篇幅和新的图片资料，图文并茂地详细描述了 1920 年海原 8.5 级大地震破裂带的分布特征，分段介绍地震断层六个次级段的平面分布和位移分布特征等。

书中提供了 1920 年海原 8.5 级大地震不同形变性质的地震断层的典型破裂现象，如山脊断错、阶地错断、断错洪积扇、田坎道路地物断错等水系和地质体错断的极其丰富的地震地质现象。这些微地貌的变位量和变位性质，可以被相当准确地测量出来，因此本书称其为我国最好的地震地质博物馆和研究试验场。书中给出了全带水平位移和垂直位移的数据，其中水平位移数据 203 个，垂直位移数据 90 个，以及各次级带和全带的水平位移和垂直位移分布曲线图等地震破裂带的运动学和动力学定量参数。

在地震破裂带特征研究方面，我认为以下重要的研究结果值得关注。

海原大地震强烈的地面振动引起了大规模的基岩山崩、滑坡和地表黄土层滑坡，为海原大地震地面垂直形变的重要类型之一。这次地震基岩滑坡和地表黄土灾害的分布范围之广，造成的死亡人数之多，形成的灾害之惨烈，闻所未闻。前人对地表黄土滑坡进行了大量的研究，而对基岩滑坡研究得很少。

大规模的基岩滑坡是地震断层破裂带的重要组成部分。本书以大量篇幅和卫星遥感影像资料，进行了全面细致的分析和解读，对基岩滑坡的规模和分布，提供了大量珍贵的图像资料，填补了前人和前期研究的不足，并认为大规模的山崩、滑坡是山区地震破裂带破裂起始点最重要的垂直形变现象，是大地震的地震破裂带的重要组成部分。

该书重新复核得到海原大地震的地震破裂带全长 246.6km，最大左旋水平位移 15m，共由六条不连续的相对独立的次级走滑地震断层斜列组合而成。

在走滑断层形变分布特征研究方面，提出一条走滑断层不是都以走滑为主，只有中段为主体走滑段，其两端则以垂直形变为主要特征的经典论断。

在地震断层平面分布的结构特征方面，深入讨论了大地震的多重破裂特征，提出 1920 年海原 8.5 级大地震是具有多重破裂特征的左旋走滑大地震。

书中还讨论了海原地震断层破裂带破裂演化过程和大地震的重复性，地震断层破裂带的破裂起始点和破裂方式等。

书中对海原大地震的孕震构造和发震构造也进行了较深入的研究，认为海原大地震的活动与相关大区域构造的活动有密切联系，海原 8.5 级这样的"寰球大震"代表的不是单个地震，而是以 1920 年 8.5 级地震为主体的一群地震。它们共同经历了从能量积累到能量释放的全过程，具有相当大的孕育区域。海原大地震的发震断层是先存的海原断裂带继续活动的结果。

我认为《1920年海原8.5级大地震地震断层破裂带调查与研究》是一部具有较高研究价值的著作，所提供的研究结果和认识无疑是对我国大陆内部大地震的地震活动、地震构造、发震构造研究和认识的进一步深化，是海原大地震地震断层破裂带调查和研究结果的全面总结，对于今后的活断层调查、活断层填图、大地震野外现场调查、地震安全性评价中的地震构造研究等，都有着重要指导和示范意义。

本书对高等院校师生和地震学、地质学专业工作者，在地震动力学、活断层运动学、构造物理学等的教学、野外考察和室内研究，以及防震减灾、重大工程地震安全性评价等方面，都具有重要的参考价值。

刘百篪

2022 年 10 月 16 日

前言

一、海原大地震与地震断层破裂带

一百多年前的 1920 年 12 月 16 日晚，在时属甘肃省（现属宁夏回族自治区）的海原县和固原县的交界地区，发生了 8.5 级特大地震。这次地震是我国大陆板块内部近代发生的最大地震，震撼了大半个中国，其地震波为全球 96 个地震台所记录，是全球巨大地震之一，被称为"寰球大震"。

海原大地震沿先成海原活动断裂带形成了一条巨大的地震断层破裂带。破裂带两侧岩体发生了幅度最高达 15m 的地表左旋水平位移，产生大规模的基岩山体崩塌滑坡，导致河流阻塞、山川巨变。沿破裂带形成巨大的灾害，其两侧 20 ~ 30km 范围内几乎所有的建筑物都被完全摧毁，大量村镇被掩埋，死亡人数高达 27 万以上。后续调查评估的震中地震烈度高达 Ⅺ ~ Ⅻ度，形成 240 多千米长， 2 万余平方千米的极震区。海原大地震灾情之惨重，为人类自然灾害史上所罕见，震惊世界。

历经百年后的今天，在青藏高原的东北缘，在高耸入云的祁连山、六盘山麓，这条长达 246.6 km 的巨大的地震断层破裂带仍静静地横亘延绵在地表，像深深刻印在大地上的一道疤痕，向世界展示着这里曾经的沧海桑田与灾难历史，同时也向世人展现着大自然令人震撼的力量造就的叹为观止的地表地质奇观。

海原大地震地震断层破裂带，是大地震深部震源错动在地表产生的永久形变。它展现了极其丰富的地震导致的地表变形现象，是罕见的地震遗迹，更是庞大的天然地震博物馆，对探讨大地震成因与破裂机制，以及地震动力学和地震成灾机理，都具有极高的学术研究价值。

海原大地震发生在我国西部的祁连山、六盘山区和黄土高原地区。这里大部分地段气候干旱，雨水稀少，植被很少，基岩裸露，人口稀少，许多地段甚至为无人区，自然和人为的破坏相对较少，因此，海原大地震的地震断层破裂带在地表清晰可见，保存较完好，这得天独厚的条件也是其他许多历史大地震无法相比的。因而，海原地震后，国内外的地学工作者多次深入震区进行实地考察，留下了大量珍贵的资料。

二、海原大地震与地震断层破裂带早期研究工作

1980 年出版的国家地震局兰州地震研究所、宁夏回族自治区地震局编著的《一九二〇年海原大地震》专著，对 20 世纪 80 年代前对海原地震的调查成果做了全面总结。该专著明确指出海原大地震的发震构造是海原活动断裂带，并对海原地震震源参数、震源机制与应力场、构造形变带、大震前后地震活动等方面进行了概述。专著还依据极震区的山崩、滑坡、建筑物破坏

等震害，编制了等震线图和震害分布图，给出了海原地震形变带全长 220km，总体走向为北西—北西西向等重要结论。

1980 年，中国地震学会地震地质专业委员会在宁夏召开了中国活动断裂及古地震讨论会，交流了海原活动断裂带及其他活动断裂的研究成果。会议还组织对海原地震断层带中典型的西华山段开展地震地质考察。笔者有幸与会并参加了考察。

《一九二〇年海原大地震》专著的出版和中国活动断裂及古地震讨论会的召开，引起了国内外地震研究者对海原大地震的广泛关注，掀起了一轮研究高潮。

1981 年国家地震局地质研究所宋方敏、朱世龙、汪一鹏、邓起东和宁夏回族自治区地震局张维岐合作，对海原县境内的南西华山南麓唐家坡西—乱堆子以东段，用大比例尺实测填图的方法，获得了这一段地震断层上各类冲沟左旋位移的若干数据，其中最大水平位移达 10 ～ 11m。同年国家地震局兰州地震研究所周俊喜、刘百篪考察研究了"海原活动断层"南、西华山段，考察证明南、西华山断裂带晚更新世以来是一条以左旋走滑为主的断裂带，其水平走滑位移量可达 200m 左右。1982 年丁国瑜对南华山断裂的断错水系也做了研究。当时调查研究工作大多集中在宁夏海原县的南、西华山和干盐池一带，以及最西段的景泰南部长 70 ～ 80km 的一段，对整个海原地震形变带的系统考察及研究不够，导致在大多数段落缺少可靠的位移数据，特别是在甘肃境内黄家洼山—北嶂山—哈思山一带约 100km 的地段，以及长近 60km 的月亮山段。这些地段是人烟稀少、交通不便的高山戈壁地区，因此，对海原大地震的地震断层破裂带开展全线综合调查被提上日程。

中国地震局地质研究所、中国地震局兰州地震研究所和宁夏回族自治区地震局等单位，先后开展了对海原活动断裂带和海原大地震地震断层破裂带的全线综合考察，并取得了一系列重要研究成果。中国地震局兰州地震研究所以刘百篪、周俊喜为首的研究团队，发表了一系列高水平的学术研究论文。中国地震局地质研究所和宁夏回族自治区地震局以邓起东为首的研究团队，撰写了《海原活动断裂带》专著（1990），出版了《海原活动断裂带地质图》（6 幅）（1990）。

三、地球所对海原地震断层破裂带开展的调查

20 世纪 80 年代改革开放以后，开始了大规模的经济建设，急需进行大面积的国土规划，地震系统需要开展全国性的地震区域划分，大地震发震构造鉴定会极大地影响地震区划结果，是重点工作。以往研究揭示，我国绝大多数大地震受走滑断层活动控制，对走滑断层特征和识别标志的研究，成为重中之重。

国家地震局地球物理研究所确定以海原大地震巨大的左旋走滑地震断层破裂带为对象开展重点研究，并申请到国家地震局重大项目资金资助。研究所邀请宁夏回族自治区地震局共同组成联合考察队，于 1981—1984 年持续 4 年，沿海原大地震地震断层破裂带全线进行徒步追踪考察和研究。联合考察队由环文林负责，共 19 人，地球所葛民、王士平、李玉良、常向东参加考察，蒋泽仁、张力平担任录像，赵力箴、任道容负责微震观测，陈跃立任司机，时振梁、鄢家全、卢寿德等参加了短期考察。宁夏回族自治区地震局万自成、柴炽章、张维岐、焦德成等参加考察，徐永漳、蔡森任司机。

1981 年，在野外调查前制订了周密的研究计划，也做了大量的室内准备工作。其中最重要的是对海原发震断层进行大量的航空照片解译和分析，当时这在国内尚属较新的活动构造研究方法。项目为此专门购买了海原地震断层带全线长 250km、宽 10km 范围内的 1∶5 万的航空照片，并从 1981 年下半年至 1982 年上半年，用了近 1 年的时间，沿海原地震断层带利用航片判读仪，逐段对航空照片进行详细判译，并将海原地震断层、地震形变带的分布及周围的水系和地形地貌等判读结果，填写在尼龙薄膜图上，据此编制出 1∶5 万的全线地震断层形变带和水系位错分布草图。室内大量的前期解译分析工作，为野外调查提供了基础图件，据此图指引，在野外调查中可以快速准确地到达目标地震破裂带现场，节省了漫山遍野寻找地震断层的时间，大大提高了偏远地区野外考察的工作效率。在没有卫星导航系统、大比例尺区域地质调查图件极其匮乏的年代，这也是创新的工作方式。

1982 年至 1984 年，联合考察队先后 3 次深入海原震区进行调查。1982 年 7—8 月对当时前人研究较多的海原地震断层带南西华山段进行热身练兵调查，充分了解和学习前人的研究成果。1983 年正式开展对超过 300km 的海原地震断层带固原县月亮山至甘肃马东山段的全线野外追踪测量和详细研究。1984 年再次出野外，在前一年调查结果的基础上进行全线补充调查，核实重要数据和对重点地段开展深化研究。经过两年艰苦的全线野外调查和对重点地段、典型形变现象的深入研究，取得了大量珍贵的资料和数据，也用专业单反相机拍摄了大量珍贵的彩色照片，基本查清了地震断层的全线空间分布和地震断层位移分布。在野外还对前期室内通过航片判读编制的 1∶5 万全线地震断层形变带分布草图进行了现场逐段核实修定，在此基础上编制了 1∶10 万的全线（分段）地震断层形变带和地震断层位移数据分段分布图。该图覆盖了本次考察范围，东起宁夏固原硝口，西至极震区的最西端甘肃省景泰县的兴泉堡以西老虎山一带，全长 300km 以上；图中在长达 246.6km 的地震形变带上，按形变带力学性质划分出若干形变类型；图中还编入了这次考察所获得的 163 个水平位移数据和 87 个垂直位移数据，编制了水平位移和垂直位移分布曲线图。野外工作结束后编写出版了野外考察报告：

① 环文林、葛民、万自成、柴炽章等，《1920 年海原 8.5 级大地震形变带考察报告》，《中国地震考察》，1987，地震出版社；

② 万自成、柴积章、葛民、环文林等，《1920 年海原 8.5 级大地震的地质构造背景》，《中国地震考察》，1987，地震出版社。

四、本书编撰的初衷与构想

通过这四年的海原大地震地震断层带的调查和研究工作，笔者对海原大地震左旋走滑地震断层带的特征、破裂机制和识别标志等，有了较全面的了解，初步形成了对我国大陆内部走滑型发震断层动力学、运动学特征的基本认识。此后 1990—2000 年的 10 年间，笔者等又对我国大陆内部的其他几条主要走滑型发震构造带，从地震动力学的角度，连续开展了一系列系统性研究，获得的研究成果揭示出了我国大陆内部走滑型发震断层的特征和运动机理，在《地震学报》和其他专著上，发表了《1920 海原 8.5 级大地震的多重破裂特征》《中国大陆内部走滑型发震构造的构造应力特征》《中国大陆内部走滑型发震构造的构造形变特征》《中国大陆内部走滑型发震构造黏滑运动的结构特征》《中国大陆内部发震构造的规模与震级的关系》《中国大陆内部地震发生机制及力学模型的研究》《斜列状走滑型发震断层破裂模型的统计分析》等一系列论文。这 10 年左右的研究工作使得笔者对大陆内部走滑型发震断层动力学与运动学模型的认识愈发清晰，反过来又促使笔者产生了重新梳理早期海原大地震野外调查得到的第一手资料，深化对海原大地震地震断层破裂带的认识的想法。

40 年前对海原大地震地震断层破裂带长达四年的考察研究，取得了大量珍贵的第一手原始考察资料，尤其是当时还属稀有的彩色照片，并没有得到充分的整理出版，更加宝贵的是照片中留下的当时的地貌景观、地质现象和地震形迹，随着岁月变迁，当今大多已不复从前，甚或踪迹无存。这也使笔者觉得有责任和义务让这些珍贵资料拂去岁月蒙尘，呈现出应有的价值，为后人留下有参考意义的研究资料。

在 40 年前的考察工作中，笔者创新性地大规模利用航片进行解译分析，编制了对野外考察具有显著指导性的大比例尺地震断层形变带分布图，其作用不亚于现代常用的遥感影像、数字地形和卫星导航系统，在当时的国内是非常前沿的技术方法。在卫星遥感影像得到普遍应用，影像分辨率日益提高的当下，将遥感影像资料与当时的现场考察测量资料、照片影像资料等进行联合分析，深化对海原大地震地震断裂带的认识，也是笔者心中的一个愿望。

退休后终于有了闲暇时间，于是动了编写这本书的念想，然而动手前多有踌躇，怕高龄的身体和心力难以完成这一颇为浩大的工程。幸而写作的初心得到地球所领导和多年合作同仁的大力鼓励与支持，兰州地震研究所、宁夏回族自治区地震局和海原县地震办公室的有关同事和领导，也希望尽快写就本书，于是笔者勉力开始了近十年的整理与编写工作。好在曾经的考察经历至今仍记忆犹新，场景还历历在目、难以忘怀，为撰写文字提供了许多便利，尚有几位一同共事过的小我几岁的同事在编辑与整备资料方面给予协助，更有我老伴宋昭仪女士的协助支持，终于本书得以编撰成文，感谢大家的支持与帮助。

40 年前笔者采用了当时最先进的航空照片解译与实地徒步调查相结合的新方法，完成了海原大地震地震断层破裂带的全线野外考察，编制了 1:10 万的地震断层和位移分布图。现今，本书编写之初，笔者虽年迈，却也"聊发少年狂"，立愿要搜集现代不同时段卫星影像资料，实现从更高的高度上和更大的广度上去认识海原地震，对海原地震断层破裂带进行遥感影像地质判读分析，将其断层特征识别出来，并分区分段绘制在大比例尺的卫星影像图上，从而得到更直观、更清晰的地震断层分布图和各种类型的典型地震形变现象影像图。为此，笔者还花两年时间学习掌握了专业的图像处理软件，用于数字影像解译。上述工作，拓宽了研究观察视野，从而获得了许多地面调查难以发现、现场局部难以鉴别的大尺度形变现象，如果当时能有这样的技术，考察的效率会高很多，认识也会更加丰富，真羡慕当今的年轻的科技工作者，也希望他们能够更好地去认识了解海原断裂这样的大型活动断裂，去揭示大地震的发震机制，为人类减轻大地震灾害的影响。

五、本书获得的新资料和新认识

历经较长时间的原始照片资料的梳理分析和遥感影像资料的判读解译，以及艰难而漫长的文字打磨，本书终得成形。本书在以下几个方面增补了过往研究未有提及的资料和数据，笔者认为这些新的资料和数据具有重要的科学价值，能够为后人进一步的研究提供助益。

（1）海原地震破裂带全线地震断层形变卫星影像图。

本书基于大比例尺卫星影像开展了海原大地震地震形变特征判识填图，给出了分段地震断层形变带分布图，以及各段典型形变现象的卫星影像，更匹配了现场拍摄的大量彩色照片，这些资料让后续研究者能更直观地看到地震断层的分布位置和各种类型破裂的特征。全书提供了分区、分段地震断层形变带影像图和典型形变图共计200多幅。

（2）大量未发表的地震现场地表破裂形变现象彩色照片。

本书对1982—1984年调查时用单反相机拍摄的大量照片和反转片进行了整理，并精选出91幅未曾发表、能清晰反映野外现场原始面貌的珍贵彩色照片，尽可能全面地呈现海原大地震地震现场类型丰富的地表破裂形变现象。

（3）海原地震断层破裂带长度修订。

本书依据地震断层破裂带全线各次级带（包括主断层和端部新生断层带）形变特征的展布范围，对其卫星影像规模进行了量测，从而确定出较为准确的地震断层破裂带的长度。海原地震断层带共由六条次级地震断层斜列组合而成，自东向西各次级带的长度为：月亮山东麓次级地震断层带长58.6km，南西华山北麓次级地震断层带长55.5km，黄家洼山南麓次级地震断层带长28.8km，北嶂山北麓次级地震断层带长43km，哈思山南麓次级地震断层带长31.7km，米家山—马厂山北麓次级地震断层带长29km。各次级带中，以月亮山东麓次级地震断层带最长，自此向西各次级地震断层的长度逐渐变短。由各段长度得到海原大地震地震断层带总长度为246.6km。

（4）填补部分地震断层段上地震位移等数据和资料空白。

本书对两条地震断层带的地震位移数据的空缺进行了填补，分别为：南西华山北麓次级地震断层带，刺儿沟至大沟门长达18km地段水平位移值；黄家洼山南麓次级地震断层带，唐家坡经分水岭至高湾子长近7km的无人高山地段断层分布位置和水平位移数据。本书也对沿线其他地震断层段上的地震断层位移数据进行了补充。通过数据增补，海原地震断层全带同震水平位移数据达203个，各自然段垂直位移数据达90个。

此外，本书填补了前人工作中忽视的月亮山东麓段大规模的基岩山崩、滑坡和水平位移数据。

（5）重新厘定各次级地震断层段最大左旋水平位移值。

本书基于调查资料重新厘定了海原地震断层破裂带的6条次级地震断层段最大左旋水平位移值，分别为：月亮山东麓地震断层段12m，南西华山北麓地震断层段15m，黄家洼山南麓地震断层段14m，北嶂山北麓地震断层段12m，哈思山南麓地震断层段11m，米家山北麓地震断层段8m。由此得到，海原大地震地震断层破裂带的最大左旋水平位移达15m。

（6）新发现月亮山地震断层带北端小南川—武家峁岗新生断层。

月亮山地震断层与南西华山地震断层如何扩展贯通，是一个长期未决的问题。以往的文献认为月亮山东麓地震断层北端止于老虎腰岘，也有的文献推测，可能还向西北延至南华山的后山，但依据都不足。本书通过对精度较高的卫星影像资料进行分析判读，认为地震断层没有延至老虎腰岘及以西的南西华山后山地区，而是在小南川急转向北，产生小南川—武家峁岗—南华山东麓新生地震断层带，实现了月亮山东麓地震断层带向南西华山北麓地震断层带的扩展贯通。本书还通过小月亮山地震断层破裂带向南西华山地震断层带扩展贯通的力学分析，提出了两者之间扩展贯通的力学结构模型。

六、本书内容架构

本书在对海原大地震形变带进行详细调查研究的基础上，从地震动力学的角度对海原地震断层破裂带进行了分段，讨论了地震断层破裂带的空间分布特征、位移形变分布特征、力学机制和地震活动的发展演化过程等；从地球动力学角度讨论了海原大地震发生的大地构造和地震构造环境、构造应力场与形变场，以及地震动力的来源等。在这些研究的基础上讨论了"海原寰球大地震"的孕育区和发震构造。

全书共分 6 章。

第 1 章介绍了海原大地震的地震参数和地震灾害情况，概述了海原大震的发震构造——海原活动断裂带的基本特征，讨论了海原活动断裂带左旋走滑运动形成和发展的演化过程。

第 2 章用大量彩色照片、数字卫星影像和文字资料，详细介绍了海原大地震断层破裂带丰富多彩的地面形变现象，其中包括反映走滑断层主体走滑段水平位错特征的地震形变现象，反映走滑地震断层尾端的垂直位错特征的形变现象，和反映地震断层带初始破裂地带的大规模基岩山崩、滑坡等形变现象。

第 3 章以现场调查得到的大量实际资料、清晰的彩色照片、解译的卫星影像等资料，对海原大地震地震断层破裂带的月亮山东麓次级地震断层带、南西华山北麓次级地震断层带、黄家洼山南麓次级地震断层带、北嶂山北麓次级地震断层带、哈思山南麓次级地震断层带和米家山—马厂山北麓次级地震断层带等 6 条次级断层破裂带的地质背景、空间分布情况和位移分布进行了详细的介绍。

第 4 章对海原大地震断层破裂带的地表形变特征进行了详细研究。以分段列表的形式给出了全带水平位移和垂直位移的数据，包括水平位移数据 203 个，垂直位移数据 90 个；给出了各次级带和全带的水平位移和垂直位移分布图，据此深入讨论了海原大地震地震断层破裂带的地表水平形变和垂直形变分布特征。

本章阐明一条完整的发生地震的走滑断层不是整条断层都以走滑为主，只有中段为主体走滑段，其两端则以垂直形变为主要特征，走滑断层端部的垂直位移是走滑断层端部的垂直形变效应的体现，是走滑型地震断层位移形变的重要组成部分。

第 5 章基于海原大地震地震断层破裂带现场调查资料，深入讨论了大地震的多重破裂特征。海原大地震地震断层由 6 条次级断层斜列组合而成，斜列状结构是走滑断层发生黏滑运动的必要条件，大陆内部大地震的走滑型发震构造都具有斜列状结构特征。海原 8.5 级大地震的多重破裂特征是走滑断层斜列状结构的产物，地震断层的多重位错面在极短的时间内，冲破每两条相邻断层之间的斜列阶区部位的阻碍体，导致多条次级走滑位错面在极短时间内扩展贯通，而形成一次巨大地震。

本章还讨论了海原地震断层破裂带破裂演化过程，提出走滑型发震断裂带的走滑运动会经历从初始形成、不断发展到走滑运动发生大地震的全盛阶段，和最终阻碍体消亡的蠕滑运动阶段等演化发展阶段。走滑断层走滑运动的各个发展阶段，地震活动性和发生地震的强度都各不相同，其中，走滑断层阻碍体的纵向狭长张性断陷（或挤压隆起）阶段，这一晚期发展阶段的阻碍体体积狭窄，两条斜列断层的端部距离逐渐接近，地震时在强大动力的冲击下，很容易在此基础上冲破阻碍体而发生"新生破裂"，使多个阻碍体破裂贯通而形成多重破裂的 8 级以上大地震，因而该阶段是 8 级以上大地震的活动阶段。海原活动断裂带就处于这一发展阶段，1920 年海原 8.5 级大地震就是这个发展阶段的继承性活动的结果。

本章最后讨论了海原地震断层破裂的起始点在月亮山东麓地震断层一带，为单向破裂的方式，破裂自东南向西北扩展，经南西华山地震断层破裂带、黄家洼山地震断层破裂带、北嶂山地震断层破裂带、哈思山地震断层破裂带，最后在米家山地震断层破裂带的景泰兴泉堡一带尖灭。

第 6 章讨论了海原大地震的孕震构造和发震构造。对海原大地震这样的"寰球大地震"的孕震构造和发震构造的研究，必须放在全球构造运动的总体框架中，研究青藏高原地震活动，以及青藏高原地震活动与板块运动、地壳结构的关系，研究地震活动的现代构造应力场和构造形变场，及其动力来源等。从地球动力学的角度，用多学科从多层次进行综合研究。

本章认为，海原大地震发生在青藏高原的东北缘弧形地震构造带内，该弧形地震构造带包括北西向的祁连山构造带、南北向的六盘山构造带和北东向的龙门山构造带，三者共同组成青藏高原东北缘向东凸出的弧形地震构造带，为海原大地震的孕育区。8.5 级这样的"寰球大地震"代表的不是单个地震，而是该孕育区内，以 1920 年 8.5 级地震为主体的一群地震，它们共同经历了从能量积累到能量释放的全过程，本章详细研究了这一发展过程，因此，1920 年海原 8.5 级地震有着相当大的孕育区。

本章的后面部分还讨论了发生在祁连山构造带上的 1920 年宁夏海原 8.5 级地震、1927 年甘肃古浪 8 级地震的发震构造，发生在龙门山构造带上的 1654 年天水地震、1879 年武都—文县地震和 2008 年汶川地震等 3 次 8 级地震的发震构造。

谨以本书纪念海原大地震一百周年。

《1920 年海原 8.5 级大地震地震断层破裂带调查与研究》一书的编写始于 10 年前的秋天，笔者萌发了对 40 年前调查 1920 年海原 8.5 级大地震地震断层破裂带获得的海量原始资料进行梳理总结的心愿，繁杂的工作进程延续至了今天。

海原大地震，是大自然带给人类的巨大灾难，但也是人类了解大自然规律、减轻灾害影响的厚重教科书。谨献此作，纪念海原大地震百年！

环文林

2022 年 12 月

目录

第1章　海原大地震地震断层破裂带概述

1920 年海原 8.5 级大地震是我国大陆板块内部近代发生的最大一次地震。这次地震发生在青藏高原新生代强烈隆起区的东北缘，由于其所处的构造部位的特殊性，历来为国内外地学研究者所关注。

伴随地震的发生，在极震区内沿先成的海原活动断裂带形成了一条巨大的地震断层破裂带。在长达 246.6km 的地震断层破裂带上，两侧岩体发生了最大幅度长达 15m 的左旋水平位移，沿断裂许多山脊、沟谷、地面构筑物和地物被水平错断。垂直形变现象也非常丰富，沿断层形成巨大的垂直断陷，造成湖泊迁移、基岩和黄土大规模崩塌、滑坡，山体长距离滑移阻塞河流，形成众多堰塞湖。地震使大量建筑物损毁，造成高达 27 万以上人员死亡。

海原大地震时在地表形成的巨大地震断层带，是海原大地震震源面在地表的出露线，它是海原大地震的地震震源直接错动的结果。地震断层破裂带是地震时地震断层活动在地表留下的永久地面形变，是震源错动在地表的直接表现。

海原大地震发生在我国西部的祁连山、六盘山区和黄土高原地区。这里大部分地段气候干旱，植被很少，基岩裸露，人口稀少，许多地段甚至为无人区，自然和人为的破坏相对较少，保留较好，而且地震破裂带在地表至今仍清晰可见。这些得天独厚的条件，是其他大地震无法相比的。这里出现的丰富多彩、类型多样的地震形变现象，使它成为一个非常珍贵的，在地表自然裸露的庞大地震博物馆和天然实验场。

海原大地震地震断层破裂带规模巨大的地表形变现象所提供的大量信息，对探讨大地震的破裂机制和板块内部大地震的成因以及地震动力学和断裂运动学的研究都有着非常重要的意义，因而海原大地震具有极高的科学研究价值，吸引着国内外众多地学工作者先后前往调查和研究。

本书作者等与宁夏地震局合作，在大震后曾于 1981—1984 年长达四年的时间里，沿断层徒步野外调查，目睹了仍然保留较好的地震断层形变现象，获得水平位移数据 203 个，垂直位移数据 90 个，拍摄了大量清晰的彩色照片，在航空照片判读的基础上实测编制了 1:10 万地震形变带和位移分布图。

海原大地震规模巨大的地震形变带，在现代卫星影像上清晰可见，这为进一步深入研究提供了条件。本书编写过程中，利用当前最先进的数字卫星影像资料，经计算机解译识别，从更大的高度和广度全面地认识这条巨大的地震断层破裂带，又获得了许多地面调查难以获得的资料和认识。

本书在地震断层破裂带分段详细调查研究的基础上，从地震动力学的角度深入讨论了地震断层破裂带的分布特征、形变特征、位移分布，大地震的多重破裂特征、力学机制和地震动力的来源，从地球动力学的角度讨论了海原大地震发生时的大地构造环境、地震构造和地震活动环境，并在这些研究的基础上讨论了"海原寰球大地震"的巨大孕育区、区内地震活动孕育和发震的演化过程，详细分析讨论了海原大地震的发震构造。

1.1 海原大地震概况

1.1.1 海原大地震地震参数

1920 年 12 月 16 日 20 点 05 分 54 秒，在时属甘肃省（现属宁夏回族自治区）的固原县和海原县交界地区，发生了 $M_w8.3$（$M_s8.5$）的特大地震，强烈的震动持续了十几分钟，有感范围超过大半个中国。地震波及全球，世界上 96 个地震台都记录到了这次地震。在日本东京，放大倍率仅 12 倍的地震仪也记录到这次特大地震，故被称为"寰球大震"。

根据中国地震目录，这一地震震级为 8.5 级，震中烈度Ⅻ度，震源深度 17km。宏观震中位于青藏高原东北缘，宁夏回族自治区海原县干盐池一带，即北纬 36°39′、东经 105°17′。

1.1.2 海原大地震的等震线分布

对这次大地震有丰富的历史记载，《中国地震目录》和《中国近代地震目录》收录了这些记载，并给出了不同烈度区的分布线（图 1.1-1）。

这次地震使全国许多县市遭受到不同程度的破坏。Ⅵ度以上破坏区西至青海省西宁，东至山西中南部，北达黄河河套以南，南至湖北汉中。除此之外，全国 130 多个县市有感。有感范围西至甘肃玉门，东至上海，南至香港，超过大半个中国。

1.1.3 海原地震极震区破坏情况

海原大地震发生于青藏高原的东北缘，极震区位于祁连山东端至六盘山以北，南自宁夏固原县峡口，经海原县、甘肃靖远至景泰县兴泉堡，全长 240 多公里。极震区面积达 2 万余平方公里，这里山崩地裂、河流阻塞、交通断绝、房屋倒塌，灾情惨重，前所未闻。伴随地震的发生，沿先成的海原活动断裂带形成了一条长达 200 多公里的地震断层地表破裂带。在历经百年的今天，这条留在地表的巨大地震形变带仍清晰可辨，向后人述说着当年地震的惨烈。

Ⅷ度以上极震区对研究海原大地震的震源特征、震区震害分布特征都具有重大意义。中国地震局兰州地震研究所、宁夏回族自治区地震局（1980）经过深入的调查研究，给出了"1920 年海原大地震极震区内外居民点震害简图"。

本书根据该图提供的资料，结合本书作者对该区的研究和认识，编制了海原大地震极震区等震线图（图 1.1-2）。

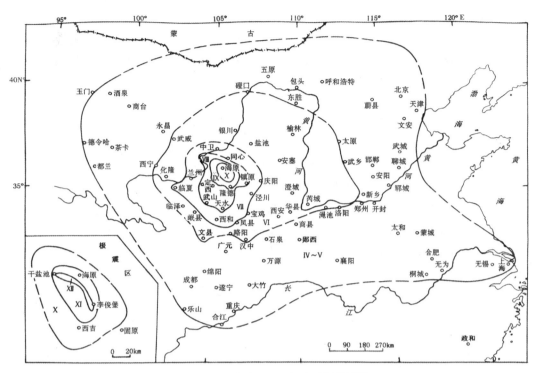

图 1.1-1　1920 年海原 8.5 级大地震等震线图

（据《中国近代地震目录》，1999 年）

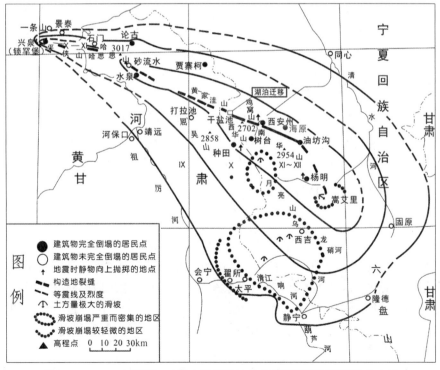

图 1.1-2　1920 年海原 8.5 级大地震滑坡分布区及极震区等震线分布图

（据甘肃省地震局、宁夏回族自治区地震局，1980）

1．烈度XI～XII度区

该区为极震区的核心区（XI～XII度），以地震震源错动在地表产生的巨大地震断层破裂带为主体。该破裂带南起宁夏月亮山东麓的固原县硝口，向北经嵩艾里、李俊堡、小南川、曹洼、海原县城南、西安州、干盐池、甘肃省靖远县黄家洼山南麓、阴洼窑、北嶂山北麓、邵家水、荒凉滩、哈思山南麓，过黄河至米家山和马厂山北麓，最终止于景泰县兴泉堡。全长 246.6km。根据走向和运动特点的差异可分为两段。

南段：月亮山东麓段，走向北北西，以垂直运动为主，以大规模基岩山崩、滑坡为特征，以水平运动为辅，水平位移 12 m。人的感觉垂直（上下颠动）运动明显，来势猛烈，地声与震动几乎同时到达，不少地点有静物上下跳动，打麦场上石碾子跳起高度可达 1m，然后左右摇摆，甚至被抛出很远，建筑物全部震毁或被滑坡体掩埋，人畜伤亡惨重。

北段：南西华山段—黄家洼山段—北嶂山段—哈思山段和米家段，走向均为北西西向，以大幅度的地体左旋水平撕裂为主要特征，最大水平位移 15m。其中以南西华山段和黄家洼山段水平位移最大，向西各段逐渐减小。建筑物几乎全部倒塌，无一保留，人畜伤亡惨重。

从破坏面积看，东南段月亮山段和南西华山段面积较大，烈度衰减慢，向西各段面积逐渐缩小，最西端至景泰兴泉堡附近尖灭，表明绝大多数地震能量在东南部释放。

2．烈度IX～X度区

该区为地震极震区核心区的外围地区，地表破裂以地震波强烈振动引发大规模、大范围地表重力次生黄土滑坡为主要特征。滑坡体受地形条件及场地条件的影响较大，无明显方向性。

建筑物破坏情况，有木架的房屋多为墙倒架在，土墙房和窑洞房全部倒塌。

人的感觉，开始时上下震动，然后左右摇摆，地震持续时间较长，人畜伤亡惨重，黄土滑坡体将无数村庄掩埋。

1.1.4 海原地震的死亡人数

这次强烈的地震给灾区人民的生命财产造成了极大的损失，据当时各县统计，这次地震中的死亡人数达 23 万余人，2003 年刘百篪等对海原大地震的死亡人数进行了再评估，补充了过去遗漏部分县的统计资料，得到死亡人数应为 27 万左右。

1.1.5 海原地震的震中位置

1．宏观震中位置

根据地震学理论，宏观震中为极震区的几何中心。

关于这次地震的宏观震中位置，很多文献都有记载，《中国近代地震目录》确定的宏观震中为北纬 36.5°、东经 105.7° 宏观震源深度为 17km；兰州地震研究所经过多年的调查研究，在 1980 年出版的《1920 年海原大地震》一书中，将宏观震中定在海原县干盐池附近，即北纬 36°39′、东经 105°17′，这一结果已被多数后续的研究者所接受。

2．仪器震中位置

仪器震中又称微观震中。根据地震学理论，仪器震中为地震震源破裂的起始点。

这次地震的仪器震中位置，由于当时国内仅有上海徐家汇地震台，其余台站都为国际台，距离太远，加之当年的仪器精度都较差，因而各种文献给出的仪器震中位置差别较大。要确定震中位置，还需结合震区的实际情况综合考虑。

关于 1920 年海原 8.5 级大地震的仪器震中位置，李善邦先生 1948 年在《科学》杂志上发表的《三十年来我国地震研究》一文中做了详细描述。当时，我国唯一的上海徐家汇地震台记录到这次地震。根据法国神父 E. 古泽（E. Gherzi）主持的上海徐家汇地震台仪器记录和震区的初步报告，将震中定在距上海 1550km 的六盘山区一带。李善邦先生（1948）对来自震区的资料进行详细研究后，也将仪器震中定在固原一带。

谢家荣、翁文灏（1921）老一辈地质学家就是根据当时仪器所定的震中，前往六盘山区进行考察的。他们通过现场实际调查，将山崩最强烈、灾害最惨烈、死亡人数最多的地区，即山崩滑坡和灾情最重的地区定在固原和海原交界一带（也就是本书所述的月亮山地震断裂带的中南段地区）。老一代地震学家的现场调查工作虽然存在一定的局限性，但对他们在震中区的调查和认识应给予足够的重视。

本书也对仪器震中位置做了详细研究（后续 3.1 节还要做详细讨论），认为把这次大地震的仪器震中定在海原县与固原县之间的六盘山月亮山地震断裂带的中南段是合理的，即基岩山岩崩塌滑坡规模最大、强度最高，死亡人数比例最高的吴家庄、上大寨、杨村、蒿艾里、李俊堡和杨明堡一带，震中区的中心位置为北纬 36.3°、东经 105.8°。震中烈度Ⅻ度，时称"寰球大震"。

1.2 海原大地震的发震构造

1.2.1 前人研究情况

关于海原大地震的发震构造，解放后我国地震工作者进行了长期深入的研究。

1958 年中国科学院地球物理研究所派郭增建、蒋明先、刘成吉、赵荣国、安昌强、王贵美等六人组成地震预报考察队，对海原地震进行实地考察。考察队翻山越岭，跨沟渡河，历时一个多月，取得了较丰富的第一手资料。他们第一次访问到由李俊堡经海原县城，南至干盐池的地震断裂带的整体走向约为北西向，长度约 100km；第一次调查访问到了干盐池湖泊在地震时向北迁移这一巨大的地壳形变现象。这次考察是对海原大地震地震断层带的第一次重大发现。

20 世纪 60 年代初，中国科学院地球物理研究所阚荣举等人在甘肃进行地震勘探时，发现了甘肃景泰段海原大地震地震断层的西段。这段地震断层向东与郭增建等发现的地震断层连接起来，初步调查到海原大地震发震构造的大致分布。之后中国科学院兰州分院地球物理所唐铭麟、朱皆传等同志经过调查追索，进一步弄清了该断裂带的大致分布轮廓。

20 世纪 70 年代，中国地震局兰州地震大队李玉龙、康哲民、李龙海同志发现，干盐池西山前十几条田埂被海原大地震的断裂带左旋错断，第一次发现海原大地震地震断层的左旋水平断错的性质。

1980 年，中国地震局兰州地震研究所、宁夏回族自治区地震局编著的《一九二〇年海原大地震》专著出版，对前人对海原地震的调查结果做了全面系统的总结，做出了海原地震形变带从固原硝口经海原至甘肃景泰南，全长 220km，发震构造总体走向为北西—北西西方向等重要结论，海原大地震发震构造的轮廓基本定型。

1981—1983 年，中国地震局兰州地震研究所刘百篪、周俊喜等，开展了对海原活动断裂和海原地震断层的全线调查工作，在航空照片判读的基础上，通过一步一步追索和测量，初步查清了海原活动断层带是一条左旋走滑活断层，是古老断层复活的结果，海原地震断层由 7 条长度不等的连续断层组成，获得 86 个水平位移量和 78 个垂直位移量等宝贵资料，整条破裂带以黄家洼山段和西华山段位移量最大，左旋走滑可达 10 ~ 14m，并据此讨论了各种破裂模式。

1982—1984 年，中国地震局地球物理研究所、宁夏回族自治区地震局，对 1920 年海原 8.5 级大地震地震断层形变带进行了详细考察和地质构造背景初步研究，在对全线航空照片进行判读的基础上，对全长 242km 的地震断层进行了徒步逐段精细调查，调查结论为海原地震断层由 6 段次级断层斜列组合而成，获得了水平位移数据 163 个，垂直位移数据 87 个，确认最大水平位移为 14m，位于黄家洼山南麓地震断层带，讨论了地震形变带和位移的分布特征、地震发生的地震地质构造背景等，实测编制了 1∶10 万地震断层形变带和位移量分布图，编写考察报告《1920 年海原 8.5 级大地震形变带考察报告》和《1920 年海原 8.5 级大地震的地质构造背景》。

1983—1987 年，中国地震局地质研究所、宁夏地震局，经过多年调查研究，对海原大地震的发震构造"海原活动断裂带"进行 1∶50000 活断层填图，进行了晚第四纪断层活动历史和滑动速率的研究，全新世断裂活动特征及古地震重复间隔和海原大地震地表破裂带的结构及位移分布等问题的研究，并把海原大地震的发震构造命名为"海原活动断裂带"。1990 年，《海原活动断裂带》专著由地震出版社出版，该书全面论述了海原活动断裂的内部结构、滑动速率、变形机制、地震地表破裂带，同震位移分布，地震孕育和发震条件，古地震和重复周期等研究成果。

1.2.2　海原活动断裂带的空间分布

海原活动断裂带位于青藏高原东北边缘，为乌鞘岭—六盘山构造带中一系列弧形隆起山系中的一条深大断裂带。海原活动断裂带是第四纪活动断裂带，具有活动速率大、位移幅度大、地震强度大等特点，是该地区最重要，也是最引人注目的一条第四纪左旋走滑断裂带。海原大地震是海原活动断裂带最新活动的结果。

海原活动断裂带东起宁夏硝口，经月亮山东麓、南西华山北麓、黄家洼山南麓、北嶂山北麓、哈思山南麓、月亮山北麓，止于甘肃景泰兴泉堡。该断裂东段月亮山段走向北西，西部各段走向北西西，呈北西转北西西的弧形分布。

海原活动断裂带分布在上述一系列斜列状分布的弧形隆起山体的前缘，构成一条醒目的向东北凸出的弧形构造线。海原活动断裂带位于重力梯度带和地壳厚度陡变带上，是一条切穿地壳的深大断裂带。

1.2.3　海原活动断裂带左旋走滑运动的形成及演化

1. 宁夏弧形挤压逆冲断裂带的形成阶段

海原活动断裂带所在的青藏高原东北边缘原是加里东地槽褶皱系经历过长期复杂的构造演化过程。喜马拉雅运动以来，由于受到印度洋板块的强烈碰撞挤压，在青藏高原东北缘，形成了一系列向东北凸出的宁夏弧形挤压逆冲断裂带，而且沿断裂还有中酸性岩浆侵入形成的各种类型的侵入岩体。海原活动断裂带在这个时期是宁夏弧形挤压逆冲断裂带中，规模最大、活动强度最高的一条活动逆冲断裂带（图 1.2-1）。

2. 上新世至早更新世的逆冲断裂活动

上新世至早更新世开始的新构造运动，使青藏高原强烈隆起。这个时期的构造运动是影响我国现代应力场和现代地貌发育最为重要的一幕构造运动（丁国瑜，1984），宁夏弧形挤压逆冲断裂活动进入了活动高潮期。

本书作者等 1982—1984 年野外现场考察时，沿断裂普遍见到不同时代的老地层逆冲于第三系红色地层和下更新统砾石层之上，这个时期是海原活动断裂逆冲运动的全盛时期。

逆冲运动影响的最新地层为下更新统砾石层。因此认为，海原活动断裂的逆冲运动应止于早更新世晚期。

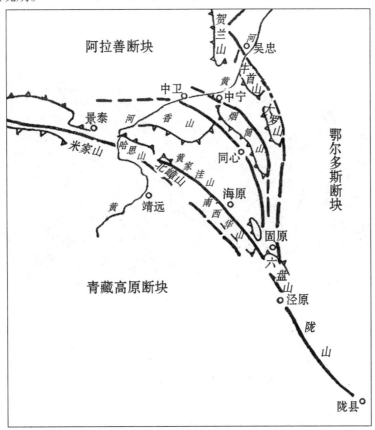

图 1.2-1　青藏高原东北缘宁夏弧形挤压逆冲断裂带简图

实例如哈思山虫台子沟附近，石炭纪黄色砂岩、碎裂岩、糜棱岩带逆冲到新近系红层和上更新统砾石层之上的大尺度地质剖面（图 1.2-2）；又如，哈思山麓下志留统逆冲于下更新统砾岩之上的地质剖面（图 1.2-3）。

图 1.2-2　哈思山虫台子沟附近大尺度地质地貌剖面
（环文林摄于 1983 年，镜头向东）

图 1.2-3　哈思山南麓海原活动断裂地质剖面图
（环文林摄于 1984 年，镜头向西）

3. 中更新世的大面积上升运动阶段

青藏高原中更新世的上升运动在海原活动断裂带上尤为明显，在海原活动断裂带上全区缺失中更新世地层。早更新统结束了逆冲运动以后，中更新世开始转变为大范围的上升运动，山体上升成为中高山，山体和山麓地带遭受上升剥蚀，沟谷下切，山体部分形成深沟，山麓的第三系红层和下更新统砾石层也随着山体的上升而抬高成为中高山的一部分。山前近断裂地带也被冲沟和河流上升切割成为沟谷和谷间脊相间分布的地貌，海原断裂带上的沟脊地貌就此形成。

4. 中更新世晚期至晚更新世开始的左旋走滑运动

晚更新世开始的新构造运动，使断裂的活动性质发生了显著改变，由前期的逆冲和上升运动转变为高倾角左旋水平走滑运动，致使海原断裂带上的许多前期逆冲和抬升运动形成的一系列山沟和谷间脊都被左旋扭曲和错断，具有左旋走滑断层的典型特征，在卫星影像图上清晰可见。图 1.2-4 是黄家洼山南麓海原断裂带一系列中更新世形成的沟谷和谷间脊同步左旋水平位错的卫星影像图。黄家洼山断裂带上，沟谷和谷间脊同步左旋水平位错地貌，可被称为走滑断裂地貌之精粹。

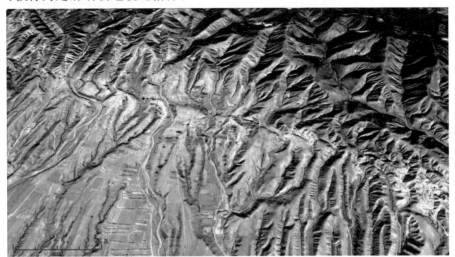

图 1.2-4　黄家洼山南麓海原活动断裂左旋水平位错地貌卫星影像图

图 1.2-5 记录了上新世以后早志留纪地层逆冲于新近纪地层之上，中更新世上升切割为深沟，晚更新世之后由逆冲转化为左旋走滑运动的演化全过程。从图中可以看出，沿先成逆冲断裂面上一条冲沟被左旋错断，上游形成断尾沟，下游变为断头沟，其间为冲沟被左旋错开后形成的断塞塘。

图 1.2-5　哈思山南麓逆冲断层上海原地震产生的冲沟左旋错断照片

（环文林摄于 1983 年，镜头向西）

在南西华山北麓断裂的大沟套沟的东侧，大自然也给我们留下一个西华山北麓断裂带近断层处的典型天然地质剖面（图 1.2-6、图 1.2-7）。剖面上为断裂带的前寒武纪地层破碎带逆冲到古近系渐新统紫红色泥岩之上，古近系又逆冲到新近系橘红色泥岩之上。断裂破碎带宽达 500m。

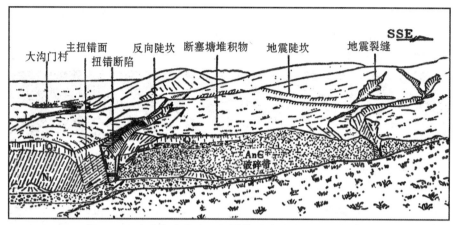

图 1.2-6 大沟套左旋水平扭错槽地地质地貌剖面素描图
（环文林、葛民等，1987 年）

图 1.2-7 大沟套海原大地震左旋扭错断陷带近断层面处地质剖面照片
（环文林摄于 1983 年）

在新近系近断层处还发育多条倾角较大的左旋水平走滑破裂面（图 1.2-8）。从剖面中可以看出多次古地震形成的古水平扭裂带，同时也清楚地显示出一条地震断层带是由多条地震破裂面组成的。该剖面也记录了南西华山北麓断裂在前期逆冲运动以后，第四系演化为水平走滑性质的全过程。

海原大地震沿该断裂的强烈左旋运动将地表撕裂，留下了这一巨大的左旋扭错断陷带。在断层通过处，河道发生左旋大拐弯，在拐弯处新近系错裂面上留下的新鲜左旋水平错动面上，量得水平错距为 5 m。

海原断裂带上很少见到中更新世沉积物。中更新世时期，本区处于山体上升的剥蚀环境，本书认为，该时期是逆冲转化为左旋走滑运动的过渡时期。

图 1.2-8　大沟套左旋扭错槽地断层带内的大角度水平走滑破裂面地质剖面照片
（环文林摄于 1983 年）

1.3　海原大地震大规模的地表黄土滑坡

1.3.1　海原大地震黄土滑坡的研究历史

海原大地震强烈的地面振动引起了大规模的地表黄土层滑坡，为海原大地震地面形变的重要类型之一。这次黄土灾害的分布范围之大、造成的死亡人数之多、形成的灾害之惨烈，前所未闻。

气候干旱和人口稀少，使得大多数滑坡形态保存至今，为地震滑坡的研究提供了理想的天然场所，吸引许多研究者前往调查研究，取得了大量宝贵的研究成果。

如海原大地震后不到 80 天，国际饥饿救济协会的 W. 霍尔（W. Hall）、U. 克劳斯（U. Close）等曾到宁夏固原、西吉等重灾区进行考察。他们被这里强烈的地震灾害、大规模黄土滑坡和大量的人员伤亡所震撼。考察结果发表在 1922 年的美国地理杂志，题目是《在山走动的地方》。文中披露了大量灾情的实际资料，特别是对这里大规模的长距离的滑坡做了生动的描述。

地震发生后四个月，国民政府翁文灏、谢家荣、王烈等六位中国老一代地质学家赴灾区进行了历时四个月的考察，范围为固原、西吉、会宁、宁静、海原县南部等地。他们除调查灾情外，还重点进行黄土滑坡的科学考察，考察报告先后发表在《晨报》《科学》《地学杂志》等刊物上。

他们除对上述地区的黄土滑坡进行考察外，还重点考察了月亮山一带的基岩滑坡，发现了吴家庄、蒿艾里等基岩大滑坡。考察范围即月亮山东麓地震断层带及邻近地区，可见这里的灾情之严重，山崩滑坡规模之巨大。他们在该段的考察结果，为后人留下了珍贵的大规模山体崩塌滑坡现象的现场调查资料。

解放后，以郭增建先生为代表的国内一批科学家，在 1980 年出版的《一九二〇年海原大地震》专著中，对 20 世纪 80 年代以前的研究成果进行全面的总结，对这一带的山崩滑坡也进行了普查分析，并给出了滑坡等地面破坏范围分布图及等震线划分图等（参见图3.1-2）。

近年来，以中国地震局黄土地震工程重点实验室王兰民和防灾科技学院的薄景山、李孝波研究团队的科学家们，对该区的滑坡进行了长期系统深入的研究，取得了许多宝贵成果，并对黄土滑坡形成的机理提出了资深见解。

1.3.2 海原大地震黄土滑坡的分布情况

海原大地震黄土滑坡大多分布在极震区的西南部烈度为Ⅸ～Ⅹ度的西吉、静宁、会宁一带的黄土塬梁地区，其中以西吉、固原、静宁、会宁、通渭等地最发育。分布区面积达数千平方公里。在Ⅶ～Ⅷ度区也有较小规模的滑坡分布。

黄土滑坡最严重的地区为极震区西南的西吉一带，1920 年海原大地震造成的规模巨大、数量极多的黄土滑坡使这一带的山川大为改观，地震堰塞湖星罗棋布，形成了干旱黄土高原独特的地貌景观（图 1.3-1）。

西吉县的澜泥河河谷，产生了大小不等的滑坡体，将河流分段堵塞，形成一系列串珠状堰塞湖，其中最大的一个堰塞湖长达 5km，宽约 250m（图 1.3-2）。

图 1.3-1　西吉县城附近星罗棋布的黄土滑坡群卫星影像图

图 1.3-2　西吉县澜泥河河谷地震黄土滑坡群及串珠状堰塞湖卫星影像图

1.3.3　海原大地震黄土滑坡的特征

根据前人研究，海原大地震引起的次生滑坡灾害可归纳为以下特征。

第一，受地震烈度的影响，Ⅸ～Ⅹ度区地形坡度在 10°~25° 之间就能引起滑坡，在烈度Ⅶ～Ⅷ度区，只有坡度较大的地区才有滑坡出现。

第二，黄土滑坡多分布在地形高差较大的黄土塬梁地区，滑坡体厚度一般在几十米至二百多米之间。

第三，滑坡体规模大、滑距长。海原地震引起的黄土滑坡，滑坡体宽度大多在数百米到 2000m 之间，最大的可达数千米，滑移距离数百米至 2000m。

第四，滑坡体底部的滑坡面大多为晚更新世黄土层与基岩的接触面，因而属于地面表层的黄土层滑坡。

第五，地震前水位上升使黄土层底部的土层液化是大规模滑坡的原因之一。

第六，黄土滑坡一般分布在河流、沟谷和地形起伏较大的地区，成群连片分布在河流沟谷的两岸，往往冲到河对岸阻塞河道，形成串珠状堰塞湖。

这类地区的地形对地震动的放大效应很明显，在强烈的地震波振动下造成大面积黄土滑坡，因此应为地震造成的地质次生灾害。

1.4　海原大地震地震断层地表破裂带

海原大地震的地震断层是海原地震震源面在地表的出露线；地震断层破裂带是地震时地震断层在地表留下的永久地面形变，是震源错动在地表的直接表现。

海原大地震时在地表形成了长达 246.6km 的巨大地震断层破裂带，成为该地震的又一重大地面形变现象。它对地面的冲击力、破坏性，远远大于上述地表的黄土滑坡所形成的次生灾害。它是地震震源直接错动的结果，沿断层两侧 20 ~ 30km 范围内几乎所有的建筑物全部被摧毁，人畜大量伤亡，大规模的基岩山体崩塌、滑坡，断层两侧岩体大幅度水平左旋相对错移，地震烈度达 XI ~ XII 度，构成海原大地震的极震区。

海原大地震虽然给人类造成了巨大的灾难，但地震断层破裂带也给后人留下了非常宝贵的地震遗产——丰富的地面形变现象。这些地面形变现象是一个巨大的天然博物馆和天然实验室，向人们揭示了大地震的破裂机制和破裂全过程，对地震地质的深入研究、大地震发震构造的判别、大地震危险区的预测、地震区划以及大陆内部地震动力学研究等，都有着非常重要的研究价值。

1.4.1 地震断层破裂带空间分布

1920 年海原大地震的地震断层东端始于宁夏固原县硝口附近，经宁夏海原、甘肃靖远等县，西端止于甘肃景泰县以南的兴泉堡。海原地震断层是一条非常复杂，形迹又非常清晰的线性构造带，分布于一系列呈斜列状排列的新生代弧形隆起山系的前缘，并且交替沿这些山系的南缘和北缘断裂分布（图 1.4-1）。

海原大地震的地震断层由六条次级地震断层带斜列组合而成，自东向西分别为：①月亮山东麓地震断层带；②南西华山北麓地震断层带；③黄家洼山南麓地震断层带；④北嶂山北麓地震断层带；⑤哈思山南麓地震断层带；⑥米家山北麓地震断层带。

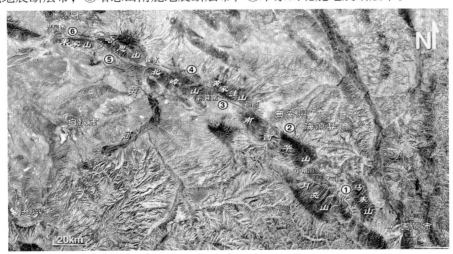

图 1.4-1　1920 年海原 8.5 级大地震地震断层分布卫星影像图

1.4.2 地震断层破裂带的长度

本书编写过程中，重新对海原大地震的地震断裂带的长度进行了测量，得到海原大地震地震断层破裂带总长为 246.6km。

各次级带的长度为：①月亮山东麓地震断层带长 58.6km；②南西华山北麓地震断层带长 55.5 km；③黄家洼山南麓地震断层带长 28.8km；④北嶂山北麓地震断层带长 43km；⑤哈思山南麓地震断层带长 31.7km；⑥米家山北麓地震断层带长 29km。

各次级带长度的总趋势是，月亮山东麓地震断层带最长，自此向西各次级带的长度逐渐变短。

1.4.3　地震断层大幅度的左旋水平位移形变

海原大地震沿断层两侧岩体大幅度的相对左旋水平滑移，为海原大地震的重要形变现象之一。

在长达 246.6km 的海原大地震的地震断层破裂带上，各次级地震断层带上左旋水平位移分布非常广泛，如断错水系、山脊、土梁、各种地物等左旋水平位移到处可见。在海原地震断层破裂带上，我们共获得了 293 个精度较高的地震断层两盘相对位移数据。其中左旋水平位移数据 203 个，垂直位移 90 个。

海原地震断层各次级地震断层带的最大左旋水平位移值分别为：①月亮山东麓地震断层带 12m；②南西华山北麓地震断层带 15m；③黄家洼山南麓地震断层带 14m；④北嶂山北麓地震断层带 12m；⑤哈思山南麓地震断层带 11m；⑥米家山北麓地震断层带 8m。

最大左旋水平位移达 15m。

如南西华山北麓地震断层带的鸠子滩河床和一级阶地被断层左旋水平错断。这里海原大地震的地震断层由三条大致平行的新鲜破裂面组成。这些破裂面从全新世组成的河道一级阶地（河床东侧的深绿色部分）中穿过，破裂面错移了一级阶地上两岸的多处标志性地物，特别是谷地西岸"废弃沟的第一条断头沟"的阶地，也被三条断层破裂面错断。

图 1.4-2 中，五个左旋错断节点位移数据分别是 15.63m、15.66m、14.65m、14.23m、15.32m、15.42m，取其平均值 15.15m。

图 1.4-2　鸠子滩—马家湾谷地的左旋走滑错断卫星影像分布图

由此确定，鸠子滩河床一级阶地左旋水平位移为 15m。该值为海原大地震最大水平位移值之一。

又如南华山北麓地震断层带上的野狐坡西沟洪积扇（图 1.4-3），海原地震时再次遭受强烈的左旋扭曲变形。洪积扇的顶部遭受如此强烈的变形，在南西华山北麓地震断层带上也是少见的。强烈的扭曲变形，使洪积扇被左旋撕裂，形成巨大的新鲜撕裂月牙面。从月牙面处量得左旋水平错距 13.7m（黄箭头所示）。从另外几个错移的关键节点处量得水平错距分别为 13.8m、13.0m、14.5m、14.0m。五组数据平均为 13.9m。

因此可以确定，野狐坡西沟的海原大地震左旋水平位移为 14m。

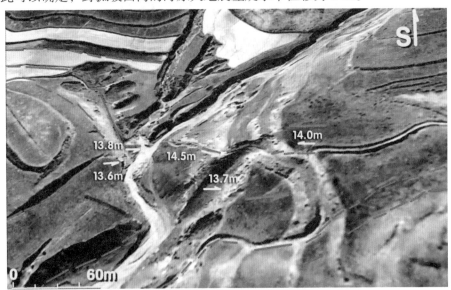

图 1.4-3　野狐坡西沟洪积扇上部地震断层左旋错断高清卫星影像图

再如图 1.4-4 是在无人区黄家洼山高湾子现场拍摄的高湾子牛圈北大沟西侧的阶地错断，水平错距为 14m，垂直错距为 1m。照片左上部洪积阶地上的建筑为高湾子季节性牛圈。

图 1.4-4　高湾子沟东一冲沟阶地左旋水平错断照片

（环文林摄于 1984 年）

1.4.4　地震断层东端地震破裂起始点大规模的基岩山崩和滑坡

地震基岩山体大规模崩塌和滑坡，也是地震断层破裂带的重要地震形变类型之一。

地震造成山岩崩塌和滑坡所反映的垂直形变，主要分布在海原大地震地震断层的东端。这里是海原大地震震源破裂的起始点，总体地震形变现象以垂直升降运动为主，以大规模的山体崩塌和滑移为主要特征。

位于我国著名的六盘山地区的月亮山东麓地震断层带，处于这次地震的仪器震中，即海原大地震初始破裂的起点地带。由于初始破裂点位于地面的正下方，地震产生的强烈的自下而上的垂直冲击力直冲地表，在地表产生强大的水平张力，给这里大规模的崩塌、滑坡提供了动力。

六盘山区山势雄伟，气候干旱，地表又覆盖很厚的黄土层，为山体强烈崩塌、大规模的山体滑坡、山体长距离滑移，创造了地质地貌和场地条件。

以上内因、外因，可能就是这里产生大规模崩塌滑坡的主要原因。

从图 1.4-5 中上可以看出，沿月亮山断层附近山体和月亮山、马东山之间的第三纪红色地层，已被无数山崩滑坡破坏得面目全非，几乎很难见到完整的地方。全带共有基岩大滑坡（群）多达 19 个，其中 7 个滑坡（群）产生了堰塞湖。

图 1.4-5　月亮山东麓段地震断层和滑坡分布区卫星影像图

滑坡分布区南北长近 40km，东西宽 20 ～ 40km，主要分布在断层两盘白垩系和第三系复式背斜中。如此大范围巨大规模的基岩滑坡实属罕见。

其中月亮山地震断层南段大滑坡（群）多达 10 个，主要分布在断层下盘（东盘）第三系复式背斜中（图 1.4-6）。月亮山地震断层中段大滑坡（群）也多达 9 个，除分布在第三系复式背斜中外，许多大滑坡群还分布于断层的上盘白垩纪基岩中，最大水平位移12m，可见这一带地区地震之强烈（图 1.4-7）。

如将家堡第三系基岩大滑坡位于吴家庄沟下游之北，面积为（2000×4000）m²。整个山体自马东山西坡向西北呈多级滑落，卫星影像图上（图 1.4-8）多个滑坡面和滑坡体清晰可见。滑塌体多达 4 ～ 5 级，最下一级滑塌体将臭水河上游的米蒿滩支沟河床大部分掩埋，米蒿滩河谷东山的北端，在滑坡体的强烈冲击下也向西偏转并崩塌，使米蒿滩河谷堵塞，形成米蒿滩堰塞湖。整个滑坡体滑移长度近 3.5km。

图 1.4-6　月亮山东麓地震断层带（南段）滑坡分布区卫星影像图

图 1.4-7　月亮山东麓地震断层带（中段）滑坡分布区卫星影像图

图 1.4-8　将家堡山体多级滑塌大滑坡卫星影像图

如猫儿沟蒿艾里白垩纪基岩大滑坡体和海子堰塞湖，两山合崩把宽约250m、长约1.5m的清水河谷完全堵塞，形成上下两个堰塞湖。堰塞湖长达 2.6 km，崩塌体宽约 2km，长达 1.5km，崩塌体体积超过 1 亿 m³，堆积的坝体高达 45m。从更大高度和不同角度俯瞰滑坡现场的三维立体图见图 1.4-9、图 1.4-10。

图 1.4-9　蒿艾里大滑坡及海子堰塞湖卫星影像图

图 1.4-10　蒿艾里大滑坡形成的上下两个堰塞湖大比例尺卫星影像图

图 1.4-11 是 1983 年野外调查时拍摄的现场照片，从中可以看出海原地震断层上形成的基岩滑坡体规模之大。

图 1.4-11　蒿艾里地震大滑坡照片
（环文林摄于 1983 年）

　　本书以下各章将对海原大地震的地震断层破裂带上丰富多样的地震形变现象、地震破裂带各次级带的破裂分布特征、破裂带的水平位移和垂直位移分布特征、地震断层带的多重破裂特征以及海原地震发生时的大地构造和地震活动背景等方面进行详细的分析和研究。

第2章　海原大地震
地震断层破裂带丰富的地面形变现象

　　大地震的地震断层是地震震源面在地表的出露处，是大地震发震断层活动在地表的直接反映。地震断层破裂带是地震时地震断层活动在地表留下的永久地震形变，这些形变现象是研究发震断层运动特征的重要资料，它可以帮助我们探寻大地震时震源错动的机制及地震动力学特征。

　　1920年海原8.5级大地震的地震断层是一条巨大的左旋走滑断裂带，共由6条次级地震断层斜列组合而成。伴随着强烈地震的发生，地震断层在地表形成了各种不同类型的永久形变现象。

　　海原左旋走滑地震断层带的各条次级断层上不同地段的形变性质是不同的，其中只有中部主体走滑段以水平位移为主，两端则以垂直形变为主。

　　这些形变现象中，主体走滑段的水平形变规模最大、分布最广。伴随地震断层走滑形变的发生，断层端部的张性构造形变和压性构造形变也很丰富。

　　另外，海原8.5级大地震的巨大能量在山区释放，地震破裂起始点的强烈垂向运动所产生的山崩、滑坡和堰塞湖等垂直形变现象，规模之大、面积之广前所未有。

　　以上这些特征，使得海原大地震地震断层破裂带在地表留下的地面形变现象十分丰富。形变类型之多、规模之大实属罕见。

　　因此，本章将从反映走滑断层主体走滑段水平位错特征的地震形变现象、反映走滑断层端部垂直位错特征的地震形变现象，以及反映地震断层初始破裂地带的地震形变现象等三个方面，分别详述海原大地震留下的类型多样的丰富多彩的地震形变现象。

2.1　反映走滑断层主体走滑段水平位错特征的地震形变现象

　　海原大地震时，地震断层的主体走滑段活动在地表所产生的左旋水平位错形变现象，常见的有以下几种。

2.1.1　水系同步左旋水平位移

1. 沟谷左旋水平位移

地震时走滑断层的水平位移，使与断层正交或斜交的一系列河流、冲沟及谷间脊被左旋水平错断，导致水系在断裂处同步拐弯。这种沟谷水平错移的现象从航空照片和卫星影像上都可以清楚地看到。其在海原大地震各次级地震断层带上都表现得非常明显，其中尤以黄家洼山地震断层带最为典型（图 2.1-1）。

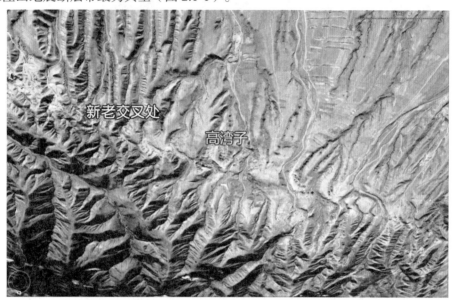

图 2.1-1　黄家洼山地震断层带高湾子附近的沟脊水平同步左旋错断卫星影像图

如黄家洼山地震断层带的干盐池盆地与打拉池盆地之间的分水岭处，有一系列基岩小冲沟被同步水平左旋错断，错距 7 ~ 14m（图 2.1-2、图 2.1-3）。

图 2.1-2　黄家洼山地震断层带分水岭处的一系列基岩小冲沟同步左旋水平错断照片（1）
（环文林摄于 1983 年，镜头向西北）

图 2.1-3　黄家洼山地震断层带分水岭处的一系列基岩小冲沟同步左旋水平错断照片（2）

（环文林摄于 1983 年，镜头向西北）

又如南西华山地震断层带内的石卡关沟，有 6 个并排的小冲沟被同步左旋水平错断，其中 2、3、4 号小冲沟还形成断塞塘，在卫星影像图上十分明显（图 2.1-4）。

图 2.1-4　南西华山地震断层带石卡关沟 6 个小冲沟左旋错移和左旋扭错槽地卫星影像图

1983—1984年考察时，我们曾在图2.1-4中较完整的3号小冲沟断塞塘上，量得左旋水平错距为11m，与前人结果相近。当时用单反相机清晰地拍到2、3、4号小冲沟同步左旋错移并形成三个断塞塘的珍贵照片（图2.1-5）。

（a）

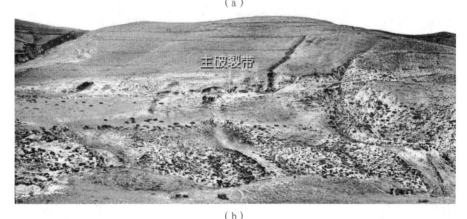

（b）

图2.1-5 西华山地震断层带石卡关沟2～4号小冲沟同步左旋错移并形成三个断塞塘

（a）石卡关沟2～4号三个小冲沟被同步左旋水平错断照片（环文林摄于1983年，镜头顺走向）；
（b）石卡关沟2～4号三个小冲沟断塞塘被同步左旋水平错断和主破裂带照片（环文林摄于1984年，镜头垂直于走向）

又如南西华山南麓地震断层带的鸠子滩—马家湾谷地中（图2.1-6），断层左旋走滑使全新世一级阶地（深绿色部分）和西侧的河床发生了强烈的S形左旋扭曲和错断。断层南盘一级阶地西侧的河床成为断尾沟，断层北盘一级阶地西侧的河床被左旋向西错移成断头沟（废弃沟）。

现河水已经在阶地东侧另辟新路。1920年地震时该断层再次活动，地震水平错距达15m。

图 2.1-6 南西华山地震断层带鸠子滩—马家湾谷地的左旋走滑扭错卫星影像图

再如北嶂山地震断层带，邵水盆地内部大厦浪全新世洪积扇前缘一系列小冲沟同步左旋错动，形成冲沟 S 形同步弯曲（图 2.1-7）。

图 2.1-7 北嶂山地震断层带邵水盆地大厦浪洪积扇一系列小冲沟左旋错动卫星影像图

2. 断头沟和断尾沟

地震时，如果断层水平位移的幅度足够大，会将沟谷完全错断。沟的下游由于错位后失去上游的水源而废弃，被称为断头沟。同样，沟的上游由于水流失去原通道而另找出路，成为断尾。测量出断头沟与断尾沟之间的位错值，就可判断断层的水平位移量。

在黄家洼山地震断层带上，一条北北东向的较大山沟和山脊错移。新鲜破裂错动面像墙一样堵塞了东侧的山沟，完全挡住了我们的视线。上游河床被阻塞成断尾沟，下游河床成为断头沟，冲沟和谷间脊被左旋错断，水平断距 12m（图 2.1-8）。

图 2.1-8　黄家洼山地震断层左旋水平错动，使山沟和沟壁错断，形成断头沟和断尾沟
（环文林摄于 1983 年）

　　安洼里东南，一条冲沟被左旋错移了 4m，从图 2.1-9 中可以看出，沟壁明显错移，形成断头沟和断尾沟。海原地震断层上许多地方都有类似现象（图 2.1-10）。

图 2.1-9　南西华山地震断层安洼里东南一条冲沟左旋错移了 4m
（环文林摄于 1983 年）

图 2.1-10　南西华山地震断层卢子沟西侧的断头沟和断尾沟
（左旋错距 4.7m，垂直断距 1.5～2m）

3. 断塞塘

如果地震断层的水平位移较大，沟谷及谷间脊被错断而发生错位，错移成"脊对沟""沟对脊"时，则会使冲沟一侧的山脊岸壁断错到冲沟的中心，截断冲沟的出路。沟中的水流被错移过来的山脊阻塞，在错移的岸壁和冲沟之间形成一个小洼地。上游的山洪水流携带着黄土和碎屑物质，堆积在洼地中间而积水成塘，被称为断塞塘。

断头沟、断尾沟和断塞塘往往会互相依存，共同组成水系断错的典型形变特征。其在南西华山北麓、黄家洼山南麓、北嶂山北麓、哈思山南麓等地均有广泛出露。其中以黄家洼山分水岭处断层左旋位移形成的断塞塘最为典型，最大水平位移达 14m（图 2.1-11）。

图 2.1-11　黄家洼山地震断层带分水岭处断层左旋位移形成的断塞塘照片
（环文林摄于 1983 年）

如米家山段周家窑西一小冲沟左旋水平错断形成的断头沟、断尾沟和断塞塘，左旋水平错距 6.2m（图 2.1-12）。

图 2.1-12　周家窑西一小冲沟左旋水平错断形成的断头沟、断尾沟和断塞塘
（环文林摄于 1983 年）

4．阶地错移

海原大地震地震断层切割较大河流或沟谷时，往往可以观察到河岸阶地被错断。走滑地震断层把沟谷和河流阶地错断，也是水系水平断错的典型现象之一。

如南华山南麓油坊院东侧阶地错断，水平错距 3m（图 2.1-13）。又如在哈思山南麓的荒凉滩南侧冲沟和阶地错断，形成断头沟和断尾沟，左旋水平错距 8.6m（图 2.1-14）。

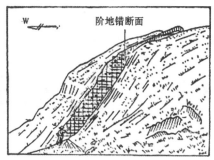

图 2.1-13　南华山地震断层带油坊院东侧阶地左旋错断水平错距 3m
（环文林摄于 1983 年）

图 2.1-14　哈思山地震断层带荒凉滩南侧冲沟和阶地左旋错断水平错距 8.6m
（环文林摄于 1983 年）

5．洪积扇错断

海原大地震断层切割洪积扇，使洪积扇左旋水平错位的现象，在各次级断层都可见到。其中最典型、发育最全面的是哈思山地震断层带上，荒凉滩洪积扇下游被新生地震断层错断而形成的反向陡坎和水平位错形变现象。

顺走向看，该反向陡坎（图 2.1-15）规模宏伟，长达几公里，从照片近端还可以看出多条冲沟被左旋错断，形成断尾沟和长草的断塞塘。

图 2.1-15 哈思山地震断层带荒凉滩洪积扇南缘被地震断层错断形成的反向陡坎
（环文林摄于 1983 年，镜头顺走向）

如果换个角度，从垂直走向看，该洪积扇的水平错断更加明显。图 2.1-16 是 1983 年野外考察时，垂直于走向从正面看绘制的形变带素描图。从图中可见，该洪积扇尾端一系列垄岗阶地和冲沟，被海原地震断层水平错动而形成一系列断错月牙面、冲沟错移、断塞塘等典型的水平断错地貌。可以看出，这里集中了几乎所有地震断层水平断错形成的地震形变现象。

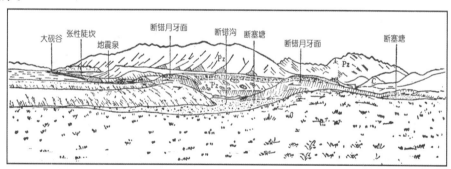

图 2.1-16 荒凉滩洪积扇南缘西侧主体走滑段地震断层形变带分布素描图
（环文林、葛民等，1983 年）

其中最典型的荒凉滩洪积扇泉水出露处向西 300m 处，垄岗地形因地震断层错断而形成的月牙形错断面，和断塞塘，水平错距 10m（图 2.1-17）。这种现象在荒凉滩发育最为普遍。

这些山脊和垄岗地形被水平错断后所留下的"月牙形错断面"，是鉴定地震走滑位移量较好的标志之一。1920 年海原地震形变带的许多地方都可见到这样的"月牙形错断面"。

编写本书时，海原地震已达百年，距 1983 年考察时也近 40 年。荒凉滩恶劣的自然环境不断侵蚀大地震留下的这些形变痕迹，近期卫星影像显示这些位错形变现象已面目全非，显得这些资料更加可贵。

图 2.1-17　哈思山地震断层带荒凉滩洪积阶地地震错断而形成的月牙形错断面照片
（环文林摄于 1983 年）

2.1.2　山脊和垄岗错移

海原地震时，走滑断层的活动往往也把许多与断层正交或斜交的正向地形错移，包括山脊和垄岗地形等的错移。大的山脊由于地震位错量较小，不易测出位错量，但在许多小沟切割出的较小山脊或垄岗上，往往可以测量出海原大地震的位错量。

如干盐池盆地和打拉池盆地之间的分水岭东坡的沟梁地带，宽阔的山梁由于地震把山脊错断，形成多条压扭性陡坎，单条陡坎一般高 0.5 ～ 1m，多的可达三四级，呈斜列状分布且具有左旋走滑性质，水平错距为 2 ～ 5m（图 2.1-18）。

图 2.1-18　黄家洼山地震断层带山脊被两条破裂面左旋水平错动照片
（环文林摄于 1983 年）

紧接着在西边一个山梁上又发现两个小山脊和其间的山沟被左旋错断，水平错距5.2m，形成的断头沟、断尾沟和月牙形错断面清晰可见（图 2.1-19）。

又如在米家山地震断层带一系列小山被左旋错断，并形成反向陡坎（又称倒陡坎），显示走滑兼正断的性质（图 2.1-20）。

图 2.1-19　黄家洼山地震断层带干盐池西分水岭山脊左旋水平错断形成的月牙形错断面照片
（环文林摄于 1983 年）

图 2.1-20 月亮山地震断层带景泰以南地震形变带使一系列小山脊左旋错移照片
（环文林摄于 1983 年）

再如在米家山地震断层带道红沟一小山山脊被左旋错断，并形成反向陡坎。图 2.1-21 中的灰色部分为红色泥盆系下面的石炭系杂色砂岩，由于断层早期的逆冲运动被推到地表。剖面旁的冲沟被左旋错断，还形成断塞塘。在断错形成的新鲜断面处量得水平错距 8m。

海原大地震主体走滑段的山脊和水系的错动往往同时存在，山脊和水系被水平错断，使地形发生水平错位而形成"脊对沟"和"沟对脊"的水平扭错地貌。冲沟被错断后上游变成"断尾沟"，下游变为"断头沟"。若错位的山脊阻断上游断尾沟的水流，便会积水成塘，形成断塞塘（图 2.1-22）。

图 2.1-21　米家山山麓道红沟小山山脊左旋水平错断并形成的反向陡坎照片
（环文林摄于 1983 年，镜头向东）

图 2.1-22　哈思山地震断层带水平左旋错动，冲沟和谷间脊错断形成的断错地貌照片
（环文林摄于 1983 年）

　　山脊的错位，使原本沟谷和山梁相间的地貌格局发生改变。原先必须翻越一座座山梁和沟谷而艰难行走的道路，因地震将沟脊位移错开，形成"脊对沟"和"沟对脊"的错位地貌，沿错位后的断层部位出现一条较平整的通道，当地人称其为"遥路"（图 2.1-22）。上述这些现象在海原地震断层带上普遍存在。

2.1.3　雁行状裂缝和雁行状垄脊

1. 雁行状裂缝

　　在走滑位移量较小、地表覆盖层较厚的地区，常常出现多条较短的张性裂缝呈斜列状分布的形变现象，被称为雁行状裂缝（羽状裂缝）。其成因是深部的水平错动，因水平位移量小，未能将上部较厚的土层完全错断。因而雁行状裂缝也是水平走滑运动的标志之一。

根据雁行状裂缝的排列方向，可以鉴别走滑断层的位错方向。右行斜列反映左旋走滑运动，左行斜列反映右旋走滑运动。一般单条裂缝长数米至数十米，甚至数百米（图 2.1-23）。

图 2.1-23　地震断层的雁行状裂缝示意图

2. 雁行状垄脊

在走滑位移量较小、表面覆盖层较厚的平坦地区，也常出现一系列短轴的压性垄脊（俗称鼓包）呈斜列状分布，被称为雁行状垄脊（羽状垄脊），单个垄脊长数米至数十米。成因也是深部的水平错动产生的水平位移量小，未能使上部较厚的土层完全错断。因而雁行状垄脊也是水平走滑运动的标志之一。

根据雁行状垄脊的排列方向，也可鉴别走滑断层的位错方向，与张性裂缝正好相反，左行斜列为左旋，右行斜列为右旋（图 2.1-24）。

图 2.1-24　地震断层的雁行状垄脊示意图

3. 斜列状垄脊和裂缝相间分布

在走滑位移量较小、地表覆盖层较厚的平坦地区，地震时沿走滑方向经常可以见到由一组斜列分布的张性裂缝及一组斜列分布的压性垄脊相间追踪错列分布的现象。它们实际上是裂缝与垄脊的复合体，其力学性质与裂缝和垄脊相同，也是反映水平走滑运动的标志之一（图 2.1-25），在海原地震断层上多有分布（图 2.1-26）。

图 2.1-25　地震断层的垄脊和裂缝相间斜列分布示意图

图 2.1-26　月亮山地震断层带上的垄脊和裂缝相间斜列分布照片
（环文林摄于 1983 年）

2.1.4　左旋水平扭错槽地和扭错断陷

左旋水平扭错槽地和扭错断陷（又称左旋水平剪切槽地和剪切断陷）是在海原大地震地震断层上较为普遍的形变现象，它们一般分布在主断裂一侧的第三纪和第四纪地层中，也是地震断层水平错动的标志之一（图 2.1-27）。

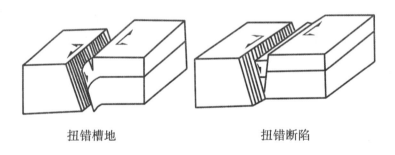

扭错槽地　　　　　　　　　　　　　扭错断陷

图 2.1-27　地震断层的水平扭错槽地和扭错断陷示意图

1. 左旋水平扭错槽地

左旋水平扭错槽地在海原大地震地震断层上是较为普遍的形变现象，其中尤以南西华山北麓地震断层带和北嶂山北麓地震断层带最为发育。它们一般分布在主断裂一侧的第三纪和第四纪地层中。槽地内发育许多次生羽状张裂缝，有些发育较好的地段，可在槽地两侧都能见到断层分布。

其中较为典型且保存较好的为南西华山地震断层带，鸠子滩谷地东坡的左旋走滑扭错槽地，走向 NWW—SEE，长 700m 以上，宽 40 ~ 80m。槽地内发育许多 NEE—SWW 向次生羽状张裂缝。从槽地南侧山坡上可见一系列小冲沟明显地被左旋扭曲（图 2.1-28）。

图 2.1-28　南西华山地震断层带鸠子湾—马家湾谷地东坡的左旋走滑扭错槽地卫星影像图

　　扭错槽地位于左旋走滑地震断层的破碎带内。由于受到断层两侧的强烈左旋扭动，槽地内部遭受到不均匀的局部剪切拉张，从而形成了密集的羽状张裂缝。张裂缝的走向一般与主断层错移的前进方向呈锐角相交，这种现象与实验室模拟实验的断层水平错动时，在断层内部形成微破裂的结果完全一致。大自然给我们提供如此典型的左旋水平扭错槽地的动力学模型，实属少见。左旋水平扭错槽地也是走滑型地震断层的典型特征之一。可见1920 年 8.5 级地震之强烈。

　　海原大地震地震断层上多处可见扭错槽地。它们发育在断层主破裂面一侧的强度较低的第三纪和第四纪地层中，是地震断层主破裂面左旋错动，使断层内部受到局部不均匀的水平剪切拉张作用而形成的。如在南西华山地震断层带上的大沟门村西侧的扭错槽地（图2.1-29），从图中可以看到两期扭错槽地，图片右下角较新的为海原大地震形成的，其左侧为前期地震形成的已被雨水侵蚀破坏的古扭错槽地。

　　又如北嶂山地震断层带卧龙山一带的扭错槽地（图 2.1-30）。

图 2.1-29　南西华山地震断层带大沟门西水平扭错槽地卫星影像分布图

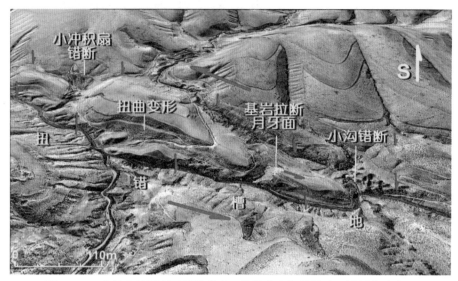

图 2.1-30 北嶂山地震断层带卧龙山一带的水平扭错槽地卫星影像分布图

2. 左旋水平扭错断陷

水平扭错断陷是地震时由于走滑断层的活动，在断层带内不均匀水平错动而形成的局部拉张断陷带。它们往往出现在断层内次级滑动面相互斜列、弯曲和斜接等部位。剖面上呈地堑状或单侧断陷，宽度一般数十米不等，但可以延伸很长，达数百米。在断面上能看到近水平的断层擦痕，它们不同于断层端部张性效应引起的张性断陷形变现象。水平扭错断陷也是走滑位错的典型形变类型之一。

保存最好的是大沟套东侧扭错断陷。它位于西华山南麓地震断裂带上，前震旦系断层糜棱岩带与第三纪地层接触的地方。断陷宽 5 ~ 10m，长 100 ~ 200m。断层产状 N60° W，倾向南西，倾角 60°，断面平整，可见近水平的断层擦痕，在新近系一侧量得擦痕东倾，侧伏角 10°（图 2.1-31 至图 2.1-33）。

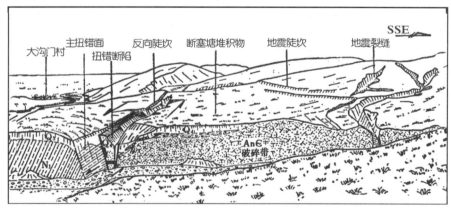

图 2.1-31 南西华山地震断层带大沟套左旋水平扭错断陷地质地貌剖面素描图
（环文林、葛民等，1987 年）

图 2.1-32　大沟套地震断层左旋扭错断陷地质地貌剖面照片
（环文林摄于 1983 年）

图 2.1-33　大沟套地震断层左旋扭错槽地近断层面处局部地质剖面
（环文林摄于 1984 年）

2.1.5　地物错断

当走滑地震断层带通过地面建筑物和其他地物时，常把地物错断，这也常是鉴定地面位移量的较好标志之一，如田埂错断、构筑物错断、水堤错断、大树错断等。

如大沟门村西 150m 处的（大沟套扭错断陷剖面分布位置见图 2.1-29）两条 NWW 向的地震破裂面，把一条近南北方向的田埂错断成三段，水平错距分别为 11.2m 和 10.5m（图 2.1-34）。

图 2.1-34　南西华山大沟套扭错断陷剖面西田埂被两条大致平行的破裂面左旋错断为三段

又如干盐池西一条人工堆砌的保护老盐池的挡水土堰，被左旋水平错断 2.5m（图 2.1-35）。干盐池盆地唐家坡西大致垂直于形变带的 13 条石砌田埂被左旋错断，错距 3 ～ 8m 不等（图 2.1-36）。南西华山地震断层带哨马营村古树被地震左旋错动劈为两半（图 2.1-37）。

图 2.1-35　干盐池和唐家坡之间一挡水土堰被错断
（环文林摄于 1983 年）

2.1.6　地震断层的斜列状组合结构特征

根据对海原大地震地震断层带的详细考察和地震断层填图得到，海原大地震的左旋走滑地震断层并不是一条完全平滑的直线状构造。整个海原大地震的地震断层由六条相互不连接的次级地震断层带斜列组合而成。每条次级地震断层带又由许多更次一级的地震断层带组合而成。因此，地震断层的斜列状组合结构也是走滑型发震构造的主要特征之一。

根据相邻两条斜列断层的排列方式，又可分为"右阶"和"左阶"。两条斜列断层中，相互位于各自的右侧称为右阶，相互位于各自的左侧称为左阶。

图 2.1-36 干盐池盆地唐家坡西垂直于形变带的 13 条石砌田埂被左旋错断
（环文林摄于 1983 年）

图 2.1-37 南西华山地震断层带哨马营村古树被地震左旋错动劈为两半照片
（环文林摄于 1982 年）

1. 地震断层的左旋左阶斜列状结构

地震断层的左旋左阶斜列状结构是海原大地震地震断层上分布最普遍的走滑断层的结构特征，单条地震断层长几百米到几千米不等。

如黄家洼山地震断层带高湾子沟、边沟一带，一系列冲沟和沟间脊被多条次级左旋左阶斜列状分布的断层同步左旋水平错断，较大冲沟错断水平走滑位移值达 200m，形成非常典型、非常漂亮的斜列状左旋水平走滑断层地貌（图 2.1-38）。可见这里第四纪晚更新世以来构造运动之强烈。1920 年海原大地震的同震左旋走滑位移叠加其上，图中黄色数字为海原大地震时的位移值（m）。

又如北嶂山北缘地震带上，地震断层带主体走滑段都由一系列次级地震断层左旋左阶斜列状组合而成，显示该断层具有左旋走滑的形变性质。斜列状结构也为走滑型地震断层的典型特征之一（图 2.1-39）。

图 2.1-38　黄家洼山地震断层带高湾子沟东斜列状左旋水平断错地震构造卫星影像图

图 2.1-39　北嶂山地震断层带三角城至花道子地震断层斜列状分布卫星影像图

2．地震断层的左旋右阶斜列状结构

地震断层的左旋右阶斜列状结构是海原大地震地震断层上分布较少的走滑断层的斜列状结构。单条地震断层长几百米到几千米不等，主要分布在南西华山地震断层带，其中以菜园盆地和乱堆子一带左旋右阶斜列状结构最为典型（图 2.1-40）。

图 2.1-40　南西华山地震断层带菜园盆地左旋右阶挤压构造卫星影像图

2.1.7　反映走滑断层主体走滑形变段向张性形变段过渡的形变现象

走滑型地震断层的主体走滑形变段向端部张性形变段转变是逐渐发生的，断层的性质逐渐从走滑时的压性转化为张性。断层上盘也从走滑时的逆向上升转化为张性的反向下降，进而出现走滑兼下盘相对上升的"反向陡坎"，也可称之为"倒陡坎"。

以南倾的南西华山地震断层带为例（图 2.1-41），断层中部的海原县城附近主体走滑段以水平形变为主，垂直位移几乎为零（如剖面 C—C'），具有左旋走滑的性质。向断层的两端，垂直形变的成分逐渐加大。

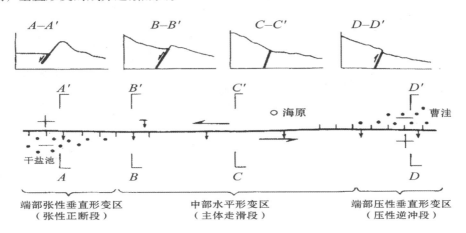

图 2.1-41　具有一定倾角的高角度走滑断层的形变特征

油房院以东至曹洼一带的断层东端，逐渐被具有压性特征的垄脊和陡坎所代替，断层南盘南西华山上升，北盘曹洼盆地下降，垂直位移大于水平位移，水平位移逐渐趋于零，表明该断层东端具有压性逆冲的性质（剖面 D—D'）。

　　干盐池盆地北缘一带的断层西端，地震断层则以张性的阶梯状陡坎、地堑和大面积断陷等构造形变现象为代表，断层北升南降（A—A′），垂直位移大于水平位移，水平位移逐渐趋于零，表明断层西端具有张性正断层的性质。

　　主体走滑段与西端干盐池张性断陷段之间的过渡段（B—B′ 剖面附近），为地震断层的主体走滑段向端部张性形变段转变的过渡地段。断层性质从走滑时的压性，逐渐转化为张性。断层的上盘南西华山也从走滑段的逆向上升，逐渐向张性断陷的反方向下降，进而出现走滑兼下盘上升的"反向陡坎"，即我们所称的"倒陡坎"。

　　海原大地震各次级断层的主体走滑段向张性形变段过渡地段的"反向陡坎"形变现象，在各次级地震断层带普遍存在，其中以南西华山和哈思山最为典型。

　　1983 年考察时，我们拍摄到南西华山地震断层带红岘子东南的"反向陡坎"照片，清晰地呈现了几条小山脊发生明显的左旋错断，并形成与地形坡降反向的"反向陡坎"。当然这些陡坎是晚更新世以来发生的多次断裂走滑运动的结果。断面上可以看出，最新一次错断面左旋错距为 11m（图 2.1-42）。

图 2.1-42　南西华山地震断层带红岘子西南北西西向左旋兼张性反向断错陡坎照片
（环文林摄于 1983 年）

　　当年在现场绘制的该"反向陡坎"素描图（图 2.1-43）显示得更加清楚。图中高山部分为西华山，该照片的位置即图 2.1-41 中的 B—B′ 剖面位置。

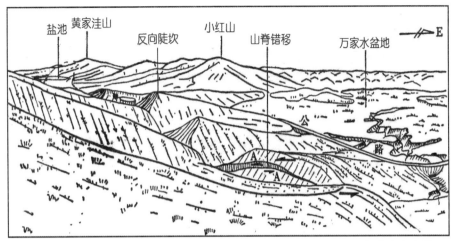

图 2.1-43　南西华山地震断层带红岘子西南北西西向左旋兼张性反向断错陡坎素描图

（环文林、葛民等，1987 年）

又如哈思山南缘的荒凉滩洪积扇南缘的"反向陡坎"，规模宏伟，延伸长度 2km 以上（图 2.1-44）。

图 2.1-44　哈思山地震断层带荒凉滩洪积扇南缘的地震断层"反向陡坎"

"反向陡坎"是走滑断层主体走滑段向端部张性形变段过渡的典型地震形变现象。

2.2　反映走滑地震断层尾端垂直位错特征的形变现象

调查结果显示，海原大地震地震断层的各次级断层带，并不是整条带上都以走滑位移为主。在断层的端部，走滑位移值逐渐减小甚至为零，以垂直形变为主要特征。走滑地震断层两端的垂直形变效应，表现为一端是张性另一端为压性形变。因此，走滑断层端部的垂直形变也是走滑型地震构造不可分割的一部分。

根据对海原大地震的调查和研究结果，得到以下认识。

一条完整的走滑断层位错面，并不是整条带上都以水平位移为主，其走滑位错面的各个地段形变性质是不同的。断层带的中部主体走滑段表现为走滑性质，而两端则以垂直形变为主要特征。

海原走滑型大地震的发震断层多为具有一定倾角的大倾角走滑断层，其断层端部的垂直形变区，往往以张性断陷和压性隆起的形式出现。走滑位错面的两端，若一端为张性正断层，另一端则为压性逆断层性质。因此，海原大地震的地震断层上反映垂直形变的现象也很丰富。

2.2.1　走滑地震断层尾端张性特征的地表形变现象

大地震时走滑型地震断层的端部在地表所产生的张性形变，往往呈负地形，它们是断层尾端张性活动为主所产生的地表永久形变现象，常见的有下列四类。

1．阶梯状张性断陷

海原大地震地震断层的阶梯状张性断陷，出现在走滑断层端部的张性形变区内。地震断层的阶梯状张性断陷是由断层两盘的垂直差异运动产生的，上盘沿倾向向下滑动，使下盘的断层面出露于地表形成陡坎，被称为"张性断层陡坎"。若断层沿多条破裂面滑动，则形成阶梯状陡坎，其中以干盐池盆地和邵水盆地较为典型（图 2.2-1）。

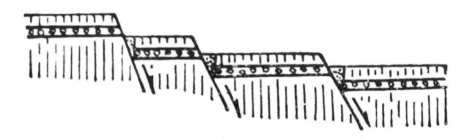

图 2.2-1　地震断层的阶梯状张性断层陡坎示意图

在干盐池盆地北缘小红山前，南西华山左旋走滑地震断层形变带进入干盐池盆地后，形变性质由走滑逐渐过渡到张性断陷。张性形变带规模逐渐变大，七八条张性断层陡坎平行排列，依次向盆地中心断陷。每一条断层陡坎的垂直断距一般小于 1m，最大可达 1.5m，总垂直断距达 7 ~ 8m（图 2.2-2）。

图 2.2-2　南西华山地震断层带干盐池盆地北缘小红山前的阶梯状张性断层陡坎
（环文林摄于 1983 年）

有些张性断层陡坎在断面旁侧会伴有裂缝出现。张性地表形变的遗迹一般为负地形，如陡坎、凹槽、地震裂缝等。裂缝中的充填物呈楔子状。在垂直于断层的探槽剖面上常常可以见到古"楔子"的存在。这种古"楔子"可以作为古地震的标志之一。

2．小型地堑和地垒

地震断层的张性地堑地垒，也是出现在走滑断层端部张性形变区的地震形变现象之一。地震时形成的地堑、地垒与地质上的地堑、地垒类似，但规模较小。简单的地堑和地垒两侧各有一条正断层，但其往往为多条断层组成的阶梯状复式地堑和地垒（图 2.2-3）。如干盐池盆地中小红山前的阶梯状张性陡坎前缘，有的地段就出现了非常典型的复式地堑（图 2.2-4 ）。

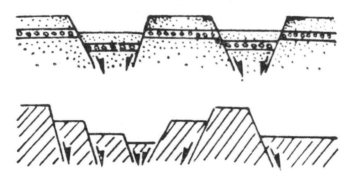

图 2.2-3　地震断层的地堑地垒状断陷

图 2.2-4　南西华山地震断层带小红山前的阶梯状张性陡坎前缘的复式地堑状断陷照片

（环文林摄于 1983 年）

3. 大面积张性断陷

海原大地震引起的大面积断陷，一般出现在次级地震断层的端部，它们是走滑地震断层端部的张性垂直形变效应的产物。

走滑断层端部的局部拉张，形成以正断层控制的大面积地面断陷。此时如有水源，地面往往沉陷为湖，如图 2.2-5 所示。海原大地震大面积的张性断陷，主要发育在干盐池盆地和邵水盆地。

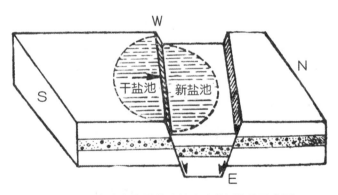

图 2.2-5　海原大地震盐池断陷形成新盐池示意图

如干盐池盆地卫星影像图（图 2.2-6）经过数字图像处理后清晰显示，海原大地震时，位于干盐池盆地内的南西华山地震断层的西端小红山前的阶梯状断陷和黄家洼山地震断层带的东端（唐家坡—盐池乡段）在盐池中心形成一条规模较大，活动强烈，高达 4～5m的张性陡坎，把盐池从中间切断，使盐池北半部突然大面积断陷，使南半部湖水涌入北半部新断陷区，成为新盐湖。而盐池南半部则干涸，变为陆地，现在当地人称之为干盐池（旧盐池）。

我们在 1983 年考察时，盐池水已经比原来减少，相对上升的旧盐池长出了青草，但盐池中心的陡坎仍保留完好（图 2.2-7）。

图 2.2-6　海原大地震盐池强烈断陷形成的新盐池卫星影像图

图 2.2-7　盐池中心断陷形成的高 4～5m 的陡坎照片

（环文林摄于 1983 年）

地震引起的强烈地层断陷致使盐池迁移，成为 1920 年海原大地震的又一重大奇观。

4. 地震裂缝

地震时，地面强烈运动导致地表松散沉积物因局部拉张而发生裂缝。裂缝两侧无高差变化，这类裂缝通常是地震引起的局部拉张或重力滑动的结果，如图 2.2-8 所示。

图 2.2-9 为在哨马营—方家河一带考察时拍摄到的张性裂缝形变带。

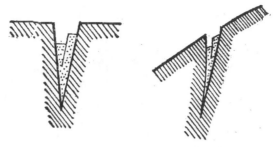

图 2.2-8　地震断层张性裂缝示意图

图 2.2-9　哨马营—方家河一带 NE 向张性裂缝形变带照片
（环文林摄于 1984 年）

5．地震张性陡坎

地震断层尾端张性形变区断陷形成的张性陡坎在干盐池盆地和邵水盆地最为典型，图 2.2-10 至图 2.2-13 是 1984 年考察时拍摄到的珍贵照片。

图 2.2-10　干盐池盆地西北部的地震断层张性陡坎照片
（环文林摄于 1983 年，镜头向北）

图 2.2-11　邵水村东大厦浪洪积扇前缘的地震断层陡坎照片
（环文林摄于 1983 年，镜头向西）

图 2.2-12　邵水村东地震断层张性陡坎远眺照片
（环文林摄于 1984 年，镜头向北）

图 2.2-13　邵水村东大厦浪洪积扇前缘的地震断层陡坎下的断层剖面照片
（环文林摄于 1983 年，镜头向东）

2.2.2　走滑地震断层尾端压性特征的地表形变现象

海原大地震的地震断层上的压性地震形变往往呈正地形出现。它们是逆断层活动所产生的地表形变现象，常见的有以下几种。

1. 地震压性陡坎和隆脊

地震形成的压性陡坎和隆脊的示意图见图 2.2-14，它们都是逆断层控制的地面形变现象，成因和形成机制相同，只是发育程度有所不同。海原地震断层上多为陡坎，隆脊较为少见。

海原大地震地震断层上的压性陡坎一般发生在各次级走滑断层的端部，是逆断层活动在地面产生的形变现象。地震压性陡坎一般规模较大，可断续长达几公里。

地震时断层的上盘向上逆冲，使上盘的断面出露于地表而形成陡坎。这类断层陡坎以断层面紧闭、无裂缝为特征。上升盘的断层崖常因重力下塌而形成倒石堆。在许多人工挖掘的探槽剖面上也可看到断层上部古倒石堆的存在，通常也把其视为一次古地震的证据。在断层上盘的山体常伴有山体大裂缝和局部山体滑塌。

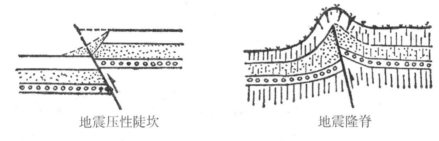

地震压性陡坎   地震隆脊

图 2.2-14 地震压性陡坎和地震隆脊示意图

其中以南西华山地震断层带东端的乱堆子村至坊家庄的山麓出现的压性陡坎最为典型。

在经过图像处理的卫星影像图（图 2.2-15）上，可见到断裂南盘形成的断层陡坎，其中较大的陡坎发生在乱堆子西第二至第四个山梁上（下盘上升部分下塌后形成的压性陡坎一般为半圆形陡坎），陡坎东端高差达 10 ~ 30m，向西逐渐减至 2 ~ 3m，平均 4 ~ 5m。

图 2.2-15 乱堆子—坊家庄南华山北麓断裂上发育的断层陡坎

当然，这么大幅度的垂直断距应是晚更新世断裂左旋走滑运动以来，断裂尾端多次垂直断陷的结果，海原大地震在此基础上再次活动。

图 2.2-16 为南华山北麓地震断层上出现的隆脊形变，可长达 1 ～ 2km，坡度大的地方一般可转变为陡坎。

图 2.2-16　南华山北麓地震断层上的隆脊照片

2. 山脊地震大裂缝

海原地震断层带上的山坡、山脊大裂缝，一般发生在走滑地震断层尾端的压性上升盘。断层上盘发生强烈的垂向上升，在自下而上的垂直应力作用下，地表产生水平张力而裂开。如南西华山地震断层带东端的乱堆子至坊家庄山坡上发育的大裂缝（图 2.2-15、图 2.2-17、图 2.2-18），长几十米到数百米，宽二三十米。山坡大裂缝的走向，一般与断裂走向正交或斜交。坡度较大的地方往往会发生小规模的山体滑塌。

图 2.2-17　乱堆子—坊家庄南华山北麓断裂南华山山坡上发育的地震大裂缝和小规模滑塌

图 2.2-18　乱堆子—坊家庄南华山北麓断裂南华山山坡上发育的地震大裂缝

3. 山体局部崩塌

海原地震断层带上的山体局部崩塌，一般发生在走滑地震断层尾端的上升盘，断层发生强烈的垂向振动，使地表产生水平张力而产生局部崩塌。

如南西华山地震断层带乱堆子村南侧山坡上，在古滑坡上再次发生山崩，宽约400m，崩塌体阻塞河道（图 2.2-19）。该山崩形状上大下小，形似勺状，崩塌体在山麓堆积阻塞河道，迫使河道另寻新路。堆积物下部山麓还可见到断续分布的高差达 4 ~ 5m 的陡坎。

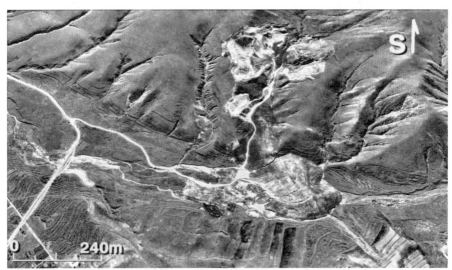

图 2.2-19　乱堆子村南侧山坡上发生的山崩

这种山体局部勺状崩塌是走滑断层端部（压性端）垂直形变区常见的典型山崩类型之一。

4. 大面积挤压隆起

海原大地震引起的较大面积的隆起一般出现在海原地震次级地震断层的压性端，它们是走滑地震断层端部垂直形变效应的结果。地震时断层端部局部遭受挤压，形成以逆断层控制的大面积地面隆起。隆起区内往往伴有局部范围的山崩和山体滑塌。

海原大地震的地震断层端部大面积的挤压隆起，主要发育在黄家洼山地震断层带西端的红水河上游—阴洼窑隆起区、月亮山地震断层带西北端的武家峁岗隆起区和哈思山地震断层带西端的黄河西岸隆起区。

如黄家洼山地震断层带西端的红水河上游—阴洼窑隆起区（图 2.2-20），隆起区内红水河上游东支流的两侧形成了长达近 2km 的崩塌区，在主沟两侧侏罗纪地层发生强烈崩塌，裸露出鲜艳的侏罗纪紫红色地层，尤其引人注目。

图 2.2-20　黄家洼山地震断层带西端的红水河上游—阴洼窑隆起区

在阴洼窑一带，地震形变带进入了古生代地层分布的基岩区，主要为多条大致平行的巨大的压性垄脊、陡坎成带分布，陡坎高 3 ~ 5m。长达 1.5 km 的形变带总宽大于 600m。在阴洼窑北还出现了规模较大的滑坡，却没有看到明显的水平位移，反映了以垂直位移为主的压性地震形变特征。

2.3　反映地震断层初始破裂地带的地震形变现象

海原大地震的地震断层初始破裂地带的垂直形变现象，主要分布在海原地震断层带的月亮山东麓次级地震断层带上。这里位于整个海原地震断层带的东南端，总体地震形变现象以垂直升降运动为主，以大规模的山体崩塌和滑坡为主要特征。

位于我国著名的六盘山地区的月亮山东麓地震断层带，就处于这次地震的仪器震中所在地，即海原大地震初始破裂的起点地带。由于地震初始破裂点位于正下方，强烈的自下而上的垂直冲击力直冲地表，在地表产生强大的水平张力，给这里大规模的崩塌、滑坡提供了强大的动力。

六盘山区山势雄伟，气候干旱，植被稀少，地表又覆盖很厚的黄土层，为山体强烈崩塌、大规模的山体滑坡、山体长距离滑移，提供了地质地貌和场地条件。

以上内因和外因，可能就是这里产生大规模崩塌滑坡的主要原因。

这种形变现象与 2008 年四川汶川 5 月 12 日 8 级地震非常相似。在仪器测定的震中映秀一带为汶川大地震震源破裂的起始点，地震瞬间造成山崩地移、山河改观、屋毁人亡等现象。当然海原 8.5 级大地震造成山崩、滑坡的规模，影响的范围，以及释放的能量，都远远高于四川汶川 8 级大地震。

海原大地震月亮山东麓地震断层带发生大规模的滑坡、崩塌等垂直形变现象，是山区大地震震源破裂起始点最典型的地震断层垂直形变特征，它显示震源破裂从这里开始并自此向外扩展。

从该区卫星影像图（图 2.3-1）中可以看出，月亮山地震断层东侧，月亮山与马东山之间的第三系复式背斜，已被无数山崩滑坡破坏得面目全非，几乎很难见到完整的地方。全带共有基岩大滑坡（群）多达 19 个，其中 7 个滑坡（群）产生了堰塞湖。滑坡分布区南北长近 40km，东西宽 20 ~ 40km。如此规模的滑坡实属罕见。这些大滑坡（群）中有 13 个分布在断层下盘的第三纪地层中，6 个分布在断层上盘白垩纪基岩中。

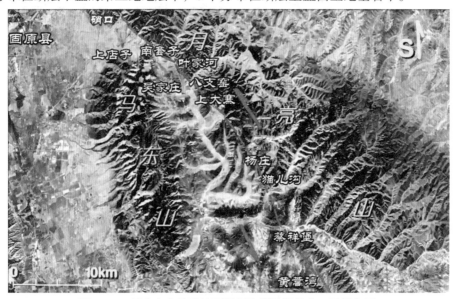

图 2.3-1　月亮山东麓段地震断层和滑坡区分布卫星影像图

2.3.1　发生在断层下盘第三纪地层中的滑坡群

1. 吴家庄沟大滑坡群

吴家庄沟大滑坡群为该段规模较大的崩滑群之一。该滑坡群发育于月亮山与马东山之间的第三系复式背斜隆起的东侧，马东山西的吴家庄沟一带，滑坡体为第三系红色地层，上覆厚层黄土。从卫星影像图（图 2.3-2）中可以更清晰地看出，两侧山体大规模的滑坡把长达 3.5km 的吴家庄沟谷地带及人畜全部掩埋，谷中崩塌体厚度达 100 ~ 200m。现在的吴家庄等村庄震后重建在滑坡体之上。

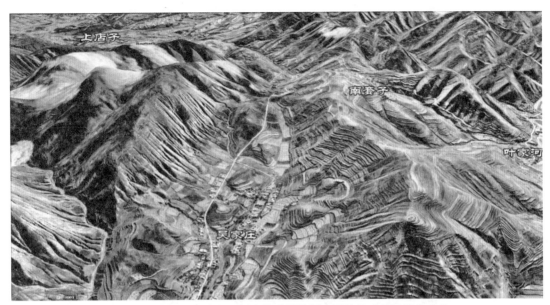

图 2.3-2　吴家庄沟南段两侧山体合崩的景象及沟谷底部堆起的土堆

2. 将山堡多级滑塌大滑坡

将山堡多级滑塌大滑坡位于吴家庄沟大滑坡之北，面积为（2×4）km²。整个山体自马东山西坡向西北呈多级滑落。卫星影像图（图 2.3-3）上多个滑坡面和滑坡体清晰可见。滑塌体多达 4～5 级，最下面一级滑塌体将臭水河上游的米蒿滩支沟的沟床大部分掩埋。米蒿滩河谷东山的北端，在滑坡体的强烈冲击下也向西偏转并崩塌，将米蒿滩河谷堵塞，形成米蒿滩堰塞湖。整个滑坡体滑移长度近 3.5km。

图 2.3-3　将山堡多级滑塌大滑坡卫星影像图

2.3.2　发生在断层上盘白垩纪基岩中的滑坡群

1. 蒿艾里巨型崩塌体和海子地震堰塞湖

蒿艾里巨型崩塌体位于月亮山断裂西南盘的白垩纪基岩中，猫儿沟出口处，为月亮山东麓地震断层带上又一较大的滑坡群（图 2.3-4）。

图 2.3-4　蒿艾里地震大滑坡照片

（环文林摄于 1983 年）

　　强烈的震动使河床两侧白垩纪红色地层组成的巨大山体相向滑落，以河床北侧的滑坡规模最大。滑落后形成的滑坡面峭壁高达 60m 以上。崩塌滑坡土石将河床堵塞，形成堰塞湖，即现今当地人称为海子的水库。崩塌体为白垩纪砂页岩，堆积在河床中，表面呈波状起伏，犹如巨大的波浪，延绵 2km 长。这类罕见的地震滑坡为地震初始破裂地带的典型形变现象。滑坡体规模太大，让当年实地考察的我们虽身居其中却难以通览全局，说明海原地震之强烈。

　　图 2.3-5 为俯瞰滑坡体的三维立体图。其清楚地展示了猫儿沟蒿艾里大滑坡体和海子堰塞湖的壮观景象。两山合崩把宽约 250m、长约 1.5m 的清水河谷完全堵塞，形成上下两个堰塞湖（图 2.3-6）。堰塞湖长达 2.6 km，崩塌体宽约 2km，长达 1.5km，超过 1 亿 m³，堰塞湖高出下游河床达 45m。

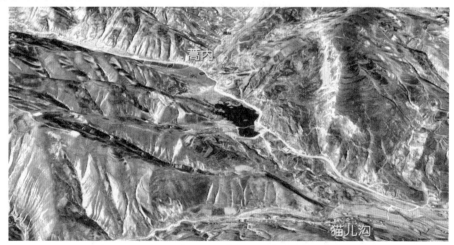

图 2.3-5　蒿艾里大滑坡及海子堰塞湖卫星影像图

图 2.3-6 蒿艾里大滑坡形成的上下两个堰塞湖大比例尺卫星影像图

2．杨明大滑坡群

杨明大滑坡群是海原大地震的较大滑坡群之一。从图 2.3-7 上清晰可见，杨明堡位于李俊河上游，距离蔡祥堡 5km，与月亮山东麓发震断层只一山之隔，最大距离 3km。地震时安家庄、杨明堡、马场一带都发生了大规模白垩纪基岩大滑坡，东西分布长度达 7.5km。

图 2.3-7 杨明大滑坡群卫星影像图

该滑坡群主要分布在李俊河北侧山坡上，由多个滑坡体组成，主要有安家庄大滑坡、杨明大滑坡和马场大滑坡等（图 2.3-8）。滑坡体位于白垩纪基岩中，各滑坡体的宽度都在 2km 以上。滑坡上下高差近 300m，自山顶向下滚落并冲向河对岸，将 450m 宽的李俊河上游河床全部掩埋，掩埋河道长度达 7km，上游形成马场堰塞湖，现已干涸。

图 2.3-8　杨明大滑坡群大比例尺卫星影像图

杨明大滑坡体位于杨明堡与马场之间，是该滑坡群的主体。滑坡体上下长达 2km 以上，高差 260m，坡度较小。450m 宽的李俊河河床就是被该滑坡体阻塞并掩埋的，其主要特点是滑坡体呈明显的波状起伏。从卫星影像图图 2.3-8 上可见，滑坡面上形成的巨大波状起伏至今仍保留完好，可以想象当时地震之强烈，持续时间之长。

上述海原大地震给我们留下的不同类型的地面形变，涵盖了巨大水平位移的各种形变现象，丰富多样的断裂尾端垂直形变，大规模的山崩地裂、村镇被摧毁，以及死于该震的 27 万亡灵。它们静静地向后人诉说着这次地震造成的历史灾难，也留下了极其珍贵的大地震地震断层破裂带的地面形变资料。这些用灾难和生命换来的宝贵资料，值得我们去珍惜、去探索、去研究。

第 3 章将对长达 246.6m 的地震断层带的 6 条次级断层破裂带上发生的大规模的地震形变现象进行详细的讨论。

第3章 海原大地震地震断层带的分段研究

研究 1920 年海原 8.5 级大地震断层带在地表留下的永久形变现象，对探讨海原大地震的成因及破裂机制有着重要意义。

1982—1984 年，中国地震局地球物理研究所和宁夏地震局联合考察组对海原地震断层地表产生的形变现象进行了大规模的综合考察，考察期间在卫星影像和航空照片判读的基础上，对整条地震断层带上的地震形变现象进行了全程徒步精确考察，收集各种类型的形变现象，判别地震断层活动的性质，并测量其水平、垂直位移数据，完成了现场考察报告。

考察结果收录在 1987 年地震出版社出版的《中国地震考察》专著中，包括：

①环文林、葛民、万自成、柴炽章、张维岐、王士平、常向东、焦德成，《1920 年海原 8.5 级大地震形变带考察报告》。

②万自成、柴炽章、葛民、王士平、环文林、常向东，《1920 年海原 8.5 级大地震的地质构造背景》。

本章试图以上述野外考察结果为基础，结合作者多年对走滑型发震构造研究的新认识（环文林等，1991、1993、1994、1995、1997），对海原大地震地震断层形变带做进一步的研究，以对地震断层的运动机制及形成原因的认识有进一步升华和理论上的提高。

本书在上述调查工作的基础上，结合现代较高精度的数字卫星影像资料（经特殊图像处理），从更大的高度和广度进行全面深入的研究，并把整条海原大地震的地震断层形变带，在大比例尺的数字卫星影像图片上解译识别出来，把地震断层形变带分段填写在大比例尺的卫星影像图上，给出各段地震断层形变带分布的卫星影像图。此外利用作者在现场调查时拍摄的大量彩色照片，尽可能再现海原大地震现场的大规模地表破裂形变现象，期望把这些珍贵的资料和多年研究积累的认知留给后人。

根据断裂的位错理论，本书将海原大地震的地震断层带划分为六条次级地震断层带：

①月亮山东麓次级地震断层带；

②南西华山北麓次级地震断层带；

③黄家洼山南麓次级地震断层带；

④北嶂山北麓次级地震断层带；

⑤哈思山南麓次级地震断层带；

⑥米家山—马厂山北麓次级地震断层带。

3.1 月亮山东麓次级地震断层带

3.1.1 地质构造背景

月亮山东麓次级地震断层带东起宁夏硝口，经八支窑、上大寨、蔡祥堡，至小南川以北（图 3.1-1）。总体走向为 N30°～40°W，倾向南西，倾角 40°～50°，西盘（上盘）为下白垩统为主的中生代地层，东盘（下盘）为夹在月亮山和马东山之间的第三系红色盆地。

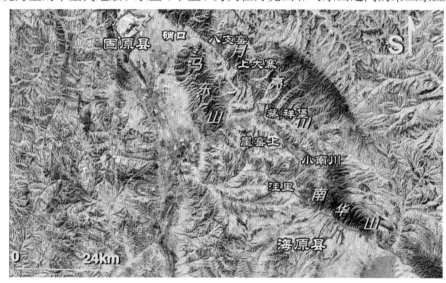

图 3.1-1 海原大地震月亮山东麓次级地震断层带分布卫星影像简图

在喜马拉雅运动期间，月亮山断裂遭受到强烈逆冲挤压运动，造成早白垩纪地层逆冲到第三系红层之上，致使第三系红层发生强烈褶皱而隆起，形成一个向西北倾斜的复式背斜带，后期经剥蚀，中坪以南的南段出露古近系红层，北段出露新近系。第三纪末期至第四纪早期，在山麓堆积早更新世坡洪积砾石层，断裂活动仍以逆冲为主。中、晚更新世风成黄土覆盖全区。晚更新世开始的新构造运动，使断裂的活动性质发生了显著改变，由前期的逆冲运动转变为大角度左旋水平走滑运动，致使月亮山东麓的许多山沟和谷间脊都被左旋扭曲和错断，具有左旋走滑断层的典型特征。全新世以后，伴随左旋走滑运动，地震也强烈活动，造成大规模的山崩滑坡等自然灾害。

月亮山东麓地震断层形变带沿月亮山东麓断裂带分布，是月亮山东麓左旋走滑断裂最新活动的结果。该带是海原大地震地表破坏最大、形变面积最广、死亡人数最多的地段。

3.1.2 前人研究结果

地震发生后，老一代中外地质学家和震灾专家前往现场调查。如震后不到 80 天，国际饥饿救济协会的 W. 霍尔（W. Hall）、U. 克劳斯（U. Close）等曾到宁夏固原、西吉等重灾区进行考察。考察结果发表在 1922 年美国《国家地理》杂志上，题目是《在山走动的地方》。文中披露了大量灾情的实际资料，特别是对这里大规模的山体滑坡做了生动的描述。

　　地震发生后四个月，国民政府翁文灏、谢家荣、王烈等六位中国老一代地质学家赴灾区进行了历时四个月的考察。考察范围为固原、西吉、会宁、宁静、海原县南部等地。他们除调查灾情外，还重点进行科学考察，考察报告先后发表在《晨报》《科学》《地学杂志》等刊物上。当时也重点考察了月亮山东麓次级地震断层带及邻近地区，这里的灾情最严重，山崩滑坡规模巨大。他们在该段的考察结果，为后人留下了珍贵的大规模山体崩塌滑坡现象的现场调查资料。

　　解放后，以郭增建为代表的国内一批科学家先后前往考察研究，在1980年出版的《一九二〇年海原大地震》专著中，对20世纪80年代以前的研究成果进行了全面的总结，对这一带的山崩滑坡也做了较详细的描述，并给出了滑坡等地面破坏范围分布图及等震线划分图等（图3.1-2）。

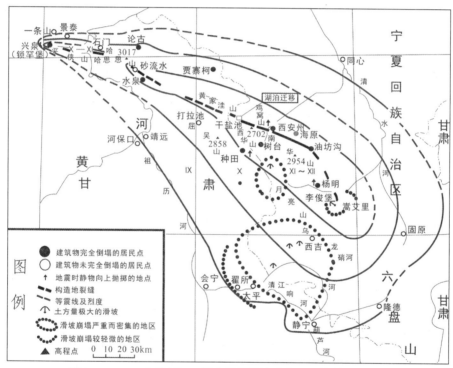

图 3.1-2　1920 年海原 8.5 级大地震滑坡分布图及等震线划分图
（据甘肃省地震局、宁夏回族自治区地震局，1980 年）

　　从图中可以看出黄土滑坡都分布在南部地区，在Ⅸ度和Ⅹ度区内也出现了较大黄土滑坡。这些地区的山体滑坡主要发生在坡度较大的河谷两侧和黄土塬梁地区，受地形的影响较大，属次生的黄土滑坡。

　　基岩大滑坡集中在极震区内，它们与海原大地震发震断层的活动密切相关。

　　基于以上认识，环文林、葛民、万自成、柴炽章等（1983—1984 年）组建地震考察组，依据当年翁文灏、谢家荣等人的调查资料，沿着前人的足迹，再次实地追踪调查了使他们为之震撼的极震区内的大规模地震形变现象。

　　本书编写过程中，综合 1983—1984 年考察中获得的大量实测资料，同时通过利用航空照片、最新数字卫星遥感影像资料和单反相机、摄像机拍摄的现场资料等，尽可能再现当年地震时，发震断层附近在强大的地震动力作用下，地表留下的面积广大、类型多样的永久地震形变现象，尽可能对这些现象的成因和破裂机制做进一步深化。

3.1.3　破裂起始点的分析研究

关于这次地震的仪器震中位置，李善邦先生（1948 年）在《科学》杂志上发表的《三十年来我国地震研究》一文中做了详细描述。地震时，我国唯一的地震台上海徐家汇地震台记录到了这次地震。法国神父 E．古泽（E．Gherzi）主持的上海徐家汇地震台确定的仪器测定的微观震中位于距上海 1400km 处。后来根据震区的初步报告，又将震中改为距上海 1550km 的固原一带。李善邦先生（1948 年）对来自震区的资料进行详细研究后，也将震中定在固原一带。

翁文灏、谢家荣等老一辈地质学家在此开展了深入的地质科学考察（1921 年），谢家荣在《地学杂志》1922 年第 8、9 期合刊上发表的《民国九年十二月十六日甘肃及其他各省之地震情形》一文中指出："陇山（六盘山）约为南北向，此山脉至海原南约百余里之处忽改其脉向为西北，……山脉和地层走向至此忽然突变，则其地层之构造必有特殊情形也，明矣，以余个人之理想颇可以断层解说之，此断层线之位置走向适与震中带之位置走向吻合。震中带者即地震烈度最大之区域也，亦即地震动力所发源之地也。"

北京大学地质系教授王烈，在 1921 年 6 月发表的《调查甘肃地震报告》中确认："此番大震之中心点，当在海原之南。""海原县为甘肃全省受灾最烈之区，全县人民前为十二三万，被灾而后，竟去其三分之二。"

老一辈地震学家依据现场地质调查和灾情调查，将山崩最强烈、灾害最惨烈、死亡人数最多的地区，定在海原以南，固原南北向六盘山和海原北西向的祁连山构造带的转折地带（也就是本书所述的月亮山地震断裂带所在地区），并认为这里是"地震动力发源之地"。他们获取的震后的第一手资料和最初的认识，为后期研究工作奠定了基础，应给予足够的重视。

依以上资料分析，本书认为：把这次大地震的仪器震中定在海原之南月亮山地震断裂带的中南段是合理的。1920 年海原大地震的震中烈度为Ⅻ度，时称"寰球大震"。

据地震学理论，仪器记录测定的震中是地震震源破裂的起始点，而宏观震中则是极震区的几何中心。

3.1.4　破裂起始点大规模山体崩塌和滑坡

地震引起的山岩崩塌和滑坡是地震断层形变现象的重要类型之一。从该区卫星影像图（图 2.3-1）上可以看出，月亮山地震断层东侧，月亮山与马东山之间的第三系复式背斜，和月亮山断层西侧近断层处的白垩纪基岩，已被无数山崩滑坡破坏得面目全非，几乎很难见到完整的地方。基岩滑坡分布区南北长近 40km，东西宽 20 ~ 30km，如此规模的滑坡实属罕见。我们将在本节分区详细介绍。

月亮山地震断裂带发生如此大规模的地表破坏，本书认为有以下三方面原因。

① 8.5 级地震提供强大动力。六盘山地区处于这次地震的仪器震中，即初始破裂的起点地带。初始破裂点位于地面的正下方，地震产生强烈的垂直上下震动，自下而上的垂直

冲击力直冲地表，在地表产生强大的水平张力，给这里的大规模滑坡、崩塌提供了强大的动力。

②月亮山东麓次级地震断层带在整个海原左旋走滑地震断层带的东南端，与其他次级地震断层带相比，其位于整个海原地震断层带的端部，"断层端部垂直形变效应更加明显"。地震断层端部的形变现象以垂直升降运动为主，也在一定程度上加剧了本区垂向运动的强度。

③这里是著名的六盘山区，为我国黄土高原的一部分。山势雄伟，气候干旱，森林绝迹，植被稀少，地表又覆盖很厚的黄土层。在震中巨大的垂直应力作用下，地表产生强大的水平张力，为山体的强烈崩塌、大规模滑坡以及长距离滑移，创造了地质地貌和场地条件。

上述三方面原因，可能就是这里产生大规模崩塌滑坡的主要原因。

这种形变现象与四川汶川2008年5月12日8级地震非常相似。仪器震中所在地映秀一带为汶川大地震震源破裂的起始点，地震瞬间造成山崩地移、山河改观、屋毁人亡等现象。当然，海原8.5级大地震引发的山崩与滑坡的规模、波及的范围、释放的能量都远远高于四川汶川地震。

月亮山东麓地震断层带在整个海原地震断层带的东南端，总体地震形变现象以垂直升降运动为主，以大规模的山体崩塌和滑移为主要特征（图3.1-3）。

3.1.5　地震断层概述

月亮山东麓次级地震断层带，为整条海原大地震的地震断层形变带东南端的一条次级带。该带东南起于宁夏固原县硝口西南，沿月亮山东麓断裂向北西方向延伸，经海原县的李俊堡至海原县洼里，总长58.6km（图3.1-3）。各段的断裂形变特征仍有一定的差异，可以分为下列三段。

图3.1-3　海原大地震月亮山东麓段地震断层分布卫星影像图

南段：硝口—八支窑，为南端张性垂直形变段。垂直运动使地表产生强大的水平张力，从而导致大规模山体崩塌和长距离山体滑移。

中段：八支窑—崖窑上，为主体走滑段。除仍存在大规模的滑坡外，还具有一定幅度的左旋走滑位移活动，显示垂直形变与水平剪切共同作用。

北段：崖窑上村以北至南华山东麓的洼里一带，为西北端压性垂直形变段。

海原大地震在月亮山东麓段的形变性质明显受到上述三段不同的形变性质所控制，三段表现出各自独特的形变特征。

3.1.6　地震断层带南段——张性垂直形变段

该段自硝口至八支窑，以垂直运动为主，在垂直应力的作用下，地表产生强大的水平张力，从而导致大规模的山体崩塌和长距离的山体滑移运动。

1984 年我们实地考察时绘制的实测图（图 3.1-4）中，清晰地显示了硝口—八支窑段地震断层的分布情况。

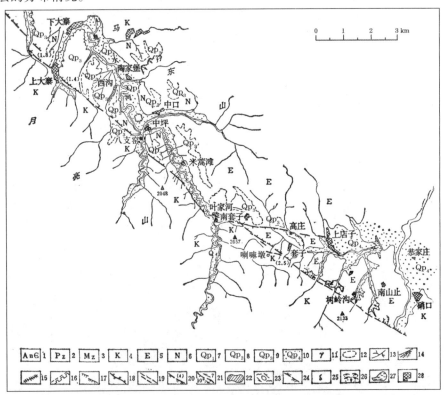

图 3.1-4　硝口—上大寨地震形变带实测分布图[①]

1.前寒武系；2.古生界；3.中生界；4.白垩纪；5.古近系；6.新近系；7.下更新统；8.中更新统；9.上更新统；10.全新统；11.花岗岩；12.地层界线；13.水系；14.冲、洪积扇；15.山脊；16.田埂、土堰；17.地震陡坎；18.地震垄脊；19.地震裂缝；20.张性陡坎和垂直错距（单位：m）；21.压扭性陡坎和水平错距（带星号者精度为 B 类；单位：m）；22.地震堰塞湖；23.地震鼓包和裂缝；24.羽状裂缝；25.地震泉；26.崩塌和滑落方向；27.水库；28.村镇

地震断层形变带沿月亮山东麓断裂分布。月亮山东麓断裂的走向 N30°～40° W，倾向 SW，断裂带的西盘是以白垩纪为主的中生代地层，东盘为夹在月亮山和马东山之间的古近系和新近系红色盆地，上覆厚层第四纪晚期黄土。地震断层形变现象主要表现为沿断

---

① 本章以后各节中同类图件的图例均同本图。

层带前缘的第三纪红色地层和上覆黄土层的大规模山体崩塌和滑坡，可以看出它是月亮山东麓左旋走滑断裂带的东南端最新活动的结果。

图 3.1-5 是月亮山东麓地震断层带南段卫星影像图。图中从硝口至米嵩滩，许多特殊构造地段都产生了规模巨大的滑坡、崩塌，致使区内地表遭受到严重的破坏，地质地貌已面目全非。该段大致可以分为：硝口—上店子滑坡群和南套子—吴家庄沟滑坡群。

图 3.1-5　海原大地震月亮山东麓震断层带南段卫星影像图

1. 硝口—上店子滑坡群

硝口—上店子滑坡群是海原地震断裂带最南端的一组滑坡群，相对于下一组滑坡群规模略小，以第三纪地层与上覆黄土层整体滑移为主。滑坡范围南北长达 3.5km，东西宽达 2km，主要有南山口硝口大滑坡、南山止—树岭沟大滑坡、喇嘛墩滑坡和上店子—高庄大滑坡群等（图 3.1-6）。

图 3.1-6　硝口—上店子滑坡群卫星影像图

(1) 南山口硝口大滑坡。

位于南山口的硝口大滑坡是该段地震断层最南端的一个滑坡体。硝口大滑坡位于硝口沟口的西侧，滑坡体宽达 700m，滑坡体将河道和村民住宅掩埋。现在的居民点是震后在滑坡体上新建的，从图 3.1-7 中也可以看出新的硝口河河道也是在滑坡体上冲出的一条新的河道。

图 3.1-7　硝口大滑坡全景卫星影像图

(2) 南山止—树岭沟大滑坡。

南山止—树岭沟大滑坡包括南山止和树岭沟滑坡体。滑坡体由第三系土层和上覆的黄土组成，自月亮山断裂向下滑移。滑坡体宽 1.8km，向下滑移达 100 余米。滑坡体下的村庄被全部掩埋。现滑坡体已被冲沟冲刷出深沟，山水沿滑坡体底部潜流，从沟口流出，当地村民在这里围坝成湖（图 3.1-8）。

图 3.1-8　南山止—树岭沟大滑坡全景卫星影像图

(3) 喇嘛墩滑坡。

该滑坡包括喇嘛墩沟两侧两个滑坡，滑坡体由第三系土层和上覆的黄土组成，自月亮山断裂向下滑移，宽 1.3km，滑坡向下滑移近 100m。滑坡上沿形成一个簸箕形凹地（图3.1-9）。在南喇嘛墩滑坡下沿有地震陡坎，走向为 N 45° W，陡坎高差约 2.5m，陡坎上有大量斜列状分布的垄脊。

(4) 上店子—高庄大滑坡群。

上店子—高庄大滑坡群主要由上店子滑坡和高庄滑坡并排组成（图 3.1-10），位于近东西向的马东山南缘断层上，是该断层地震活动的结果。滑坡体主要位于该断层的南盘，由第三系土层和中更新世黄土组成。

图 3.1-9　喇嘛墩滑坡卫星影像图

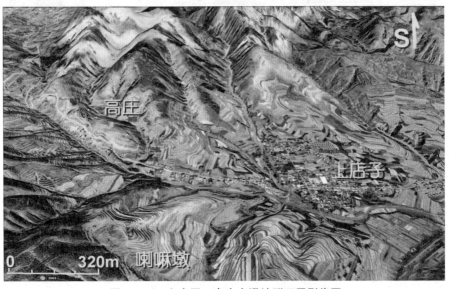

图 3.1-10　上店子—高庄大滑坡群卫星影像图

从图中可以看出，两个滑坡体的上部都有明显的平整滑坡面，滑坡面高达40 ～ 50m。滑坡体向下滑移达 300 余米，滑坡体内的地层已被挤压褶皱，产生强烈变形，滑坡下的村庄民居被掩埋。现在的上店子、高庄等村庄都是震后在滑坡体之上重建的。

2. 南套子—吴家庄沟滑坡群

南套子—吴家庄沟滑坡群是该区分布面积最广、强度较大的滑坡群。滑坡区南北长达8km，东西平均宽约 3km，分布于月亮山与马东山之间的第三系复式背斜的南段，出露地层为古近纪红色地层和上覆晚更新世黄土层。南端起于近东西向的南套子断裂，西界为月亮山东麓断裂，东界为马东山西麓不整合面。复式背斜第四纪以来隆起上升，背斜东侧被浸蚀，形成吴家庄—孔家庄沟，西侧为叶家河米蒿滩沟。在来自马东山和月亮山一系列支沟中的水流浇灌下，水草丰富，村落密布，人口众多。

1920 年海原地震强烈的震动，使这个第三系复式背斜组成的山体完全崩塌、滑移，面目全非，形成了多个滑坡群，成为海原大地震滑坡群中分布面积最广、强度较大的滑坡群之一，自南向北有：南套子—叶家河滑坡群、吴家庄—孔家庄沟滑坡群、孔家庄南滑坡群、将山堡滑坡群、米蒿滩—八支窑滑坡群等（图 3.1-11）。滑坡群下的村庄几乎全部被掩埋，人畜伤亡十之八九，灾情十分惨烈。

图 3.1-11　南套子—吴家庄沟滑坡群卫星影像图

(1) 南套子滑坡群。

南套子滑坡群也是该段较大的滑坡之一，位于月亮山东麓北西向断裂带与南套子—叶家河东西向断层交会部位，滑坡体宽达 500m 以上，滑坡顶至滑坡底部高差达 200 多米。滑坡体向西北沿叶家河沟南测向西滑落至叶家河西北，滑移长度 2km 以上。

叶家河沟东起南套子，西至叶家河，汇入臭水河，全长 2km，地震滑坡沿东西走向的三角形小山前缘的上店子—叶家河断裂分布。沟中水草丰富，村庄密布。南套子滑坡群把叶家河沟掩埋。现在的南套子村和叶家河村均重建于滑坡体之上。

我们选用的卫星影像资料经过图像处理，更加立体地再现了滑坡体的巨大规模和全貌（图 3.1-12）。地震断层沿东西向的叶家河与南套子之间的三角形断崖的前缘分布。三角形断崖的山麓坡积阶地断裂，形成高为 4 ~ 5m 的张性陡坎，长 600m 以上。

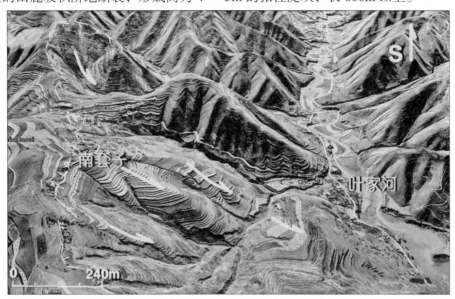

图 3.1-12　南套子滑坡群卫星影像全景图
（注：图中红色箭头为 1920 年海原地震断层带分布位置，下同）

(2) 吴家庄沟滑坡群。

吴家庄沟滑坡群为该段规模较大的崩塌滑坡群之一。沟的南端与南套子滑坡群一山之隔。该滑坡群发育于月亮山与马东山之间的第三系复式背斜隆起的东侧、马东山西的吴家沟一带，滑坡体为第三系红色地层，上覆厚层黄土。

地震时，强大的冲击力使吴家庄沟两侧山体同时崩塌，滑坡体将该沟谷南段全部填平。巨大的崩塌体沿沟谷向北延至吴家庄以南，全长 3.5km 以上。对比未崩塌的下游河床与滑坡体上面的海拔高程，去除坡降比，可得到吴家庄沟中堆积的崩塌体厚达 100m 以上，此沟（南端）上游分水岭一带厚度达 200m 以上，可见滑坡体之巨。吴家庄沟中的道路、村庄及人畜全部被掩埋在 100m 以上的滑坡堆积物之下（图 3.1-13）。如今沟中的村庄都是震后在滑坡体上新建的。

翁文灏等当年调查时对此处滑坡的规模及成因机制做了详细描述。现将他们的报告有关段落摘录如下："当地山崖黄土特厚高达三四百公尺者，崩塌之山大抵先于山坡发生弧形断裂，断层之面因黄土有垂直劈开之性，常近直立，断层外侧有向外倾倒之势，所过道路及川流遂为壅塞。谷之两旁山坡同时断移，互相对冲，则于谷之中部陡起土堆，形成高为三四十公尺之山阜。此种现象全由吾国黄土特富乃能得见，世界他地恐无其例。"

我们选用经过图像处理的数字卫星影像图，以更大比例尺精细地再现了当年该滑坡群的规模和全貌。东侧马东山高大陡峭的滑移面清晰可见，不整合面以上的第三纪地层和上覆黄土层全部向下滑落和崩塌，滑坡面上露出白垩纪地层。沟谷中所有村庄被掩埋，可见当年这里灾情之惨烈。经过处理的卫星影像立体图，更直观地再现了翁文灏等老一辈科学家当年调查时所描述的多处陡起的土堆的生动场景。所不同的是，当年他们看到的滑坡体表面黄土，现在已被雨水冲刷，露出下面的第三系红色地层。

图 3.1-13　吴家庄沟两侧山体合崩的壮观景象卫星影像图

从大比例尺卫星影像图（图 3.1-14）中可以更清晰地看出，翁文灏等老一辈科学家所描绘的谷中陡起的土堆，形成高为三四十米之山阜，土堆直径一般为 50m ~ 100m，南端分水岭处的大土堆达 100m×150m。

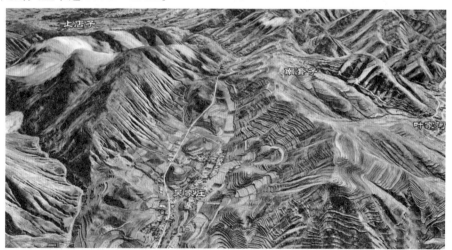

图 3.1-14　吴家庄沟南段两侧山体合崩的景象及南段沟谷底部隆起的土堆

（3）将山堡多级滑塌大滑坡。

将山堡多级滑塌大滑坡位于吴家庄沟滑坡群之北，面积为（2000×4000）m²。整个山体自马东山西坡向西北呈多级滑落，多个滑坡面清晰可见。滑塌体多达 4 ~ 5 级，最下一个滑塌体将臭水河上游的米蒿滩支沟的沟床全部掩埋，滑坡体向下冲击，将米蒿滩沟东山北端推移，使之向西歪斜、崩塌，连同西山崩塌体，把米蒿滩河谷阻塞，形成米蒿滩堰塞湖。整个滑坡体滑移长度近 3.5km（图 3.1-15）。

图 3.1-15　将山堡山体多级滑塌大滑坡远眺卫星影像图

在地面上看，形似由多个小山包组成，故有人称其为将山堡。如今的将山堡村就建在当年的滑坡体之上。

地震后 4 个月，国际饥饿救济协会 J.W. 霍尔等人于 1921 年到灾区调查，为这一地区的巨大滑坡所震撼，1922 年在美国《国家地理》杂志上发表了题为《在山走动的地方》的考察报告，生动地描述了这一地区长距离滑移的巨大滑坡灾害。

(4) 孔家庄南大滑坡。

孔家庄南大滑坡位于吴家庄沟西侧，第三系复式背斜轴部的一条深沟内，也是由沟的两侧山体合崩形成的。沟中崩塌物厚约 60m，崩塌面积约 1km²。

特别值得注意的是，沟之东侧山体的北段整体下塌，在南段末端留下的陡峻的新鲜滑塌三角断面尤为壮观。从断面上能清晰看到第三纪地层的层理，山体下塌幅度达 70m。右侧山体也出现多级滑塌，平整的滑塌面仍然可见，说明崩塌之强烈（图 3.1-16）。

图 3.1-16　孔家庄南大滑坡卫星影像图

(5) 米蒿滩大滑坡及米蒿滩堰塞湖的形成。

从叶家河到米蒿滩，形变带仍以 N 40° W 的走向沿米蒿滩谷地西缘向西北延伸。由于形变带分布于河流谷地西岸阶地上，故均为植被覆盖。地震断层延至米蒿滩对岸后，逐渐上坡越过山梁，向西北方向的八支窑一带延伸，在山梁上产生一个规模较大的滑坡。

可见，这里已经开始出现左旋运动，使山脊扭动，断层南盘的白垩纪基岩山脊崩裂，并向东南方向滑移，形成了较大规模的基岩滑坡（图 3.1-17）。断层北盘的第三纪地层也向北东方向滑落。在米蒿滩沟口与米蒿滩东山崩塌体汇合，将米蒿滩沟堵塞，形成米蒿滩堰塞湖（图 3.1-18）。后人在堰塞湖坝体的基础上筑坝加高，成为今日的水库。

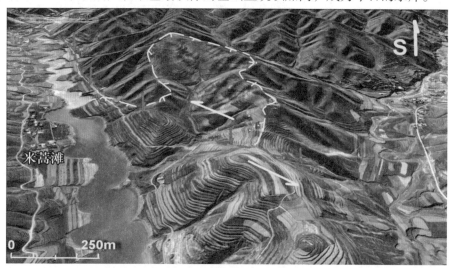

图 3.1-17　米蒿滩西山的基岩滑坡卫星影像图

图 3.1-18　米蒿滩北沟口处两山合崩及米蒿滩堰塞湖卫星影像图

3.1.7　地震断层带中段——垂直形变兼左旋走滑段

该段南起自八支窑至黄蒿湾，除仍普遍存在大规模的滑坡外，也出现了较大幅度的左旋走滑位移现象，致使该段的滑坡和崩塌与前段相比，具有明显的方向性，显示出垂直形变兼左旋走滑的特征。

1. 八支窑—上大寨崩塌滑坡区

在八支窑村南，臭水河支流的阶地剖面上，能清晰地看到地震破裂带和地震断层形变带由八支窑开始，向西北穿过四个黄土梁进入上大寨盆地。这一带月亮山东麓断层位于山腰部分，将一系列山脊切割成马鞍形，多个小山脊和沟谷被一系列更次一级左旋左阶的斜列状分布的断层错断。左旋水平位移的幅度逐渐加大，至上大寨左旋最大水平位移幅度已达 80m，当然这是多期活动的结果。

伴随水系山梁的左旋走滑运动，断层两盘还发生了较大规模的山梁滑塌和滑坡，从图 3.1-19 中可以看出，断层北盘的第三纪红色地层已被无数滑坡破坏得体无完肤，显示月亮山东麓断裂在这一段已具有明显的垂直形变兼左旋走滑特征。

图 3.1-19　八支窑—上大寨地震断层分布和山体崩塌卫星影像图

(1) 西沟和无名沟的山脊沟谷左旋扭错及山脊滑塌。

地震断层形变带从八支窑向西穿过两个小山梁进入西沟，从西沟再穿过一个山梁进入无名沟。西沟西侧发生了滑坡，滑坡体长 600m 左右，西沟西侧山梁也发生了多级滑塌。无名沟东西两坡也有滑坡体，沟的上游地震断层经过处小沟被错断，水平错距 4m，西侧山脊错断（图 3.1-20）。

(2) 上大寨山脊水系左旋扭错。

无名沟向西过一道山梁即进入上大寨沟，以上特征在上大寨更为典型。

上大寨村位于距臭水河床高约 120 m 的山腰马鞍形凹槽内，地震断层从此经过（图 3.1-21）。一组左旋右阶斜列小断层把下大寨沟左旋错为几段，总错距达 80m。这是多期活动的结果，海原地震就是这些断层继续活动的结果。

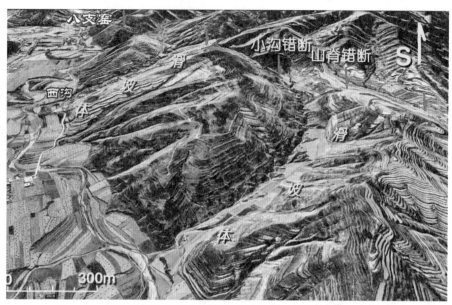

图 3.1-20 西沟和无名沟的山脊沟谷左旋扭错及山脊滑塌卫星影像图

据当地亲身经历过海原大地震的王德荣老人介绍，地震时沿着此带有大量泉水出露。东侧山丫处地表土层出现一条"圪棱"（就是我们称的"垄脊"），有一人多高。这条土圪棱位于村东山脊凹槽内（图 3.1-21 的左侧）。我们当年考察时高度已不足 1m，两侧地表没有明显高差。村西侧（图 3.1-21 的右侧）白垩系组成的基岩山脊明显出现多级左旋滑塌，月牙形的新鲜滑塌面清晰可见。河床左侧的旧河床也出现明显的塌陷。

图 3.1-21 上大寨村附近的地震断层和山体滑塌形变卫星影像图

在上大寨村东侧的山脊断层通过处可看到多级左旋错断，显然为多期活动的结果。我们在一条新鲜错动面上量得山脊左旋错距 4～5m，在山脊东侧无名沟内的小冲沟内量得错距 4m（图 3.1-22）。

从图中还可以看出，山脊左旋错动，挤压山脊西侧沟旁的冻土层，将表层冻土拱起而形成上述村东之垄脊。

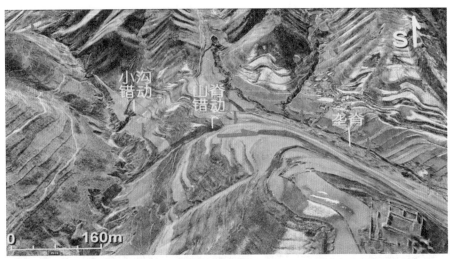

图 3.1-22 上大寨村东侧山梁的地震断层和山脊错动形变大比例尺卫星影像图

(3) 上大寨两侧山梁的巨大山体滑塌和滑坡。

上大寨村位于距离臭水河河床高约 120m 的山腰马鞍形凹槽内，两侧山梁坡度较大，在本区强大垂直应力的作用下，两侧山体发生大规模的多级山体滑塌，尤以西侧山脊规模最大。从图 3.1-23 中可以看出，断层南盘的基岩区山脊部分有多达 10 级以上的阶梯状滑塌，断层北盘的第三系红层和上覆黄土层滑塌的规模和幅度更大，滑塌体的最高点与臭水河河床高差达 300m。

值得注意的是，滑塌的山脊在断层通过处还发生明显的左旋扭曲。

在两山之间的上大寨至下大寨的冲沟中，更大规模滑坡体自上大寨村北开始，沿沟向下滑移至下大寨村以东，滑坡体前沿淹没了臭水河河床后冲向对岸坡脚，滑坡体长达 2km，上下高差 130m（图 3.1-23）。

图 3.1-23 上大寨村附近的地震断层和山体滑塌滑坡形变解译卫星影像图

(4) 西沟—下大寨东第三系复式背斜中的滑坡群。

西沟—下大寨东第三系复式背斜内地震滑坡也较强烈（图 3.1-24）。较大的滑坡有叶家沟滑坡群和顾家沟滑坡群，其中以顾家沟滑坡群规模最大。

图 3.1-24　八支窑—下大寨东第三系复式背斜中的滑坡群分布图

从卫星影像立体图（图 3.1-25）中可以看出，顾家沟和相邻的叶家沟都是沟两侧的两山合崩，其中都以沟北侧山体崩塌、滑坡的规模较大，沟南侧的山体则以滑塌为特征。两个沟的滑坡群几乎连成一片，东西宽 3km，南北长达 4.5km，可见规模之大。

现在的臭水河已被滑坡体表面冲刷下来的黄土填埋，除洪水期外，地表已无水流，成为潜流。

图 3.1-25　顾家沟至叶家沟滑坡群卫星影像立体图

2．上大寨—杨庄崩塌滑坡区

此段沿月亮山东麓断裂带分布的地震断层形变带长约 9km，地形起伏不大，地震断层在平面上呈斜列状展布。水系穿过断裂后均有规律地拐弯（图 3.1-26），显示此段地震形变带具有左旋走滑的运动性质。沿形变带山体崩塌和滑塌的形变现象很普遍，断层北盘的第三系复式背斜内也有较大规模的滑坡分布，表现为紧邻断层带的一系列弧形低山的山体崩塌。

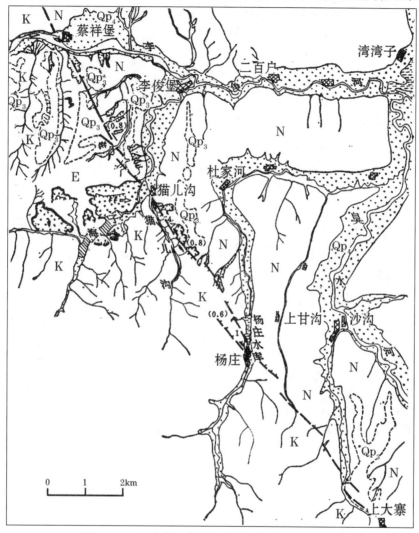

图 3.1-26　上大寨—蔡祥堡地震形变带实测分布图

(1) 上大寨—杨庄水库（红土腰岘）的地震断层形变带。

上大寨—红土崾岘地震断层形变带分布在三个山梁的比较平坦的山腰地带，沿月亮山东麓断裂的断层凹地内依山分布（图 3.1-27）。

1983—1984 年考察时，从上大寨至杨庄水库往远处看去，形变带好像一条盘山路翻山越岭，山势较小。形变带以张性裂缝、陡坎、滑塌、地震坑为特征。多处泉水出露，构成较醒目的地震断层地貌。这些陡坎、滑塌往往呈斜列状分布，具有左旋扭错槽地的性质，并有规模不大的滑坡体相伴（图 3.1-28）。有的地段因张性滑塌，而形成一个个簸箕形凹地（图 3.1-29）。

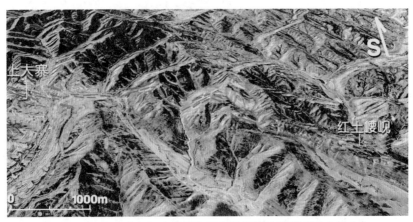

图 3.1-27　上大寨—红土崾岘位于山腰部的地震断层形变带分布

图 3.1-28　上大寨—红土崾岘位于山腰部的地震扭错槽地
（环文林摄于 1983 年）

图 3.1-29　上大寨—红土崾岘位于山腰部的地震扭错断陷
（环文林摄于 1984 年）

(2) 红土腰岘南侧山崩和堰塞湖的形成。

从地震断层进入杨村河谷起，河谷两侧山势开始陡峻，沿河谷两侧发生大规模的山崩，其中尤以断层南侧白垩纪基岩区的规模较大。从图 3.1-30、图 3.1-31 中可以看出，除山梁的东坡大规模滑坡外，西坡的滑坡规模也不小。大滑坡冲向红土腰岘以南的杨村河谷上游，两侧基岩的山体合崩，致使河床被全部掩埋，河谷中的堆积物厚达 50 ~ 60m。滑坡区东西宽 1.5km，南北长 2km 以上。其中以东侧的山体滑坡规模较大，滑坡顶端到谷底高差达 250m。崩塌体上游形成堰塞湖。

图 3.1-30　红土崾岘断层南盘河谷两侧的山崩及上游堰塞湖卫星影像图

图 3.1-31　断层南盘的山崩及河谷上游堰塞湖大比例尺卫星影像图

断层经过处河床中形成高 1 ~ 2m 的陡坎，并伴随发生明显的左旋扭曲，红土腰岘附近断层两侧还出现了左旋水平扭错槽地，长达 2km 以上。

(3) 红土腰岘北侧山崩和杨村堰塞湖的形成。

红土腰岘地震断层以北的杨村河谷的右侧（西侧）也发生了滑坡（图 3.1-32），规模较断层南侧小，但滑坡体长度较大，达 2.5km。

图 3.1-32　断层北盘的山崩及杨村堰塞湖卫星影像图

滑坡体壅塞河道形成杨村堰塞湖，后人加高了堤坝，形成今日的杨村水库。现在的杨村建在崩塌体之上，杨村河谷已被从滑坡体冲刷下的黄土填平。

(4) 红土腰岘西山坡扭错槽地带。

地震形变带从杨村堰塞湖向西，沿山坡上山进入红土腰岘至猫儿沟之间较平坦的山梁地带展布（图 3.1-33）。

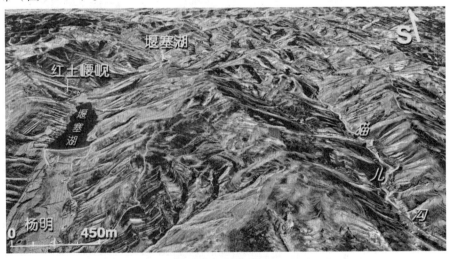

图 3.1-33　红土腰岘至猫儿沟地震断层分布卫星影像图

在山梁的东坡，由于形变带连续性较好，山坡上形成宽 20 ~ 50m 的簸箕状断陷、倒陡坎和土垅等较大规模形变带。多地出现高差 1 ~ 2m 的北西向张性断陷和北东向压性陡坎相间斜列分布，具有左旋扭错槽地的形变性质。有的地段旁侧还伴有高达 1 ~ 2m 高的小型滑塌。由于连续性好且地势相对较平坦，震后当地人以此为山道，并称其为"摇路"（图 3.1-34）。

图 3.1-34　红土嶂岘至猫儿沟山梁东坡上展布的左旋扭错槽地地震形变带
（环文林摄于 1983 年）

另外，一系列冲沟穿过地震断层形变带，都显示出左旋走滑的特征。考察时测量了垂直于形变带的三条左旋错动的小冲沟，左旋错距约 4m。

(5) 上大寨至杨庄地震断层东南盘第三系复式背斜的地震崩塌。

在上大寨至杨庄段，除上述地震断层南盘白垩纪基岩区发生大规模的山崩滑坡外，断层北盘第三纪地层分布区也有大面积的滑坡。与南段（端部垂直形变段）第三系内的滑坡相比，除了大规模的崩塌滑坡所反映的垂直运动为主的特征相同外，该段地震断层的左旋走滑性质对该区滑坡体的分布也有明显的影响，即表现出滑坡具有明显的方向性。

从图 3.1-35 中还可以看出：①新近系复式背斜上所有滑坡都位于小山梁的东南方向，而山梁西北方向很少出现滑坡；②在靠近断层附近，山沟、山脊呈弧形分布并都发生明显的左旋扭曲；③从弧形山的总体分布看，滑坡体滑移方向与块体左旋错移的前进方向正好相反。

以上现象可能是块体突然左旋错动，山梁的后部由于惯性滞后而向反方向滑移造成的。这些特征均显示，该区滑坡体除具有一定幅度的垂直运动的张性特征外，与断层东北盘向南西方向的左旋错动也有一定的关系，应为两者共同作用的结果。

3. 李俊河流域地震断层强烈活动区

李俊堡是海原县最南端的重镇，该区最大的河流李俊河河谷是由一条近东西向次级断层控制的河谷，蒿艾里大滑坡所在的海子沟为其支流。李俊河及其支流分布区域，河流切割较深，山势陡峻，相对高差达 300 ~ 500m。沿月亮山东麓断裂活动的地震断层通过这里，在李俊河及其支流一带形成了一个相对集中的滑坡区。这一带，主体走滑段地震形变带的活动强度达到最高峰，成为月亮山东麓次级地震断层带上活动最强烈的地带。

　　李俊河及其支流两岸，靠近月亮山东麓次级地震断层通过处附近，较为陡峭的山体在强大的地震力冲击下，出现多处大规模滑坡。有的地段发生两岸滑坡对冲，致使河道阻塞，人员伤亡严重。据海原县志记载：李陵堡"四乡死亡极多，往往全家压死……，震后粮食多被复压，一时不及挖出，幸存的灾民多取场内未碾谷麦，带壳充饥"。其成为月亮山东麓次级地震断层带又一滑坡群集中区和人畜伤亡严重的地段。较大的断层左旋错移和滑坡（群）有下列几处。

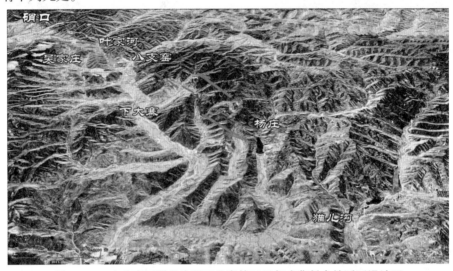

图 3.1-35　上大寨至猫儿沟断层北盘第三系复式背斜内的弧形滑坡区

　　⑴猫儿沟扭错槽地和大幅度左旋走滑位移。

　　红土崾岘向西，地震形变带向李俊河上游支流猫儿沟方向延伸。猫儿沟由于深切下降，两所坡度较陡，山高谷深，人为活动小，因此地震破裂带至今仍保留完好，地震形变带沿猫儿沟东坡月亮山东麓断层（白垩系与第三系之间的分界线）分布（图 3.1-36）。

图 3.1-36　红土腰岘至猫儿沟地震断层分布卫星影像地质解释图

　　猫儿沟东侧山坡地震破裂形变带的结构比较单一，以左旋扭错槽地形式出现，左旋扭错槽地内发育单一的密集北东—南西向羽状张裂缝，破裂带宽 30 ～ 50m（图 3.1-37）。

向西延伸水平位移逐渐加大,在扭错槽地旁一条小沟被左旋水平错断,错距 8.5m(图 3.1-38)。

图 3.1-37　猫儿沟东侧山坡上展布的左旋扭错槽地卫星影像图

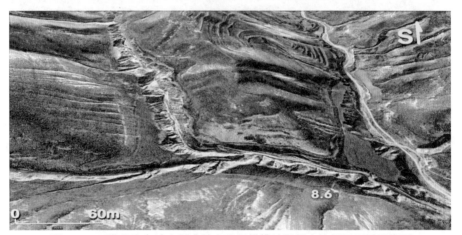

图 3.1-38　猫儿沟东坡上展布的左旋扭错槽地局部大比例尺卫星影像图

再向西北形变带进入猫儿沟沟底,沿月亮山东麓断裂分布(图 3.1-39),仍以左旋扭错槽为特征,槽地内发育密集的近东西向羽状张裂,猫儿沟沟底的扭错槽地还呈左行斜列状分布,显示左旋水平位移明显增大。

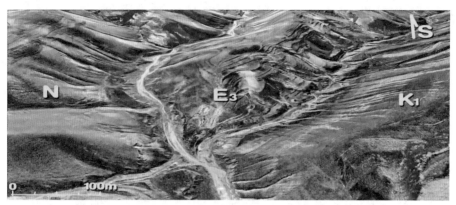

图 3.1-39　猫儿沟左旋扭错槽地沿猫儿沟沟底分布卫星影像图

换个角度从正面观察，从图 3.1-40 中可以看出，槽地两侧还发育有多条大致平行的破裂面，这些破裂面把垂直于断层的一些小沟同步左旋错断，最大错距可达 120m，显示出断裂的多期活动。

图 3.1-40　猫儿沟左旋扭错槽地沿猫儿沟沟底分布卫星影像图

为了能更清楚地看出这里断裂的左旋扭错特征，我们选用更大比例尺的卫星影像图（图 3.1-41）。

在大比例尺的卫星影像图上，左旋扭错地貌更加清晰（图 3.1-41），可以看出有多条破裂面把垂直于断层的多条小冲沟左旋错断，在多条小冲沟错断处，用卫星图提供的标尺量得 7 个左旋水平位移数据，自南向北分别为：12.6m、25m、48m、12.4m、21.5m、96m、40m、11.7m。其中测量数据在 21m 以上的错距显然是多期活动的结果。最新一次错断应是三条小冲沟出口处，一个新破裂面将山体前缘最新形成的小冲积扇错断，左旋断距 12.6m、12.4m 和 11.7m。三者平均数 12.2m 应为海原大地震活动的结果。据此确定，猫儿沟左旋水平位移值为 12m。

图 3.1-41　猫儿沟左旋扭错槽地沿猫儿沟沟底分布大比例尺卫星影像图

(2)蒿艾里巨型崩塌滑坡体和海子地震堰塞湖。

猫儿沟口与海子沟交会处的蒿艾里巨型崩塌滑坡体位于断裂西南盘白垩纪基岩中，为月亮山东麓地震断层带上较大的滑坡体之一。谢家荣等（1921 年）对该滑坡体进行了较详细的调查，当年调查时称其为蒿艾里崩塌滑坡体，并测绘了 1∶10000 的蒿艾里滑坡略图，他们对该滑坡体的描述如下。

该滑坡体"居清水河上游，其东南十里为李俊堡。两山合崩阔约八百余公尺，长亦如之。山上黄土之下有红色及绿色页岩，砂岩中多石膏。崩下之一部，石质与黄土相杂，石块往往甚大，将河道一段长约八百公尺完全壅塞，其上流蒿艾里附近积水甚深，当时调查时水面距村不过数尺，沟内之树多被淹没，只留其颠"。

作者等 1983—1984 年调查时，目睹了如此大规模的崩塌，深为此次地震的强大威力所震撼。环文林、葛民、万自成、柴炽章等在《1920 年海原大地震考察报告》（1987 年）一文中，对该滑坡体也做了详细描述，"猫儿沟村西南，在东西向的固（原）李（俊堡）公路边，强烈的震动使河床两侧白垩纪红色地层组成的巨大山体相向滑落，以河床北侧的滑坡规模最大。滑落后形成的滑坡面峭壁高达 60m 以上，滑坡体宽约 1km，长约 1.5km，塌落的土石超过 1000000m³。这些土石将河床堵塞，形成堰塞湖，即现今当地人所称的海子水库。堰塞湖长达 2km 以上，平均宽 200m，面积约为 0.4km²。崩塌体为白垩纪砂页岩，堆积在河床中，表面凹凸不平，犹如巨大的波浪，延绵 2km 长。如此罕见的地震基岩滑坡，说明海原地震之强烈"。

图 3.1-42 为作者于 1983—1984 年考察时用单反相机在现场拍摄的珍贵照片。

为了更好地反映这个崩塌滑坡体的规模和全貌，本书编写过程中选用最清晰的卫星影像资料并进行了图像处理，给出了从更大的高度和不同角度俯瞰滑坡现场的三维立体图像（图 3.1-43 至图 3.1-45），从而清楚地展示了猫儿沟蒿艾里大滑坡体和海子堰塞湖的分布情况。

图 3.1-42　从另一个角度拍摄的蒿艾里巨型崩塌滑坡体及海子地震堰塞湖

（环文林分别摄于 1983 年、1984 年）

图 3.1-43　蒿艾里巨型崩塌滑坡体及海子地震堰塞湖卫星影像图

图 3.1-44　蒿艾里巨型崩塌滑坡体及海子地震堰塞湖全貌卫星影像图

从上述几幅不同高度和角度的卫星影像图上，可以清晰地看到蒿艾里巨型崩塌滑坡体的全貌。

地震时海子沟两岸的山体同时崩塌，相向对冲。北岸坡度较大，规模较大，南岸坡度较小，但滑坡面积较大，且呈多级滑塌。两侧山体合崩将宽达 250m 的海子沟河床（谢家荣所称的清水河上游）完全堵塞，形成了高低两个堰塞湖。位于上部的叫蒿内堰塞湖，海拔 1832m；位于下部的叫海子堰塞湖，海拔 1828m。两者高差 4m。崩塌体底部河床海拔 1784m，表明海子堰塞湖至河床底部，崩塌体堆积的坝体高达 44m 以上。湖水在坝体上部低凹处流出，形成深沟，落差达 40 余米（图 3.1-46）

图 3.1-45　蒿艾里巨型崩塌滑坡体及海子地震堰塞湖全貌大比例尺卫星影像立体图

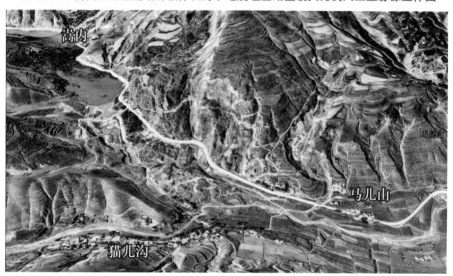

图 3.1-46　蒿艾里巨型崩塌滑坡体及海子地震堰塞湖坝体卫星影像立体图

　　由于该滑坡体位于李俊堡西南约 5km，李俊乡海子沟与猫儿沟的交会处，因此，后人又将其称为李俊海子大滑坡，从滑坡体上通过的公路为固（原）李（俊堡）公路（图 3.1-46 中的白色线条）。

　　(3) 马儿山地震断层的分布。

　　马儿山像一匹骏马，头南尾北平卧在海子沟（清水河上游）的河滩西侧。马儿山为第三系红色地层，月亮山东麓断裂从马儿山的后山沟通过（图 3.1-47）。

　　地震断层形变带在蒿艾里堰塞湖坝体末端穿过海子沟床，向马儿山山体转折处将马儿山山体左旋错断，然后形变带沿马儿山后面的山沟月亮山东麓断裂展布，向西通向蔡祥堡南山，将东西走向的南山横腰切断，后进入蔡祥堡盆地（图 3.1-47）。

图 3.1-47 马儿山—蔡祥堡地震断层形变带分布卫星影像图

(4) 马儿山山脊左旋错断。

图 3.1-48 是马儿山山脊错断的大比例尺卫星影像图。可以看出，马儿山山脊被猫儿沟延伸过来的月亮山东麓地震断层带左旋水平错断。断面形成典型的新鲜不对称月牙面，左旋错距大于 12m，但由于错动面太大，错动标志物不是太清晰，故精度定为 B 类，为月亮山东麓地震断层带上的最大左旋水平错距之一。

从图中还可以看出，该错动面紧邻蒿艾里巨型崩塌滑坡体。地震断层西南盘向东南左旋错移的冲击力，使位于断层西南盘靠近断层的山体大规模崩塌，这可能也是李俊海子崩塌体如此强烈的原因之一。

从更大比例尺卫星影像图（图 3.1-49）上可清晰地看出，月亮山东麓断裂带在马儿山山脊转折处穿过，并使马儿山与南侧山体错断。断层面上左旋错动的水平擦痕清晰可见。该断层也把清水河河床错断，下游河床明显变宽，断层东南盘河床宽为 320m，断层西北盘加宽到 580m 左右，左旋水平错距达 260m，河道也明显呈左旋弯曲。

马儿山的山脊上近断层处还可见到多个古错动月牙形面。这些特征都说明这里遭受过多次大地震的破坏，显示马儿山山脊第四纪晚更新世以来，累计左旋错移了 260 余米。可见，这一带应是月亮山东麓地震断层带活动强度最大的地段。

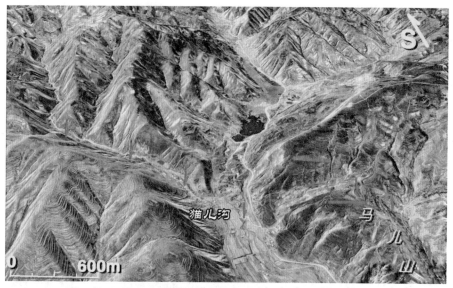

图 3.1-48　马儿山山脊左旋错断形成的月牙面卫星影像图（1）

图 3.1-49　马儿山山脊左旋错断形成的月牙面卫星影像图（2）

(5) 月亮山东麓断裂大尺度地质剖面在马儿山后山发现。

在马儿山山脊错断处的西侧，还获得了珍贵的月亮山东麓断裂的大尺度地质剖面图（图 3.1-50）。白垩系、古近系和新近系呈大角度断层接触，断面近于直立，清楚地显示了月亮山东麓断裂的大角度左旋走滑断层的断面特征。断层上下盘地层都严重扭曲变形。海原大地震月亮山段地震断层就是该断裂最新活动的结果。该地质剖面上还有大量的古地震信息，留待后人进一步研究。

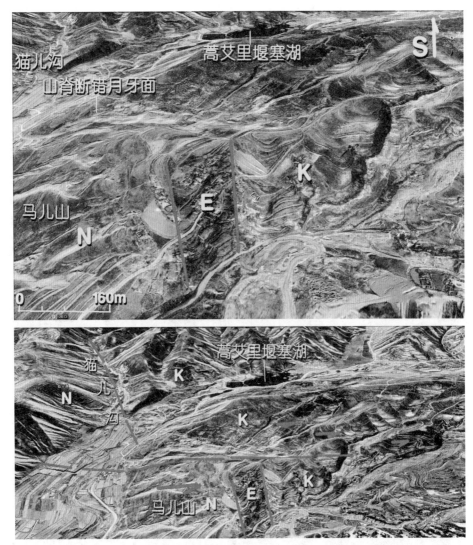

图 3.1-50　马儿山后山月亮山东麓断裂地质大剖面卫星影像图

(6) 蔡祥堡南山左旋错移并向东多级滑塌。

地震断层经马儿山后沟延至蔡祥堡南山，使东西向横卧的高出河床达 200m 的蔡祥堡南山山脊错断，在腰部被多条破裂面左旋错断为六段（图 3.1-51 至图 3.1-53）。

图 3.1-53 中将南山顶部的多个破裂面编号标出。其中有三条破裂面把小沟错断：3 号破裂面把相邻的两条小沟错断，错距分别为 9.5 m、8.5m；4 号破裂面把一条小沟错断，留下三条断头沟，错距分别为 11.5 m、21m 和 30m，显示多期活动；6 号破裂面把一条小沟错断，错距为 11m。另外，山脊南坡山梁左旋错动撕裂形成的裂口宽约 11.5m。

从该卫星影像图中还可以清楚看出，南山山体被左旋严重扭曲，根据以上数据确定蔡祥堡南山水平左旋位移值为 11m。

蔡祥堡南山多重破裂面除了大幅度左旋水平位移外，还沿破裂面发生多级垂向滑塌。把卫星影像图转个角度（图 3.1-54），蔡祥堡南山山脊向东滑塌就更加清晰。

　　高达 200 余米的蔡祥堡南山山梁，被多条地震断层破裂面从腰部错断，形成 4 ~ 5 级阶梯状滑塌面向东滑塌，其中以最东面的滑移面滑塌幅度最大，下塌幅度达 50 余米。滑塌体向东冲向李俊堡，造成李俊堡房屋大量倒塌，人畜伤亡惨重。

图 3.1-51　蔡祥堡一带的地震断层分布卫星影像图

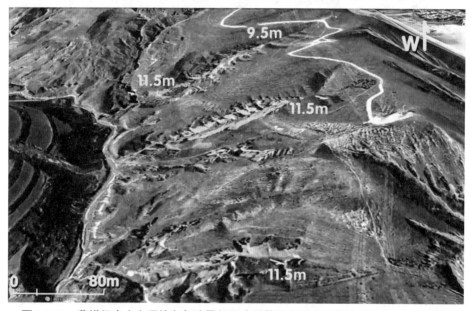

图 3.1-52　蔡祥堡南山山顶的多条地震断层破裂带及左旋水平位移量分布卫星影像图

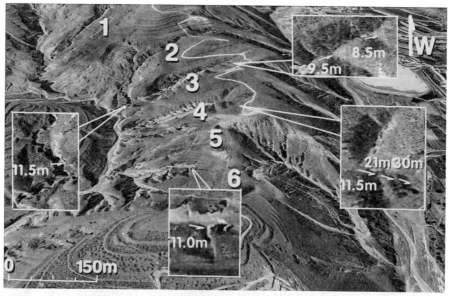

图 3.1-53　蔡祥堡南山山顶的地震断层破裂带及左旋水平位移量分布卫星影像图

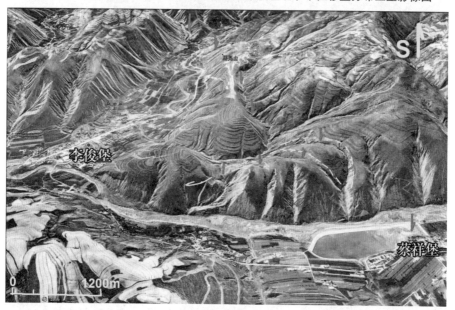

图 3.1-54　蔡祥堡南山左旋错移并向东多级滑塌及蔡祥堡堰塞湖卫星影像图

(7) 蔡祥堡南侧山体滑坡及南湾堰塞湖的形成。

在蔡祥堡南山多级滑塌山体的西侧，白垩纪基岩山体产生一个较大的滑坡。滑坡体东西宽约 1.2km，滑坡自山顶向下滑落，上下高差近 400m，滑坡体阻塞河道长近 1km，将宽约 1km 的李俊河河道完全阻塞，造成上游长约 1km 的南湾堰塞湖。现今湖面已逐渐缩小为两个小湖，现南湾村就重建在该滑坡体上（图 3.1-55）。

在李俊河河床北岸的阶地上，当地村民在修建水利工程时曾挖出了 1920 年地震滑坡所掩埋的人畜骨骼、缸瓦碎片以及石碾子等。从开挖出的剖面上，可以清楚地看到地震断层破碎带和滑坡体的堆积物。

(8) 蔡祥堡北侧山体滑坡及蔡祥堡堰塞湖的形成。

蔡祥堡北侧为第三纪基岩山体大滑坡，位于李俊河北岸，蔡祥堡东北，李俊堡正北（图3.1-55）。为了更清楚地显示该滑坡，选用换个角度的更大比例尺的卫星影像图（图3.1-55）。

可以看出该滑坡体面积很大，顶部宽 1.2km，底部宽 3km，顶部与底部高差 300m，坡度不大，有整块下滑的趋势。滑坡体向南冲滑到河对岸，并冲击对岸南山使其向南偏转，将宽约 1km 的李俊河河道完全阻塞（图 3.1-56）。被阻塞的河道长约 600m，形成长约 2km 的蔡祥堡堰塞湖。现在湖面已逐渐干涸缩小。滑坡体末端高出河面达 60 ~ 90m,加之坡面平缓，因此，人站在河床中看不到滑坡体的全貌，这可能就是该滑坡一直未被前人发现的原因。

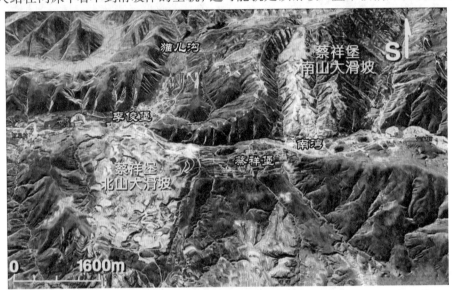

图 3.1-55　近东西向李俊河谷的两岸滑坡群分布卫星影像图

图 3.1-56　李俊河谷北山大滑坡大比例尺卫星影像图

(9) 李俊堡以东李俊河下游两岸滑坡群。

李俊堡以东，李俊河南北两岸山坡仍有多处第三系山体滑坡。两岸滑坡对冲将河道阻塞，其中河谷北侧山坡的规模较大，迫使河床向南迁移，河谷中许多村庄被掩埋。后期雨水冲刷滑坡体上红色地层泥土，使下游河床有大量红色泥沙堆积（图 3.1-57）。

现在的村庄大多是地震以后在滑坡体上重建的，自西向东依次是二百户村、红里村、大蒿子、沟崖上、三百户、上湾湾子等。

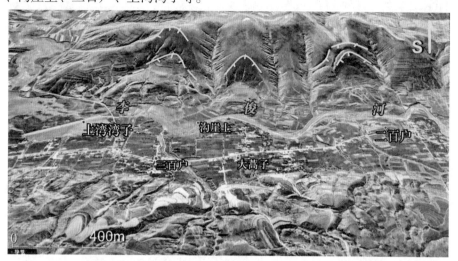

图 3.1-57　李俊堡以东李俊河两岸多处滑坡卫星影像图

(10) 安家庄—杨明堡—马场大滑坡群。

该滑坡群是海原大地震的较大滑坡群之一。杨明堡位于李俊河上游，蔡祥堡以西 5km，距离月亮山东麓发震断层只一山之隔，最大距离 3km。

地震时安家庄、杨明堡、马场一带发生了大规模的白垩纪基岩大滑坡，东西长达 7.5km，主要分布在李俊河北侧山坡上。滑坡由多个滑坡体组成，主要有安家庄大滑坡、杨明大滑坡和马场大滑坡等，各滑坡体的宽度均在 2km 以上，滑坡上下高差近 300m，自山顶向下滑并冲向河对岸，将 450m 宽的河床全部掩埋，掩埋河道达 7km。上游形成马场堰塞湖，现已干涸（图 3.1-58）。

安家庄大滑坡分布在杨明堡东至安家庄，全长近 4km，特点是滑坡体坡度较大，整体下滑，滑坡上缘形成高达 50～70m 的滑（坡）脱面，顶部形成较宽的凹陷平台。震后的蒿滩村和马槽沟村就分别建在两个凹槽平台之上。

杨明大滑坡位于杨明堡与马场之间，是该滑坡群的主体，沿河宽度达 2km 以上，滑坡体上下长达 2km 以上，高差 260m，故滑坡体坡度较小，滑坡体下滑并冲向对岸，把 450m 宽的李俊河河床完全阻塞。杨明大滑坡的特点是滑坡体呈明显的波状起伏。从卫星影像图（图 3.1-59）上可见，滑坡面上形成巨大的波状起伏，至今仍保留完好，可以想象当时地震之强烈。

图 3.1-58　安家庄—杨明堡—马场大滑坡群卫星影像图

图 3.1-59　杨明大滑坡大比例尺卫星影像图

　　据海原县志记载，杨明堡当时有十六七户人家，有两户住崖窑，其余都居住房屋。地震时，除一栋矮小的穿斗木构架屋外，其余房屋完全倒平，全村七八十人中死亡四五十人，居住崖窑的两户阖家遇难。当时在打麦场上的人见到石碾子又跳又摇，人畜站立不住，一并跌倒。

　　人感到上下跳动，站立不稳，跌倒，石碾子这类重物上下跳动摇摆，都是大地震仪器震中区的典型特征。杨明大滑坡体和蒿艾里大滑坡体上的波状起伏，正是仪器震中区的破裂起始点在垂直应力作用下，地震冲击波导致多次震动的结果。

杨明和马场一带，李俊河南侧山坡也发生强烈崩塌。一条大山沟，沟内的西岸都发生了较大规模的滑坡，滑坡体长达 2km 以上，其中杨明南侧山沟被滑坡体阻塞形成堰塞湖。

4. 蔡祥堡—崖窑上的黄土滑坡

(1) 蔡祥堡—黄蒿湾沟的黄土滑坡群。

地震断层形变带穿过蔡祥堡谷地后，继续沿走向为 N 30° W 的月亮山东麓断裂控制的蔡祥堡—黄蒿湾的一条大冲沟的东南壁延伸（图 3.1-60）。

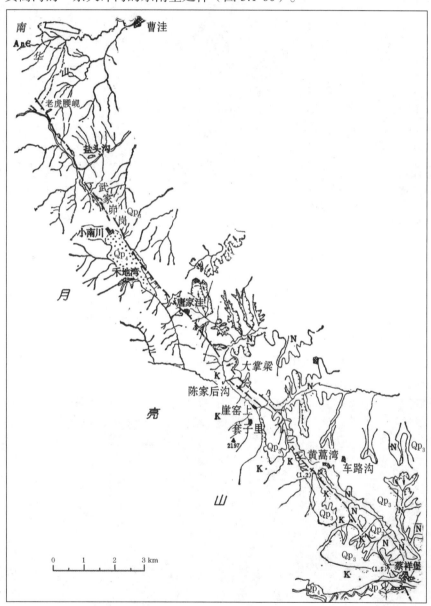

图 3.1-60　蔡祥堡—小南川地震形变带实测分布图

（环文林、葛民等，1987 年）

大冲沟的东南壁为新近系上覆厚层黄土，山势非常陡峭，地震造成地表黄土崩塌和裂缝（图 3.1-61）。沿途可以看到沟壁上布满了大小不同的地震崩塌体，谷底堆积了大量黄土崩塌物。位于山麓的地震断层多被崩塌物覆盖，地震断层活动明显减弱。

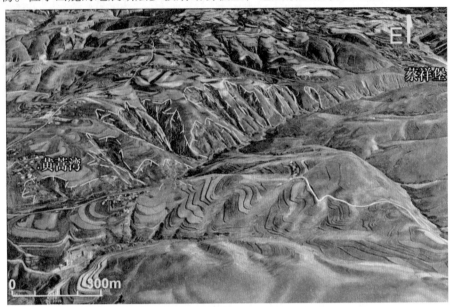

图 3.1-61　蔡祥堡—黄蒿湾大沟谷中的滑坡群卫星影像图

(2) 黄蒿湾—大掌梁小幅度的左旋走滑。

黄蒿湾以西形变带沿一条较大的冲沟插向黄蒿湾西北侧的山梁上，又顺着山梁的西坡继续向北西方向延伸，切过了数条小冲沟。左旋错动，使这些小冲沟形成了多条断头沟和断尾沟，左旋水平位移 3 ~ 4m。

之后考察组又沿着崖窑上山梁的东沟沟底追索，再没有找到形变带的明显痕迹，只见到崩塌物黄土下面露出的红色地层一直延伸到大掌梁东，然后上山通向大掌梁（图 3.1-62）。

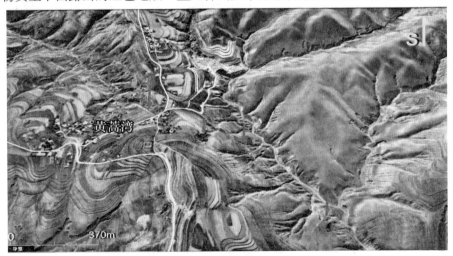

图 3.1-62　黄蒿湾—大掌梁地震断层分布卫星影像图

(3) 大掌梁（崖窑上）山体大滑坡。

地震断层延伸到大掌梁山体时，强烈的震动引起山梁自山顶向下的大规模多级滑塌。滑坡体向下垮塌过程中，可能受到下部较硬山体的阻挡，从这里分为两支沿大掌梁东西两侧滑下。其中东侧滑坡体规模较大，再加上东侧另一山体滑坡的共同作用，使滑坡体向东滑移 2km 以上，滑坡体的上下高差近 300m。滑塌体将月亮山东缘断层掩埋长达 500m（图 3.1-63），导致我们考察时在滑坡体东侧山沟只见到崩塌物，没有见到断层。

由于该滑坡体形似一只巨大的脚掌，后人将此山梁取名为大掌梁。崖窑上村就建在此滑坡体的一个滑坡断崖之下，故被称为"崖窑上"，因此大掌梁山体大滑坡也可被称为崖窑上山体大滑坡（图 3.1-63）。

大掌梁山体大滑坡的后山是杨明大滑坡。大掌梁山体大滑坡位于山脊的北坡，杨明大滑坡位于山脊的南坡，从同一个山脊向两侧同时滑塌，可见地震动力之强大（图 3.1-63）。这两个大滑坡是海原县志一同记载的海原大地震两个相邻的较大滑坡之一，也是海原大地震月亮山地震断层主体走滑段的最后一处大滑坡，主体走滑段至此结束。

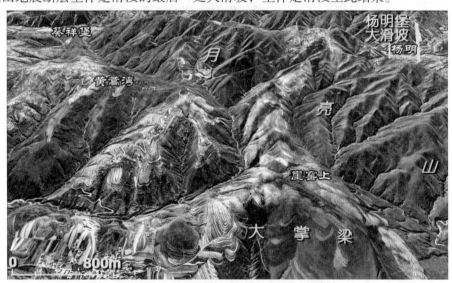

图 3.1-63　大掌梁山体大滑坡卫星影像图

(4) 月亮山主体走滑段滑坡分布区回顾。

以上资料显示，月亮山地震断层主体走滑段除了有最高达 12m 的左旋走滑位移外，还伴随着大规模的滑坡活动，这是月亮山地震断层主体走滑段的独特特征。

图 3.1-64 清楚地显示，月亮山主体走滑段地震断层活动引起的河谷两侧山体滑坡及堰塞湖几乎布满了全区，其中著名的大滑坡（群）就达八个以上。其规模和强度并不逊于该地震断层带南端的垂直形变段，而且滑坡分布的面积更大，东西宽达 5 ~ 10km，南北长近 20km。一些主要滑坡还位于断层西南盘的白垩纪基岩地区，其余分布在东北盘第三纪地层中，可见月亮山东麓地震断层带地震力之强烈、形变范围之广。

图 3.1-64　月亮山地震断层主体走滑段滑坡（群）分布卫星影像图

3.1.8　地震断层带北段——新生压性地震断层带

　　月亮山东麓地震断层带自硝口开始，一直沿早先发育的月亮山东麓断裂带分布。但延伸至月亮山断裂西端后，在靠近南西华山断裂带东端最近的地段，自崖窑上大滑坡处，开始出现一条新生地震断层。它离开北西西向的月亮山东麓断裂带，以北北西方向向小南川盆地方向扩展，最终冲破武家峁岗，使月亮山东麓地震断层带与南西华山地震断层带相贯通，致使海原地震断层破裂带继续向南西华山北缘断裂带方向向西扩展（图 3.1-65）。这条新生地震断层可分为崖窑上至小南川盆地、小南川至柴沟门和柴沟门至南华山东麓洼里三段。

图 3.1-65　海原地震断层破裂带继续沿南西华山北缘断裂带方向向西扩展

1. 崖窑上至小南川盆地的新生地震断层带

(1) 崖窑上新生地震破裂带的形成。

地震形变带通向大掌梁后引起了大掌梁大滑坡，之后地震断层没有继续沿北西西向的月亮山断裂向西北延伸，而是伴随大滑坡，一条新生的北北西向地震断层从大滑坡上离开月亮山断裂，以更大规模的撕裂，形成了东高西低两侧高差达 2 ～ 3m 的新生地震破裂带，向小南川方向延伸（图 3.1-66）。

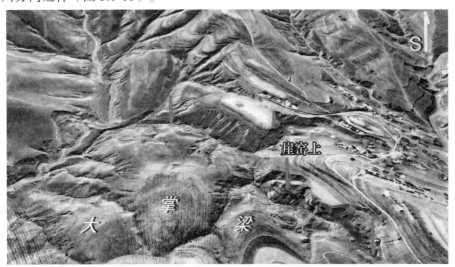

图 3.1-66　大掌梁滑坡崩塌体及崖窑上新生地震断层卫星影像图

这条地震断层穿越多个不同的地貌单元，随地形起伏呈弧形曲折展布且通向小南川盆地，显示为一条以挤压破裂为特征的新生地震断层带（图 3.1-67）。现自南向北分述于下。

图 3.1-67　崖窑上至小南川新生地震断层带卫星影像分布图

(2) 崖窑上至禾地湾。

上述崖窑上村的地震破裂带向西北越过山梁后，地震形变带沿大掌梁西南侧山坡展布，主要以沿山坡的一连串的山崩和滑坡群分布为特征。

　　越过山梁西侧的陈家后沟后，形变带沿唐家洼村附近黄土山坡分布。地震断层未见明显的水平位移分布，形变带呈以压性为特征的东北高西南低的陡坎分布，与地形坡降相反，成为反向陡坎。可能是沿地震形变破裂带地下水位较高，地震断层出露处都有绿色植物生长，因此地面标志很明显。

　　在唐家洼村所在的山坡上，该形变带东北侧约 3km 的范围内有较小规模的黄土滑坡广泛分布；与此相反，在断层西南侧几乎没有滑坡，说明处于山坡下部的地震断层的东北侧垂直上升运动仍较强烈。这种现象在图 3.1-68 上看得很清楚。

　　地震断层形变带穿过唐家洼村所在的山坡后逐渐向西进入禾地湾沟，沿沟之东北侧山麓的凹槽内分布，并延伸进入小南山盆地。断层性质仍为东北上升的压性陡坎，陡坎高 3 ~ 5m。

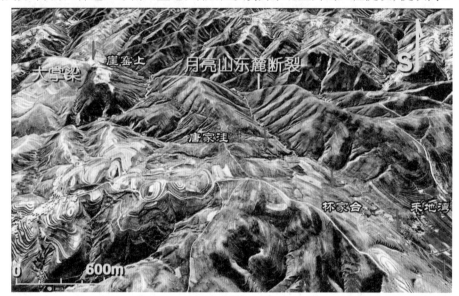

图 3.1-68　崖窑上至禾地湾新生地震断层段卫星立体影像图

　　(3) 禾地湾—小南川山间堆积盆地。

　　禾地湾—小南川盆地是一个北西走向的长条形小型山间盆地，海拔 2070 ~ 2080m，地形起伏不平，长约 1.3km，宽仅 0.4km。根据我们的考察和后期的卫星影像分析，断层分布在盆地的东缘，断层性质以压性陡坎为主，几乎见不到明显水平位移的痕迹。

　　有的文献认为小南川盆地为拉分断陷盆地。我们认为，小南川盆地不是由两条斜列走滑断层端部张性区控制的拉分盆地，盆地西部没有断层，只是一个受其东缘断层控制的山间堆积盆地。堆积物来自西部和南部，主要为黄土。盆地南高北低，西高东低，并不是一个平坦的沉积盆地。从卫星影像立体图上可以看出，盆地西侧的山脊向盆地内部延伸，导致盆地内部高低起伏，最大高差达 5m 以上（图 3.1-69）。

　　(4) 小南川盆地内的地震断层分布。

　　地震形变带沿盆地东侧山麓断层展布，形变破裂带很窄，呈线性分布。我们在 1984 年考察时发现，多处还保留高差达 2 ~ 3m 的压性陡坎。陡坎两侧具有明显的高差，东高西低。其中以小南川一带最为明显，高差最大可达 6m。平面上有的地段呈上下两级陡坎带状分布，具有压性为主的特征。从平面分布上看，断层随山麓地形起伏呈弧形分布，具有典型的逆断层地貌特征，未见水平位移的明显痕迹，通过断层的小冲沟也未见水平扭曲变形。断层陡坎下的地下水位较高，有的地段有泉水出露。

当地居民点都分布在断层陡坎下缘，居民建筑物沿地震断层线呈带状分布，成为当地独特的景观（图 3.1-70）。盆地西缘没有断层和水源，几乎无人居住，只在一些较大的冲沟出口附近有人居住。

图 3.1-69　禾地湾—小南川盆地卫星立体影像图

图 3.1-70　禾地湾—小南川盆地东缘的断层分布卫星立体影像图

(5) 地震断层没有通向老虎腰岘。

1983—1984 年我们在小南川盆地调查完后，继续沿北西走向翻过分水岭，向老虎腰岘方向追索，形变带已消失，只在老虎腰岘附近见到一簇小冲沟，沟中有小规模黄土崩塌，未见明显的形变带分布。因此，当年调查结果与前人以往的研究结果一致，都认为月亮山东麓地震断层止于老虎腰岘。

从卫星影像图中也能清晰看出，老虎腰岘村位于南华山后山内的一个小盆地内。从小南川到老虎腰岘，特别是盐头沟至老虎腰岘一带，山坡河道都很完整，未见任何地震断层产生的形变迹象（图 3.1-71）。

图 3.1-71　小南川—老虎腰岘卫星立体影像图

2. 小南川至柴沟门新生地震断层带

(1) 武家岇岗地震断层的发现。

1983 年的现场调查中，我们还发现"小南川东北侧武家岇岗山梁的西坡有一条巨大的破裂带通向山梁。带内黄土层中有许多裂缝和地震坑，坑壁非常陡，深数米至十余米。由于强烈震动，黄土梁被摇得支离破碎，经雨水冲刷留下一片凸凹不平的黄土包"。该破裂带一直通到武家岇岗的西侧。

由于当时看到的上述地震破裂现象并不在小南川断层的北西走向延长线上，且武家岇岗高出小南川盆地约 100m，我们当年调查时就没有翻过武家岇岗继续往北追索，而是沿断层的北西走向，翻过分水岭向老虎腰岘方向追索。结果没能追踪到这条地震形变带，成为很大的遗憾。

(2) 卫星影像证实武家岇岗地震断层的存在。

编写此书时，我们利用现代较高精度的卫星影像资料，对 1983 年调查时在武家岇岗上发现的地震破裂形变现象，重新进行了详细研究。

小南川村东北侧的小山梁叫武家岇岗，海拔 2170 ~ 2210m，高出小南川盆地 100 多米，为北西转近南北走向的弧形黄土山岗，岗的北端海拔也降至 1950m 左右，与南西华山北缘盆地相接。

经研究，地震断层形变带延至小南川村后，没有继续向西北方向延伸，而是在我们 1983 年调查时发现的武家岇岗西坡地震形变带处，急转向北翻过武家岇岗直奔南西华山东麓。卫星影像清楚地显示，从小南川急转向北，在武家峁岗上并列三条地震破裂带，横切武家峁岗岗顶后汇为一条，继续沿岗之东坡向北延伸。其中第三条规模最大，也就是我们 1983 年调查时，在武家峁岗南坡发现的那条破裂带（图 3.1-72、图 3.1-73）。

(3) 穿过武家峁岗规模最大的第三条地震形变带。

图 3.1-72、图 3.1-73 完全再现了我们当年调查时的场景。小南川西北侧武家峁岗山梁的南坡有一条巨大的破裂带通向山梁，长约 500m。北侧形成很高的陡坎，最大高度达 10m，而后急转向北，以一条东升西降高差达 2m 以上的深沟，直通到武家峁岗的山顶，并翻过武家峁岗向北延伸。

图 3.1-72   小南川和武家峁岗地震形变带卫星影像图

图 3.1-73   小南川和武家峁岗地震形变带大比例尺卫星影像图

(4)穿过武家峁岗的第一条地震形变带。

第一条形变带的规模仅次于第三条。该带位于小南川村北,沿一小山梁两侧的山沟形成东高西低的压性陡坎,向北通向武家峁岗山脊。陡坎高差一般为 1 ~ 2m,最大高差达 3m,地震陡坎附近山坡上的黄土都被震松（图 3.1-74）。

图 3.1-74 穿过武家峁岗的第一条形变带卫星影像图

三条形变带穿过武家峁岗山脊后逐渐汇于武家峁岗的东缘,形成一条长达 2.5km,高 5 ~ 10m 的压性陡坎。陡坎东高西低,随着向北延伸高度逐渐加大,形成了东盘（上盘）上升的压性倒陡坎。岗的中部高差最大,达 14m,向北高差逐渐缩小。由于该段地震形变带位于南北高差达 220m 的武家峁黄土岗上,经后期雨水冲刷,有的地段还形成最深达数米的深沟。

(5)武家峁岗强烈隆起并挤压变形。

从图 3.1-75 中可以看出,整个武家峁岗夹在武家峁岗东侧断裂和南华山东侧盐头沟断裂之间,受到来自东西两个方向的挤压而隆起上升,并发生多处向下滑塌,致使岗体强烈变形,被挤压得呈波状起伏。

(6)盐头沟强烈震动和河床迁移。

南华山东侧的盐头断裂位于武家峁岗的西侧,在地震力的强大冲击影响下,也发生了较大形变。盐头沟是一条宽近百米的大沟,沟底有大量的冲积砾石,大小混杂。据当地村民介绍,震前沟中常年有水,当时称盐头河,河边还有水磨,汛期可以撑船。地震时,河床由西向东迁移了十几米,水量急剧减少,现在只有汛期有洪水,平时已干涸无水（图 3.1-75）。

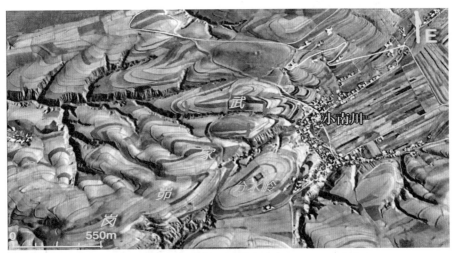

图 3.1-75　武家峁岗地震断层和强烈隆起变形卫星影像图

(7) 武家峁岗地震断层向北扩展至南华山东麓断裂。

如果选用卫星影像图以更大的角度观察（图 3.1-76），可以看出不同视角下的武家峁岗地震断层陡坎形变带向北延伸至柴沟门后出山，并沿南华山东端继续向北，经洼里西侧延伸到曹洼村西南，与南西华山北缘地震断层的东端相连接。

图 3.1-76　武家峁岗地震断层形变带向北延伸，与南西华山断裂连接卫星影像图

3. 柴沟门—曹洼新生地震断层带

柴沟门—曹洼地震断层位于南华山的东端，是月亮山地震断层带和南华山地震带之间新生断裂的最后一段，走向 NNW—SSE，以压性地震形变为特征。地震断层以东的洼里、曹洼一带是南华山东麓一个近南北向的盆地，长近 5km，盆地内水源丰富，地表均有植被覆盖。

(1) 洼里村山麓坡洪积层错断。

地震断层从柴沟门延伸到洼里，在洼里村及其以北的南华山东麓，地震断层把山麓的坡洪积层错断，形成高差为 1～2m 的压性陡坎（图 3.1-77）。

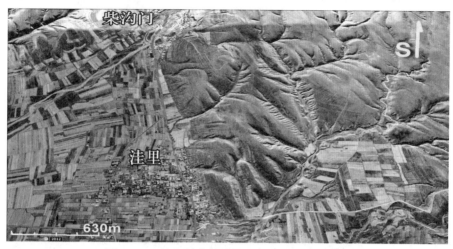

图 3.1-77 洼里村山麓坡洪积层错断卫星影像图

洼里村西的洪积扇被错断尤为典型，陡坎高差 2 ~ 2.5m。此断层北延穿过洼里村西部，地震使原洼里村的居民房屋全毁。震后洼里村一部分建在陡坎之上的洪积扇上，一部分建在陡坎之下，东部街区比西部街区低约 1m（图 3.1-78）。

图 3.1-78 洼里村山麓坡洪积层错断形成明显的压性陡坎大比例尺卫星影像图

(2) 曹洼村地震陡坎、洼地和泉水分布。

曹洼村位于洼里村北 2km，与洼里村同位于南华山东麓断裂控制的一个近南北向盆地内（图 3.1-79）。

作者等于 1983 年调查时，曹洼村当地村民还给我们指出了当年地震时，地表出现裂缝陡坎的位置。位于村西 1km 多的山麓有地震陡坎，西高东低，高差 2.5 ~ 3.5m，地震陡坎前沿形成一系列的洼地和泉水。这些泉水呈串珠状分布，汇集到一起形成一片沼泽，陡坎具有明显的压性特征。从卫星影像图上亦可清晰看到，这些现象至今仍然保存较好（图 3.1-80）。

近南北向的新生断裂延至曹洼村后，新生断裂到此结束，实现了月亮山东麓地震断层带向北西西向的南西华山北麓地震断层带的扩展贯通。

图 3.1-79　洼里至曹洼村的地震断层分布卫星影像图

图 3.1-80　曹洼村西地震陡坎、洼地和泉水分布卫星影像图

在南华山北麓，一条东起曹洼村的规模更大的北西西向地震断层形变带，使地震破裂带继续向西北方向扩展，在地表留下了更丰富的形变现象，这就是海原地震断层带的第二条次级地震断层带，即南西华山北麓地震断层带，将在下一节讨论。

3.1.9　月亮山地震断层向南西华山地震断层带扩展贯通构造力学分析

武家峁岗位于南华山与东部山系之间的低凹处，这里是黄土覆盖的第三系丘陵地带，是一个构造薄弱带，而且小南川至南华山北缘的柴沟门直线距离仅 2km 左右。月亮山东麓地震断裂很容易突破这个构造薄弱带，使破裂带向南华山方向扩展。

崖窑上村至曹洼村的 S 形压性新生断层，实现了月亮山地震断层破裂带向南西华山地震断层带的扩展贯通，致使起源于月亮山东麓的地震断层破裂，继续向南西华山方向扩展。

图 3.1-81 中清楚地显示了月亮山东麓左旋走滑断层的西端和南华山北麓左旋走滑断层的东端，两条斜列断层端部阶区的左旋右阶挤压隆起区的构造力学模型。

图 3.1-81　月亮山东麓地震断层带向南华山北麓地震断层带扩展贯通的构造力学模型

3.2 南西华山北麓次级地震断层带

3.2.1　地质构造背景

南西华山由南华山和西华山两部分组成。南西华山北麓次级地震断层带东起海原县曹洼乡，向西止于干盐池盆地北侧。断层南盘（上盘）由前寒武系变质岩系组成，两山之间为第三系；断层北盘（下盘）为新近纪和第四纪地层。该断层是一条长期活动的逆冲断层，晚更新世以来转变为左旋走滑活动断裂。由于经受了长期强烈的挤压，断裂破碎带宽度一般为 100 ~ 300m，最宽处如大沟门可达 500m，总体走向 N 50° ~ 60° W，倾向南西，倾角 60° ~ 70°（图 3.2-1）。

图 3.2-1 南西华山北麓次级地震断层带分布位置卫星影像图

3.2.2 地震断层概述

南西华山北麓次级地震断层带是 1920 年海原 8.5 级大地震的第二条次级地震断层带，是月亮山东麓地震断层带向西北扩展的结果。地震断层带展布于南西华山北麓，是南西华山北麓断裂最新活动的结果。

该段地震断层的形变现象不仅包括了第 2 章中所描述过的各种类型地表形变，而且每种形变现象之间还有非常明显的成因组合特征。我们于 1982—1984 年野外实地考察时，虽历经 60 多年自然与人为的改变，地震断层带的许多形变现象仍保留较好。刺儿沟、菜园以西至红岘子一带，走滑型地震断层造成地表形变的规模和幅度尤为突出。

南西华山北麓次级地震断层带的形变性质是一条典型的左旋走滑位错面。中段以走滑形变为主，我们称它为主体走滑段；两端以垂直升降形变为主，我们称其为端部垂直形变段。两端的上升和下降方向正好相反：东端断层南盘南华山上升，北盘曹洼至乱堆子盆地相对下降；西端断层南盘西华山下降并倾伏于干盐池盆地之下，北盘小红山相对上升（图 3.2-1）。

通过考察和研究，全长 55.5km 的断层带可分为三段。

①东段：曹洼—坊家庄，压性垂直隆起形变段；

②中段：坊家庄—红岘子，主体走滑形变段；

③西段：红岘子—小红山，张性垂直断陷形变段。

3.2.3 地震断层带东段——压性垂直隆起形变段

南西华山北麓次级地震断层带东段位于南华山北麓地震断层带东端，由南华山东端的曹洼开始，经乱堆子至坊家庄等地，长约 9km（图 3.2-2）。

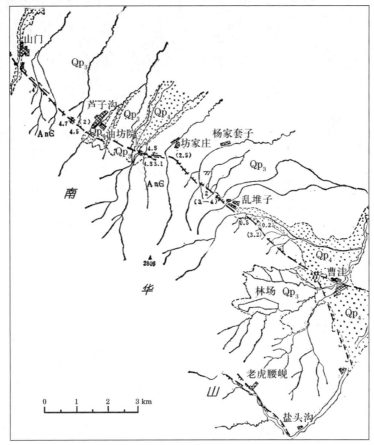

图 3.2-2 曹洼—山门地震断层形变带分布图
（环文林、葛民等，1987 年）

该段的主要形变现象有压性地震陡坎、山体裂缝和小型山崩等，以压性形变现象为主要特征。水平位移很小，一般小于 2m。

南华山东端上升，山势险峻，形成基岩裸露的前寒武纪地层组成的带状山系。断层北盘相对下降，由于遭受南华山的挤压，盆地内的第三系和第四系轻微上升，高出地面，经剥蚀切割成为垅岗地形，差异升降构造运动较强烈。

1. 曹洼—乱堆子东西和北西西两条地震压性断层形变区

小南川延伸过来的新生地震破裂带，经柴沟门、洼里至曹洼与南华山北麓断裂相连，实现了月亮山东麓地震断层带与南西华山北麓地震断层带的扩展贯通。

曹洼至乱堆子有两条地震断层，一条为走向北西西的地震形变带依山展布于南华山北麓，分布在曹洼—乱堆子南山山麓断层，规模较小。另一条为曹洼—新队—乱堆子—坊家庄北西西向断层，规模较大（图 3.2-3）。

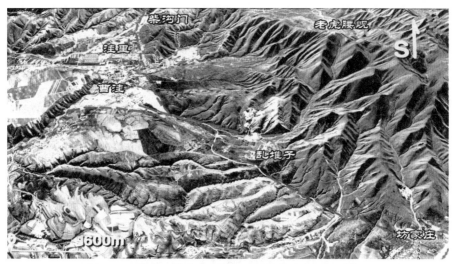

图 3.2-3　曹洼—坊家庄地震断层形变带分布卫星影像图

(1) 乱堆子南山东西向地震陡坎和山崩。

南山山前为曹洼—乱堆子的一条小河，河滩阶地有长约 1km 的地震陡坎，两侧高差小于 1m，南高北低，走向北西西（图 3.2-4、图 3.2-5）。

南山一个古滑坡上再次发生山崩，宽约 400m，崩塌体阻塞河道（图 3.2-6）。该山崩上大下小，呈勺状，是走滑断层端部压性垂直形变区常见的典型山崩类型之一。山麓断续分布有高差达 4 ~ 5m 的陡坎。

(2) 乱堆子阶梯状滑塌。

乱堆子位于南华山北缘断裂的南盘（上盘），地震形变以压性上升运动为特征。乱堆子是山麓的一个古崩塌体，因堆积在山麓的垅岗上，故当地人称为乱堆子。地震时这个古崩塌体也遭受到破坏，古崩塌体向一侧沟滑塌，南侧上升，形成 2 ~ 3 级陡坎，总高差达 4 ~ 5m。而水平位移却很小，从几条小冲沟的测量中看出，平均左旋错距只有 0.5 ~ 1m，可见垂直形变远远大于水平形变（参见图 3.2-4）。

图 3.2-4　乱堆子南山山崩和山前河滩阶地地震陡坎

图 3.2-5　南山山前河滩阶地地震陡坎

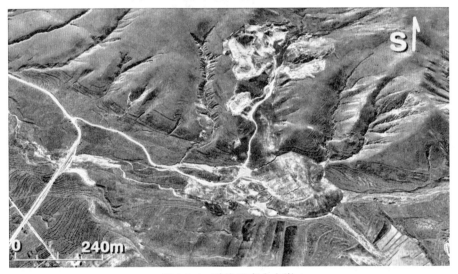

图 3.2-6　乱堆子南山山崩

2. 乱堆子—坊家庄南华山强烈隆起地震形变区

乱堆子—坊家庄南华山强烈隆起地震形变区沿南华山北麓断裂带分布。晚更新世以来，随着南华山北麓的左旋走滑运动，断裂的东端南华山强烈隆起，断裂北盘的第三纪和第四纪地层相对下降。但由于断层南倾，断层北盘遭受来自南华山的挤压而轻微隆起，后期经雨水侵蚀，被切割形成多条大致平行排列的垅岗山梁。地震时，这些垅岗山梁沿断层处遭受不同程度的挤压隆起，在断裂南盘形成 1～2 级陡坎，陡坎为半圆形，其中较大的陡坎发生在乱堆子西第二至第四个山梁上。隆起陡坎高差达 10～30m(图 3.2-7)，向西逐渐减至 2～3m，平均 4～5m，坊家庄以东高差逐渐变小至 1m 以内。海原大地震形变叠加其上，当然，这么大幅度的隆起应是晚更新世断裂左旋走滑运动以来，断裂尾端遭受多次挤压垂直隆起的结果。

从图 3.2-7 中还可以看出，第三和第四个山脊上还形成两级隆起的陡坎，沿断层有泉水出露，所有小沟的源头都位于断层附近。图中西起第一道山梁断层处有新鲜错断面，量得海原大地震的垂直断距 4m。图中白色线条为沿地震形变带陡坎修建的公路。

该段南华山强烈隆起还表现在山体部分产生大型的张裂缝，断裂东端南华山强烈隆起，在山体垂直上升作用力的冲击下，地表产生水平张力，从而在山体上产生大型的裂缝(图 3.2-8)。

通过对这一段的考察，我们未发现明显的水平位移。从卫星影像图上也可以看出，所有山沟和山脊都未见断层通过处发生水平扭曲（图 3.2-9）。

以上形变现象都显示出本段以压性垂直形变为主要特征。

图 3.2-7　乱堆子—坊家庄南华山北麓断裂上发育的断层三角面和地震陡坎

图 3.2-8　南华山东端山体强烈隆起产生的大型张裂缝

图 3.2-9　乱堆子—坊家庄地震断层卫星影像分布图

3.2.4　地震断层带主体走滑形变段（南华山段）

从南华山北麓的坊家庄以西开始，形变带左旋错距逐渐加大，垂直位移逐渐缩小，水平位移大于垂直位移，南西华山北麓次级地震断层带进入主体走滑段。

主体走滑形变段由南北两条斜列状分布的地震断层形变带组成。南面的一条沿南华山北麓断裂带分布，北面的一条沿发育于第三系和第四系的南西华山山前断裂展布。两条地震断层形变带的深部都是南华山北麓断裂带最新活动的结果（图 3.2-10）。

图 3.2-10　曹洼—芦子沟卫星影像图

1. 坊家庄—小山南华山山前地震断层活动地震形变区

(1) 坊家庄小冲沟左旋错断。

地震断层从坊家庄以东的山梁下进入坊家庄山前盆地，仍以北西西走向向西延伸。坊家庄以西地震断层主要分布于南西华山山前断裂的第三纪和第四纪地层中，南华山山麓断裂上活动不明显。

垂直形变逐渐减小，水平形变逐渐加大。在坊家庄西南和东南，两条小冲沟在断层处都被左旋走滑断层错断，水平错距达 4m 多（图 3.2-11）。

沿断层形成 1 ~ 2m 高的陡坎，有些地方的陡坎下有泉水出露，泉水顺流而下，冲刷出小冲沟，小冲沟的源头就是地震断层通过处，成为该区断层通过处的地貌标志之一。

图 3.2-11 坊家庄—油坊院一带卫星影像图

(2) 油坊院和黄石头沟之间南北向小山梁错断。

在油坊院、黄石头沟之间有一条由第三系组成的山梁，走向近南北。从图 3.2-12 中可以明显看出，整个山梁被左旋错开，陡坎两侧山脊最高点之间的水平距离为 4.5m。山梁东侧一条顺山坡的石垒田埂有两处被错断，错距为 4.3m，陡坎的垂直高差 1.5m，显然这里的水平错距已远远大于垂直错距。

图 3.2-12 油坊院与黄石头沟之间走向近南北的山脊被左旋错开卫星影像图

(3) 黄石头沟河床左旋水平错断。

油坊院位于黄石头沟的西岸，地震断层横穿黄石头沟河床。由于该河床后期人为改造较大，因此选用早期的卫星影像资料可以看到河床中非常好的地质和地震现象。地震断层错断河床，断层以南河床宽约 40m，而断层以北河床宽达 120m，这是断层长期左旋走滑的结果（图 3.2-13）。

图 3.2-13 黄石头沟河床中的地质和地震遗迹卫星影像图

从早期的卫星影像图中可以看出，断层北侧的河床内留下了多条旧断头沟，其中保留较好的有三条，分别被左旋向西错移了 5m、25m、70m，显然是多期地震活动的结果。最新水平位移值 5m 应为 1920 年海原 8.5 级大地震活动的结果。河床中还形成了断续长达近 60m 的陡坎、垄脊，高约 1m。地震时有泉水出露，以后干枯。

由于断裂长期活动，沟中来自上游流量不大的流水流到断裂处就向下渗漏，致使沟水在此断流。后期村民为了实现下游灌溉，在河床东侧另修引水渠。

1983 年考察时，据经历过 1920 年海原地震的 75 岁老人田百禄介绍，黄石头沟两侧河床中的陡坎、垄脊是地震时冻土被顶起形成的，当时有一房多高，人们可以从凸起的冻土下的洞钻过去。垄脊上的四棵老楸树下有地震形成的泉水，如今泉水已干涸，垄脊的高度也只有 1m 了。

在黄石头沟东岸拍摄到由 Qp_3 砾石夹砂层组成的洪积阶地被左旋错移的照片。当时形变现象仍保留完好，测得水平错距 3m（图 3.2-14）。从照片中还可以看出，在新鲜错断面后侧还有一个较陈旧的错动面，错动幅度相似，可能是更早期地震活动的结果（该阶地错动处大致位于图 3.2-13 中的小圆圈部位）。

图 3.2-14　黄石头沟东岸洪积阶地被左旋错移 3m

（环文林摄于 1983 年）

油坊院以西，形变带的左旋错距逐渐增大，陡坎的形状也与东边明显不同。陡坎呈垄脊状，从远处看好像是一条沿山坡的田埂。

(4) 芦子沟河床小山脊错断。

黄石头沟与芦子沟之间为新近纪红层构成的黄石头崖，是一条近北东走向的山梁。地震断层在这里横向穿过，把小山脊左旋错移 5.5m（图 3.2-15）。

图 3.2-15　芦子沟及附近地震断层形变带分布卫星影像图

芦子沟是一条宽 600m 的大冲沟，芦子沟村位于沟之两侧。地震断层自东向西穿过芦子沟村和芦子沟（图 3.2-16）。1983 年考察时发现，沟中有大量的洪积砾石，尽管洪水对地表形态有所改造，但在河床上仍保留着明显的地震陡坎，坎高约 1.2 m。

从图 3.2-16 中可以看出，直到 2010 年干枯河床上的陡坎仍保留明显的形变遗迹。地震断层自东岸穿过河床，在主河床中形成了 3 ～ 4 条近平行的陡坎。陡坎东西长约 50m，高约 1m，芦子沟穿过陡坎处发生明显的左旋扭曲。

向西经过长约 40m 的半圆形阶地后，穿过芦子沟的西支沟，继续向西分布，把西侧小路左旋错断，错距 6m。

图 3.2-16　芦子沟河床中的地震断层陡坎分布卫星影像图

(5) 芦子沟西至山门。

在芦子沟村西南约 500m 的山坡上，一条顺山坡的田埂被水平错断 4.5m，其东侧的一条小沟错动了 4.7m，形成了断头沟和断尾沟（图 3.2-17）。

图 3.2-17　芦子沟村西南山坡上小沟错动形成的断头沟和断尾沟照片

（环文林摄于 1983 年）

山门东南约 1.5 km 处，一条冲沟被地震断层左旋错移了 4m，沟西侧阶地明显左旋错移，错断后形成了一个较典型的断塞塘，如图 3.2-18 所示。

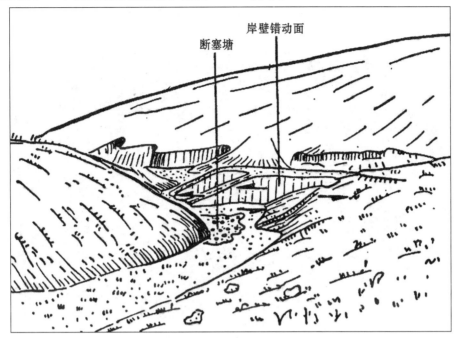

图 3.2-18　山门东南地震断层左旋错移形成的断塞塘素描图

（环文林、葛民等，1987 年）

(6) 山门至小山局部阶区的左旋右阶压性活动区。

山门至刺儿沟地震断层除分布于第三系和第四系内的南西华山山前断裂以外，南面一条南西华山北麓断裂上的地震断层也开始活跃起来（图 3.2-19）。

山门村东侧分布有一条自南华山麓向盆地延伸的弧形山梁，是一个古滑塌体。海原大地震时，由于南华山北麓断裂活动，古滑塌体的山体转折处出现了一定规模崩塌，该滑塌体是否再次活动，目前还没有获得有力证据，但该滑塌体上游的海原县发生如此大规模的破坏和人员伤亡，不能不怀疑该滑塌体再次活动的可能性，值得今后进一步研究。

山门至小山一带位于上述两条左旋右阶次级斜列断层端部组成的一个小阶区，阶区内以垂直形变为特征。此段形变带走向 N 70° W，以陡坎、垄脊和小规模山体表层滑塌为主，表现为一个局部的压性垂直形变区。

小山村东发育北东向的垄脊，由于山麓坡度较大，所以垄脊的两坡不对称，南侧坡度很缓，北侧坡度则陡。小山村马占山老人也讲了当时垄脊（俗称"棱子"）的形成情况。垄脊高 1.5 ～ 2m，目前地表留下的是南高北低的陡坎。

小山村的西南山麓有个长约 170m，宽 20 ～ 35m 的外形类似地堑的北西向重力滑塌槽地（图 3.2-20）。

由于这里山麓坡度较大（20° ～ 30°），强烈地震时，滑塌槽地的下部山体发生小规模下滑，使其上部拉张成为槽地。槽地边缘出现一系列呈斜列状排列的陡坎与裂缝（图 3.2-21），其组合特征还显示一定的左旋走滑性质。地震后许多村民在滑坡体上建造了房屋。

　　从卫星影像图（图 3.2-19）上看出，局部阶区内两条山沟在近南华山北缘断裂处均未见明显的左旋扭曲，显示水平位移很小。山体上发育多条裂缝，小山村西山坡上有多个小规模滑塌。山坡上还发育多条近南北向山体裂缝。

图 3.2-19　山门至安洼里地震断层分布卫星影像图

图 3.2-20　小山村侧的滑塌槽地卫星影像图

图 3.2-21　小山村侧的滑塌槽地上部的张裂照片

（环文林摄于 1983 年）

3.2.5　南华山主体走滑段（西段）地震断层和最大水平位移值的新发现

由安洼里向西至任湾，沿途经过刺儿沟、野狐坡、菜园、马家湾沟，是南华山主体走滑段的西段（图 3.2-22）。这里是海原大地震时人畜伤亡最多的地区，该区最大的城镇之一西安州老城全城被震毁，人畜伤亡惨重，地表破坏也最为严重。

南西华山北缘断裂的安洼里至任湾段的北侧，是南西华山北麓断裂带北侧最大的盆地——西安州盆地。盆地内第四系厚达 400m 以上，而南西华山北麓断裂的其他地段，断裂北盘主要为第三系和薄层的第四系覆盖。可见这一段地区应为第四纪以来地质构造最活跃的地区。

这一段是地震宏观破坏最严重、地质构造最活跃的地区，同时也是研究的单位最多、研究学者关注最多的地段，本书作者曾于 1983 年和 1984 年对这里的地震断层做过考察。然而从刺儿沟至大沟门这一长达 18km 的地段（约占南西华山北麓次级地震断裂带总长度的三分之一），各研究单位都没有给出与当地强烈构造运动相匹配的地震水平位移数据。从图 3.2-22 上可以看出，只有一个在菜园西的 6.8m 的位移数据（宁夏地震局早期调查提供），也就是说地震断层的位移数据在这一段几乎是空白。

另外，在园河口东西两侧，即从鸱子滩至古墩子南长达 9km 的地段，甚至连地震断层的位置都找不到。即使研究程度最高的活断层填图项目，对这一段也只是推测。凡此种种，使对南华山北麓地震断层带的研究留下一个长期未解之谜。

其原因很多，笔者认为可能主要与下列几点有关。

① 植被覆盖：海原地震断层带多分布在干旱地区，唯独南西华山这一段植被较好。

② 人为破坏：这一带人口密度较高，致使原始形变现场受到较大破坏。

③ 地面考察的局限性：对于较大尺度的地震形变现象，由于人的视角和视野有限，通过肉眼观察和徒步调查可能难以识别，或无法触及。

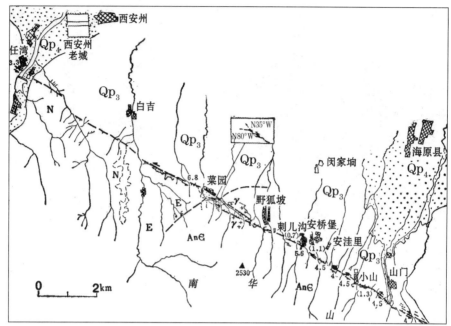

图 3.2-22　山门—任湾地震断层形变带分布图
（环文林、葛民等，1987 年）

为了弥补以往调查工作的不足，在本书编写过程中，我们试图通过引入一些现代高科技手段，扩展人的视野和想象空间，同时结合作者多年地震断层研究的经验和认识，为破解这一多年存留的难题再做一些努力。地球资源卫星高清遥感数字影像的应用，为我们解开这一难题找到一条新的途径。

对该区域内卫星数字影像资料进行一定的处理和分析研究，可以揭示出这一带的地震断层并不是完全空白的，地表遗留的形变现象比比皆是，表现为斜列状的压性陡坎、扭错槽地和地物、水系大幅度左旋水平位移、山岩崩塌、大范围滑坡和堰塞湖的形成等丰富的地表形变现象。而且最大水平位移值在整个南西华山北缘断裂形变带上，与西华山段相比，甚至更大。

现将这些研究结果，自东向西分述于下。

1. 安洼里—刺儿沟南华山北麓断裂活动加强，南华山山前地震形变带逐渐消失

从图 3.2-23 中可以看出，安洼里—刺儿沟一带除分布有从小山延伸过来的，位于第三系和第四系中的南华山山前地震形变带外，位于南华山北麓的南华山北麓断裂带上也出现了更为强烈的地震断层活动。

(1) 安洼里断层槽地内小沟左旋错断。

位于南华山第三系和第四系中的小山—刺儿沟山前地震带向西延伸，通向安洼里北西西向断裂槽地内（图 3.2-24）。槽地内由多条北西西向次级破裂带组成阶梯状断陷，北面的边界断层向南倾斜，走滑兼正断性质，为槽地的主断层。

槽地内发育一条小沟，沿盆地内的一条断层破裂面发育，地震断层通过处，东西两处被左旋错断（图中黄箭头所示）。

图 3.2-23　安洼里—刺儿沟地震断层分布卫星影像图

图 3.2-24　安洼里断层槽地内的地震断层形变带分布卫星影像图

作者等于 1983 年考察时，在安洼里断层槽地的东南部拍到了这一条冲沟左旋错移的照片（图 3.2-25）。从照片中可以看出沟壁明显错移，小沟左旋错移了 4m，形成断头沟和断尾沟，新鲜错移面清晰可见。这是一张典型的冲沟错移图片，其在南西华山北缘断裂带上多处可见。

在槽地的西部小沟出口处又被错断，水平错距 6m。

(2) 安洼里南华山北麓断裂带的地震形变。

安洼里村附近的地震断层形变带，除上述分布在小山—刺儿沟南华山山前断裂带上的槽地内的断层形变外，与安洼里以东的地震断层形变带不同的是，位于南华山麓的南华山北缘断裂带的地震断层形变的规模和强度开始快速增大。安洼里槽地以南，南华山北麓断裂上将安洼里大沟左旋错移达 120m，当然这是断裂多期活动的结果。图 3.2-26 为安洼里南华山北麓断裂带的地震形变带大比例尺卫星影像图。

图 3.2-25　安洼里东南冲沟被左旋水平错移 4m
（环文林摄于 1983 年，镜头向北）

图 3.2-26　安洼里南华山北麓断裂带的地震形变带分布卫星影像图

　　从图中可以看出，海原地震在大沟河床中形成了一系列高约 1m、长 10 ~ 30m 不等的、呈斜列状分布的陡坎破裂带。在河床转折处，破裂带将一条北东向的小冲沟错断，形成了两个断头沟。第一个小冲沟错距近 20m，最新一个断头沟错距为 8.1m。该小冲沟西侧阶地被两次错断。西侧山坡上形成了 4 ~ 5 条顺山坡的地震破裂面，将山坡错断成多级断层陡坎，坎高一般 2 ~ 3m，沿山坡阶梯状下降。

　　在这些陡坎分布的山坡上，一条小水沟被这些陡坎三级错断，尤其引人注目。图中用小黄箭头标出了六个左旋错断处的关键节点和错动量。这六处的错动量可分为两组：8m 量级组位于河床内（8.4m、8.1m）和位于 2m 高陡坎处（7.9m、8.3m），这组数据应为海原大地震活动的结果；16 ~ 17m 量级组位于最南面的破裂面陡坎处，该组应该是两期地震活动的结果。

据此可以确定，该处 1920 年地震断层的左旋水平错动量为 8m，垂直错距 2 ~ 3m，形变带宽达 50m。

(3) 安桥堡南华山山前地震断层形变带。

安洼里北西西向槽地内的地震断层向西穿过安洼里大沟，进入西侧的安桥堡古大洪积扇（图 3.2-27）。

从安洼里槽地延伸过来的三条大致平行的破裂面，在该古洪积扇上形成三条高约 1m 的阶梯状陡坎，把洪积扇从腰部切断。我们注意到这个大的古洪积扇上又叠加了一个小的新洪积扇。新洪积扇上出现的小水沟被上述三条断层破裂面错断成三段。在安洼里南边界断层延至小洪积扇的破裂面也将小洪积扇内的小阶地错断。这些错断处的标志性断点和错动量，用小黄箭头示于图上，自上而下为 8.2m、8.3m、7.6m、8.2m、7.6m。其错动量非常接近，在 7 ~ 8m 之间，据此可以确定安桥堡左旋水平错动量为 8m。

图 3.2-27　安桥堡南洪积扇上的地震断层形变带分布卫星影像图

(4) 刺儿沟村的地震断层形变带。

洪积扇地震破裂的形变带向西进入安桥堡和刺儿沟居民区（图 3.2-27）。当地的居民点都位于地震断层附近或两条地震断层之间，这里有泉水出露，地下水位也较高（图 3.2-28）。有趣的是，海原大地震给这里带来了巨大的灾难，但震后也在地震断层通过处提供源源不断的泉水，给当地居民提供生活保障。居民点沿水源分布，已成为当地地震断层分布的重要标志之一（图 3.2-28）。

刺儿沟村一带由于人口较多，对地形的人为改造较大，一些反映地震位移量的形变现象已保留不多。1983 年考察时，我们在刺儿沟村南量得一谷间脊的水平错距为 5.6m，一条小沟错断 5.8m。它们的位置在现代卫星影像图上已无法找到。

图 3.2-28 中穿过刺儿沟村的一条小沟沿该断裂分布。小沟两次被断裂错断，量得左旋

错距为20m左右。此断层形变带向西穿过刺儿沟村西侧大沟，把大沟东岸错断，左旋错距为20m。两条地震断层穿过大沟进入对岸。我们认为20m错动量不是海原大地震一次性造成的，可能是在海原大地震及与海原大地震同等量级的地震作用下，两次位移叠加的结果。

图3.2-28　安桥堡至刺儿沟地震断层形变带分布卫星影像图

2. 刺儿沟—野狐沟南华山北麓地震断层大幅度的左旋走滑地震形变区

图3.2-29给出刺儿沟两侧地震断层形变带的分布情况，显示出本区除上述发育于第三纪和第四纪地层中的山前地震断层带外，南面一条为发育于南华山北麓断裂带上的南华山北麓地震断层带。两条断层带在刺儿沟村西大沟对岸已逐渐合二为一，再往西发育于盆地中的第三纪和第四纪地层中的西华山山前地震带便逐渐消失，而为活动更强、规模更大、发育于南华山北麓断裂上的形变带所代替。

这一结论很重要，因为很多研究者在刺儿沟向西段很容易习惯性地把注意力集中在盆地中，沿山前断裂向西追溯，而这条地震断层至此往东已不再现。可能没有注意到位于地势较高处南华山北麓断裂的活动，这可能就是以往研究自此以东大幅度左旋走滑位移遗漏的原因之一。

(1) 刺儿沟西小洪积扇阶地左旋错断水平错距10m。

刺儿沟村西大沟（称为刺儿沟）以西的山坡人为破坏较小，山坡上一个很大的古裂缝经后期雨水冲刷成为一个小冲沟，其下为一个近100m宽的白色冲积扇，被沟东延伸过来的多条地震破裂带多次左旋错断。值得注意的是，错断后在下游又形成了两个小的洪积扇（形似绿色小三角）（图3.2-29）。

我们在左旋错动的标志节点处用黄色箭头标出，并测量出错动量。图中数字为小数点后四舍五入得到的数值（单位为m）。多处测量到的错动值分为10m、20m和30m三个档次，显示为多期活动的结果。该洪积扇靠河一侧的阶地，有两处被错断，形成新鲜错动面，错动量约为10m。

图 3.2-29　刺儿沟两侧地震断层形变带分布卫星影像图

由此我们认为，刺儿沟两岸的几个左旋位移值分为 10m、20m 和 30m 三个档级，说明该洪积扇形成以后，海原大地震前这里已遭受过两次同等量级的地震破坏，使错动量叠加为 20m 和 30m。

河床西侧有两个新鲜错动点，错动量为 10m 左右，应为海原大地震南华山北麓断裂地震断层带在该点的左旋错动位移值。

还有一点需要说明，在刺儿沟以东的刺儿沟村内，只发现了尺度较大的 20m 错动，10m 量级的错动断点可能因人为破坏没能保存下来。

刺儿沟被最北面一组断层破裂面左旋错断，下游河道被废弃，成为断头沟（参见图 3.2-28），现在的下游河道为新河道。图 3.2-28 中最北面的地震破裂面因左旋走滑运动，把断头沟向西错移了 120m。这是多期活动的结果，海原大地震断层再次活动，致使断头沟在该点又向西错移了 10m。

刺儿沟的断头沟以西还分布着三条大沟。这些沟在南华山北缘断裂带通过处都发生了较大幅度的左旋偏转，海原地震断层把它们再次错动，形成了宽达 200 ~ 300m 的地震破裂形变带（图 3.2-30）。现自东向西详述于后。

(2) 野狐坡东沟阶地左旋错断水平位移 12m。

野狐坡至菜园地震断层沿南华山北麓断裂展布（图 3.2-31）。刺儿沟与野狐坡之间的一条大沟，我们称为野狐坡东沟。从这里开始向西，地震断层的形变规模和水平位移都明显增强。

野狐坡东沟的地震断层位于南华山北麓断裂带上。地震断层形变带宽近 100m，由 5 ~ 7 条近平行的次级破裂面组成。这些破裂面将东沟沟谷左旋错移成三段，最大水平位移达 50m 以上，当然这是多期活动的结果。

图 3.2-30　刺儿沟至野狐坡西沟地震断层分布卫星影像图

图 3.2-31　野狐坡东沟—野狐沟地震断层形变带分布卫星影像图

在更大比例尺的卫星影像图上（图 3.2-32），这些破裂通过处将沟两侧阶地强烈扭错变形，特别是西侧阶地多处被左旋错移，北段的二级阶地也有两处遭到错移。从阶地错动的新鲜面上，可以看到沿河阶地多处被错动，较大的水平位移错动的标志点多达 5 个。值得注意的是，沟西侧山坡上一条白色小水沟也被错断两次。

以上各标志错动点的左旋错动位移量，都在 10～11m 和 21～24m（黄色小箭头显示错动标志面和位移量）两个量级，表明这里在海原地震前还遭受过一次同等量级地震（图 3.2-32）。11m 和 12m 两个断点都位于河床最新的一级阶地上。这些数据清楚地显示：野狐坡东沟海原大地震时的左旋水平位移值为 12m。

图 3.2-32　野狐坡东沟地震断层形变带分布大比例尺卫星影像图

(3) 野狐沟阶地的左旋走滑错断水平位移 12m。

野狐沟位于东沟以西约 300m 处，西侧还有一条支沟（图 3.2-33），都遭受了严重破坏。

图 3.2-33　野狐沟地震断层分布卫星影像图

地震断层带由多条破裂面组成，这些破裂面一般都为 1～3m 高的压性陡坎。沿破裂面多发生较大幅度的左旋水平错动，特别是主沟两岸，被多条破裂面将沿沟分布的阶地、小沟、小山脊和其他地物水平错断。

断层带近区域大比例尺卫星影像资料见图 3.2-34。从图中可以看出，地震断层形变带由七条以上走滑破裂面组成，沿南华山北缘断裂分布，宽达 200m 以上。

形变带明显分为南北两组，北面一组位于断裂的北盘第三纪和第四纪地层中，在断裂左旋走滑的强烈水平挤压下，形成了多条较大垂直幅度的压性陡坎，破裂面严重扭曲变形，显示较多的柔性成分。

另一组断裂位于断裂南盘的前寒武纪变质岩系中。地震形变的特征明显不同。多条笔直的北西向破裂面把河床两侧的一级阶地和二级阶地多处错断；主河道和西侧小沟之间的小山梁被左旋错移成多段；河床西侧的山坡上一条小冲沟被错断，形成断头沟和断尾沟；旁侧一小水沟也被错断。这显示出明显的刚性破裂特征。

图 3.2-34　野狐沟大比例尺地震断层分布卫星影像图

图 3.2-34 中给出了 10 个左旋水平错断的标志性断点，用黄色小箭头显示错动标志面和四舍五入后的整数位移量。实际错动值自上而下分别为：24.26m、12.06m、24.4m、25.16m、23.90m、12.69m、12.28m、12.43m、12.69m、11.90m。

这些数据明显地分为 23 ~ 25m 和 12 ~ 13m 两个量级。后者都为河流的一级阶地和二级阶地左旋水平错动的结果，是错动时间最新的一组，应为海原大地震的左旋水平位移值。23 ~ 25m 组应该是两次大地震位移量积累的结果，说明该区海原大地震前还遭受过一次与海原大地震同等量级的大地震。

(4) 野狐坡西沟的洪积扇顶部左旋错断水平位移 14m。

野狐坡村至菜园之间还有一条沟，我们称它为野狐坡西沟。该沟及其西部支流的上游在地震断层通过处，西沟的阶地多处被错断。其中尤以野狐坡西沟的西侧支沟最为典型。地震断层使支沟及西侧宽达 200 多米的大洪积扇的顶部被两条地震破裂面左旋错断。

从图 3.2-35 中可清晰地看到，支沟在断层处大幅度左旋扭曲，幅度达 75m，显然是多期活动的结果。

图 3.2-36 是野狐坡西沟一带大比例尺卫星影像图。在支沟左旋幅度为 75m 的扭曲西侧，海原大地震使西侧洪积扇顶部强烈扭曲变形并将其错断，地震断层从洪积扇顶部穿过，使洪积扇上部最新洪积物形成的条带状纹理发生强烈左旋扭曲并错断。

从图 3.2-36 中可以直观看出，该洪积扇再次遭受强烈的左旋扭曲变形，这在南西华山地震断层带上也是少见的。由于强烈的扭曲变形，洪积扇顶部被左旋撕裂，形成了巨大的新鲜撕裂月牙面，从月牙面上量得左旋水平错距 13.7m（黄箭头所示）。从另外几个错移的关键节点处量得水平错距分别为：13.8m、13.6m、14.5m、14.0m。五组数据平均约为 13.9m。

由此可以确定，野狐坡西沟的海原大地震左旋水平位移均为 14m。

图 3.2-35　野狐坡西沟的西侧支沟地震断层分布卫星影像图

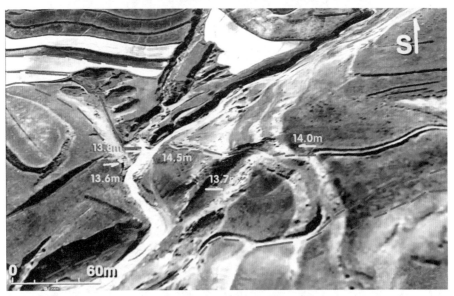

图 3.2-36　野狐坡西沟地震断层洪积扇左旋错断大比例尺卫星影像图

3．菜园盆地大幅度左旋水平位移和北东向张性断层活动地震形变区

(1) 菜园盆地东坡规模巨大的左旋走滑扭错槽地。

野狐坡断错洪积扇位于野狐坡与菜园的分水岭处，分水岭以西山下为一左旋扭错槽地，菜园盆地东侧的扭错槽地沿南华山北缘断裂带分布。该段断裂的北盘是沿断裂侵入的一个花岗闪长岩体，断层南盘仍是南华山前寒武系。

作者等于 1983 年曾经沿两者基岩之间一条长 1.5km 的马鞍形断层槽地逐渐下山进入菜园盆地（图 3.2-37）。

图 3.2-37　菜园盆地东山坡地震断层分布卫星影像图

　　基岩槽地内的地震断层形变现象保留更加完好，规模也明显增大。断层结构单一，呈直线状，但断层带仍很宽。在强烈的左旋走滑活动的作用下，沿断层形成了长达 800m 的左旋走滑扭错槽地，走向 N 70° W，南侧陡坎高 1 ~ 1.5m。（图 3.2-38）。

　　槽地南壁上的一系列小冲沟都发生了水平左旋扭曲，由于受到强烈的左旋走滑活动，在宽 30 ~ 40m 的槽地内发育密集的近东西向羽状张裂缝，它们是地震断层沿走向左旋扭错的结果。该形变带向西 300m 进入菜园小盆地。

图 3.2-38　菜园盆地东山坡上的左旋走滑扭错槽地卫星影像图

　　(2) 结构复杂的菜园盆地地震断层形变带。

　　菜园盆地处于南华山的西端。这一特殊位置，致使这里的地震断层形变带除南华山北麓北西西向断裂活动外，南华山西端的北东向断层也发生强烈的地震形变。

　　南华山西端北东—南西向断层使南华山前寒武纪地层与古近纪和新近纪地层呈断层接触，断面向南东倾斜。第四纪晚更新世以前，南华山的前寒武纪地层逆冲在第三纪地层之上。晚更新世以后，随着南华山北缘断层转化为左旋水平走滑运动，位于南华山西缘的北东—南西断层也随着转化为张性正断层活动性质。海原大地震时该断层也发生了强烈活动。菜园盆地处在北西西和北东向两组断裂活动的夹持下，使得这里的断层结构更加复杂，地震破裂强度也更加强烈（图 3.2-39）。

图 3.2-39　菜园盆地周边地震形变带分布及地质构造卫星影像图

南华山北缘地震断层延伸至菜园后分为两支。一支位于菜园盆地南缘，沿南华山北麓断裂带展布，于菜园盆地的西端，急转向南，与南华山西麓北东—南西向断层相衔接；另一支位于菜园盆地北侧，并于此处离开南华山，继续沿北西西向穿过南华山和西华山之间的第三系分布区的北缘断裂，向西华山北麓断裂带延伸。

特殊的地质结构，使得菜园盆地的地震形变现象复杂多样，强度也明显增强。为了更清晰地反映这里的复杂构造和强烈的地震形变，我们仍选用高清全彩色影像资料（图 3.2-40）。

图 3.2-40　菜园盆地卫星影像图

图 3.2-40 中展现出菜园盆地类型丰富的形变现象和强烈的形变特征。其中有断层南盘基岩中强烈的左旋刚性断错，也有发育于盆地北缘新近纪红色地层中的弧形左旋扭错的柔性构造。在盆地西侧山坡上，还可见到下第三纪红色地层中的许多巨大裂缝、滑坡、阶梯状断陷等张性构造形变。地震形变之强烈、类型之多前所未有。这些地震断层的形变特征及位移量，分别详细讨论如下。

(3) 菜园盆地南缘南华山北麓断裂带左旋错断水平位移 15m。

菜园盆地南缘是南华山北麓断裂带的分布区（图 3.2-41），由多条呈斜列状分布的弧形断层破裂面组成。这些弧形断层破裂面在菜园盆地西端汇为一条，在菜园盆地西南角，该地震断层带沿南华山山体与断层下盘古近系组成的山梁之间的断裂接触面分布，使南倾的断裂面明显左旋撕裂。

南华山山体与左侧古近系组成的山梁之间的巨大断层面，是一个高 110m，宽 45 ~ 50m 的地震断层破裂带。破裂带位于菜园盆地西南角，非常醒目，成为地震断层将山体撕裂的典型形变现象之一。

该山体左旋撕裂带至今仍保留完好，未长一草一木。

图 3.2-41　菜园盆地南部地震形变带分布卫星影像图

卫星影像图显示，在该撕裂带中部，一条左旋水平错移的滑移断层面（深色部分）贯穿上下。在滑移面的中段比较平直部分（三个小黄箭头处），量得撕裂面上的五个左旋位移数据，从上至下分别为 16.48m、16.27m、14.57m、15.26m、14.36m，五者的平均值为 15.38m。

另外在该图的东部（左侧）靠山体一侧，南华山上一条小冲沟被一组破裂面左旋撕裂错断，在错断部位量得两个左旋位移数据：15.11m 和 15.16m（图 3.2-42）。

据上述两处断面测得的多组数据，保守考虑，菜园盆地南华山北麓地震断层的左旋水平位移为 15m。同时可以看到这两个断面都位于南华山北麓断裂带内的前寒武纪基岩内，具有明显的刚性破裂特征，这也增强了走滑数据的可靠性。

图 3.2-42　菜园盆地南部小冲沟被左旋错断大比例尺卫星影像图

(4) 菜园盆地西侧第三系山梁上的张性裂缝和滑坡。

菜园盆地西侧第三系山梁也发生了较强烈的地震形变。山坡上除上述与南华山断层接触处形成的巨大水平撕裂带以外，还形成了四条张性大裂缝。有的裂缝之下还有多处小规模滑坡和小堆积扇。这些滑坡堆积物，迫使盆地内的一条小河蜿蜒曲折分布（图 3.2-43）。

图 3.2-43　菜园盆地西部张性地震形变带分布卫星影像图

(5) 菜园盆地北缘地震断层带左旋走滑水平位移 15m。

从菜园盆地东侧地震扭错槽地延伸过来的地震断层，在菜园盆地分为两支。北支就是菜园盆地北缘地震断层带（图 3.2-44）。从图中可以看出，该地震断层分布于第三纪地层中，与盆地南缘地震断层的刚性破裂明显不同，其柔性成分明显增强。

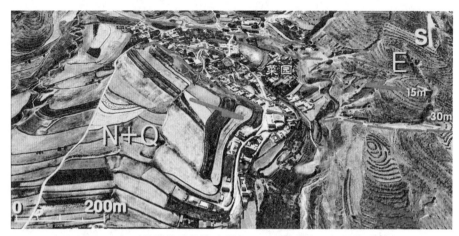

图 3.2-44　菜园盆地北缘地震断层形变带分布卫星影像图

断层的左旋走滑运动，使断裂带西侧形成了一系列向西突出的弧形破裂面。这些破裂面呈阶梯状陡坎逐级下降，形成菜园盆地东南向西凸出的弧形地貌，成为菜园盆地的另一大地貌景观。

这些破裂面控制的压性陡坎下多有泉水分布，陡坎一般高 6 ～ 10m。震后居民多把房屋建在呈弧形分布的陡坎之下，建筑物呈弧形带状分布，成为菜园盆地村寨分布的一大特点。

该地震断层的南侧，随着地震破裂面陡坎的层层下降，盆地中心相对盆地北缘下降了三十余米。现在盆地中心还有一个水塘，水塘的周围有一种黑色物质堆积。作者等于 1983 年调查时听当地老乡说，这是地震时由地下喷出的黑色泥水堆积而成的。

关于这条地震断层的左旋水平位移数据，因为后期人为和自然的改造，在菜园盆地北缘断层上难以获得。只有在盆地东端没有居民点分布的地区，菜园盆地南北两条地震断层分叉的地方，找到断层将一条向北流的小沟左旋错断的痕迹，即图 3.2-45 中小黄箭头标示处，量得为 15.1m。

图 3.2-45　菜园盆地东部地震形变带分布卫星影像图

(6)菜园盆地西部山坡分水岭上的小冲沟左旋错断。

菜园盆地北支断裂向西延伸，上山后进入菜园盆地与马家湾沟之间的分水岭。分水岭附近由两条近于平行的破裂面组成，并向马家湾沟方向延伸。在分水岭上，断裂把一条南北向分布的小冲沟错断为两段。主破裂面小冲沟上的洪积扇左旋错距为 30m，南面山坡上基岩破裂面的断距为 15m。小冲沟再往西 150m，一个近南北向的古滑塌面被错断，错距也为 15m 左右（图 3.2-46）。15m 的水平错距与菜园盆地的错动值完全一致。而主破裂面 30m 的错动，说明除了海原大地震外，还经历过一次与海原大地震同等量级的大地震。

图 3.2-46　菜园盆地以西山坡上的地震形变带分布卫星影像图

1983 年调查时，在 30m 小洪积扇错动处量得水平错距 6.8m。但近 40 年过去，洪积扇松散堆积已被侵蚀，这个数值目前很难在卫星影像图上再被分辨出来。

(7) 南华山西端北东向地震断层的大幅度张性断陷。

南华山西端的北东向断裂，在海原大地震时也发生了较强烈的张性正断层地震形变。地震强大动力的冲击，使断层西北盘的第三纪地层向下滑落，垂直断距达 10 ~ 20m（图 3.2-47），其中断层西南端与新近系接触处垂直断距达 30m。

图 3.2-47　菜园盆地南华山西麓北东向断层陡坎及山体崩塌卫星影像图

巨大的重力作用，造成马家湾沟两侧的新近纪地层组成的山梁层层向下崩塌和滑落，类似地质上的"潘多拉效应"。其中尤以马家沟两侧山梁滑落最为严重，而且越往下越甚。在大比例尺卫星影像图（图 3.2-48）中，这些山体的滑塌痕迹仍清晰可见。

图 3.2-48　菜园盆地南华山西麓北东向断层陡坎及山体崩塌卫星影像图

马家沟两侧的山体滑塌，在下游引起了大规模的地震形变，很大程度上改变了南西华山北麓断裂的分布格局，本书将在讨论马家湾沟形变带时详细论述。

(8) 菜园盆地复杂的地震断层结构动力学模型。

菜园盆地及其周边地区复杂的地震断层结构导致丰富多样的地震形变现象。如此大幅度的左旋水平位移和垂直形变之间是有机的完美结合，其主导力是南西华山北麓断裂的左旋走滑运动，加之地处南华山西端的北东向断裂活动的参与，使断裂结构复杂化。

南西华山北麓地震断层的左旋走滑运动，造成南华山西端的北东向断裂的张性断陷，致使西盘的地块由于惯性作用受到强烈的向下张性拉伸，形成应力的负向"真空区"，从而导致断层西盘第三纪地层大规模向下滑塌。由于北东向断层活动的参与，山岩块体大规模向下滑塌，严重干扰了单一的北西西向断裂左旋运动的活动模式，其地震断层结构的动力学模型更加复杂，如图 3.2-49 所示。

菜园盆地西侧北东向构造带强烈的地震形变以及所导致的大规模山体滑塌，也强烈地影响下游地区地震构造的复杂化和地震形变类型的改变。这些变化本书下面将详细讨论。

图 3.2-49　菜园盆地复杂的地震断层结构动力学模型

4. 马家湾谷地大规模山体滑塌和大幅度左旋水平走滑地震形变区

菜园盆地向西,翻过菜园与马家沟之间的山梁,进入马家湾谷地地震形变区。在山梁的西坡,也就是马家湾谷地的东坡,出现了规模更大的左旋剪切扭错槽地;在马家湾沟,鸠子滩河床及一级阶地也发生了大幅度的左旋扭曲和断错;鸠子滩河谷两侧新近纪地层组成的山梁发生了较大规模的山体滑塌,鸠子滩村北两山合崩,阻塞河道,形成堰塞湖。上述各类大规模的地震构造形变成为海原大地震在南西华山北麓地震断层带上又一个强烈地震构造形变区。

(1) 鸠子滩山崩和堰塞湖的形成。

菜园盆地西南的南华山西缘北东—南西向断层,在海原大地震强烈冲击影响下,形成了较大幅度的张性断陷地震形变(图 3.2-50),也直接影响到下游马家湾沟两侧山体的大规模滑塌。

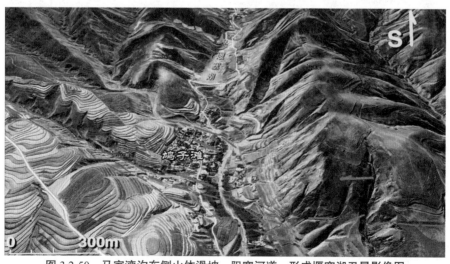

图 3.2-50　马家湾沟东侧山体滑坡,阻塞河道,形成堰塞湖卫星影像图

两幅高清卫星影像图清楚地显示出，在北东向断层强烈的断陷冲击作用下，断层西盘马家湾河谷两侧的第三系组成的山体，发生了较大规模的层层向下滑塌。特别是谷地东侧的滑塌体，向西涌向地势最低的马家湾沟谷地，将马家湾沟近 250m 宽的河道堵塞，堵塞河道长达 1km，上游形成了鸠子滩堰塞湖（图 3.2-51）。震后的鸠子滩村居民点建在此滑坡体的前沿。

图 3.2-51　马家湾沟山体滑坡，阻塞河道，形成堰塞湖大比例尺卫星影像图

(2) 马家湾谷地东坡的左旋走滑扭错槽地。

菜园盆地向西，翻过菜园与马家沟之间的山梁进入马家湾谷地，在山梁的西坡，也就是马家湾谷地的东坡，出现了规模更大的左旋剪切扭错槽地（图 3.2-52）。该槽地走向 NNW—SSE，长 1500m，宽 40 ～ 140m。槽地内发育许多 NEE—SSW 向次生羽状张裂缝。从槽地南侧山坡上可见一系列小冲沟被左旋扭曲。

图 3.2-52　马家湾谷地东坡的左旋走滑扭错槽地卫星影像图

上述形变现象在早几年的卫星影像图上更加清晰完整（图 3.2-53）。槽地两侧为两条斜列分布的左旋走滑破裂面。由于受到两侧左旋走滑破裂面的强烈左旋扭动，槽地内部受到不均匀的局部拉张，从而形成密集的类似羽毛状排列的张裂缝。裂缝的走向一般与主断层错移的前进方向呈锐角相交。

图 3.2-53　马家湾谷地左旋走滑扭错槽地动力学模型卫星影像图

这种现象与实验室中的模拟断层在水平剪切作用下断层内部产生的微破裂形变的实验结果完全一致，大自然给我们提供了如此典型的左旋水平扭错槽地的动力学模型，实属少见。左旋水平扭错槽地也是走滑型地震断层的典型形变特征之一，可见 1920 年海原 8.5 级大地震之强烈。

(3) 鸠子滩—马家湾谷地的左旋走滑断错构造。

本书作者等（1983 年）以及之前其他研究者在考察马家湾和鸠子滩一带时，都没有发现这里的全新世一级阶地和河床的左旋扭错地震构造，几乎都没有获得地震水平位移的数据。这很可能是因为一般野外调查都在七八月份，谷地内水源丰富的一级阶地、二级阶地都长满了庄稼，将地震形变现象覆盖。

在编写本书时，我们从卫星影像图图 3.2-54 中发现，地震断层经过鸠子滩—马家湾谷地时，谷地内的河床及一级阶地明显被左旋扭错，引起了我们的注意。

图 3.2-54　鸠子滩—马家湾谷地的左旋走滑扭错分布卫星影像图

从图中可以看出，谷地内一级阶地明显被左旋扭曲错断。断层北盘的下游河床成为废弃沟（断头沟），河水另辟新路（现在的下游新河床改至一级阶地的东侧）。

从图 3.2-55 中可以清楚地看到，断裂长期的左旋走滑运动，形成了两个不同时期的断头沟，第 1 级断头沟最大错移断距达 164m，第 2 级断头沟最大水平错距 106m。这应该都是晚更新世以来多次活动的结果。

从图 3.2-55 中还可以看出，这里的海原大地震地震断层由三条大致平行的新鲜破裂面组成。这些破裂面从全新世组成的河道一级阶地（河床东侧的深绿色部分）中穿过，破裂面错移了一级阶地和两岸的多处标志性地物。特别是谷地西岸"废弃沟的第一条断头沟"的阶地，也被三条断层破裂面错断。

图 3.2-55　鸠子滩—马家湾谷地断头沟的左旋走滑扭错大比例尺卫星影像图

为了获得这些左旋错断节点位移的关键数据，我们选用大比例尺卫星影像图，测量出各断点的左旋水平位移数据并标注于图上（图 3.2-56）。左旋错断节点位移数据分别是15.63m、15.66m、14.65m、14.23m、15.23m、15.42m，取其平均值，约为 15.14m。

由此确定鸠子滩河床一级阶地左旋水平位移为 15m。

(4) 马家湾谷地西侧新近系山梁大规模多级滑塌和向盆地漂移。

菜园盆地西南的南华山西缘的北东—南西向断层，在海原大地震强烈的冲击影响下，形成了较大幅度的张性断陷地震形变。图 3.2-47、图 3.2-48 清楚地显示出，在强烈的断陷作用冲击下，北东向断层西盘的第三纪地层组成的山体，发生了较大规模的层层向下滑塌。鸠子滩南侧山体滑向地势最低的马家湾谷地，滑塌体将马家湾沟沟床堵塞，形成了鸠子滩堰塞湖，同时鸠子滩西侧的新近系大山梁产生规模更大的滑塌体（图 3.2-57）。

从图中可以看出，山体多级向下滑塌，其中最大弧形滑塌面显示向下滑落的落差达50 余米，可见这些滑塌体所产生的冲击力之巨大。在图中最大的那个深色滑塌面上，还可清楚地看到有一定倾角的近水平断层擦迹，显示滑塌体还具有左旋走滑分量。这样大规模的断陷幅度显然是多期活动的结果，但断面上的新鲜擦迹说明，海原地震时也产生了强烈滑塌，进一步增大了滑塌的幅度。

图 3.2-56　鸠子滩—马家湾谷地的左旋走滑扭错卫星影像分布图

图 3.2-57　鸠子滩西侧山梁山体大滑塌卫星影像图

(5) 马家湾至园河口长达 9km 的南西华山北缘断裂被滑坡体掩埋。

从更大角度、更大范围的高清卫星影像图图 3.2-58、图 3.2-59 上看，鸠子滩西侧山梁的大规模滑塌，不仅局限于鸠子滩—马家湾一带，还越过南西华山北麓断裂向盆地方向滑移，使南西华山北麓断裂的地表出露线在滑塌体推移下，向西北漂移了 2.1km（图中用绿色虚线表示）。

在这条漂移的断层地表残骸处没有任何地震形变现象，显然这条绿色的南西华山断层的地表出露线，只是一条被滑坡体向北推的断层地表残骸，而地震断层的深部已被淹没在滑塌体之下，掩埋的范围可达园河口。

也就是说，南华山北缘断裂西延至鸠子滩后，鸠子滩至园河口断层的地表出露线已被滑坡体推移，向北漂移了 2.1km，断层深部已掩埋在滑坡体之下。

本书作者认为，这就是现场地震考察时，在这一带找寻不到南西华山北缘断裂带的地表露头的原因。

从图中还可以看出，该滑塌体及西侧山沟向北滑移的同时，漂移的山体还呈弧形向西偏转，显示还受到了下覆埋藏断裂左旋运动的影响。

图 3.2-58　鸠子滩—马家湾西侧山体大滑塌卫星影像图

图 3.2-59　鸠子滩—马家湾西侧山体大滑塌大比例尺卫星影像图

当然这些现象不仅仅是本次地震的结果，应该是晚更新世以来，伴随南西华山北缘断裂左旋运动逐渐发生的，是与海原大地震同等量级的大地震长期多次活动的结果，海原大地震使滑坡体再次活动。

5. 园河口山崩滑坡地震形变区

(1) 园河口山崩及园河堰塞湖。

上述鸠子滩—马家湾西侧山梁的滑塌体向北滑移的同时，还呈弧形向西偏转，其西北端已延伸到黄湾以北。强大的地震冲击力使得园河口的岩石发生松动，加之园河口下部被掩埋的南西华山北麓"隐覆"断裂的活动，使园河口两侧的新近纪地层发生强烈崩塌，两山对冲阻塞河道，形成园河堰塞湖（图 3.2-60）。堰塞湖的坝体高出下游河床10 ~ 15m。沟口东北侧山体也发生崩塌（即黄湾东南侧崩塌体），崩塌体把东侧南西华山断层的那条废弃了的断层地表残骸线西段再次掩埋。

在园河堰塞湖两岸，地震的强烈震动将第三纪上覆的黄土层震松，之后在雨水的冲刷下黄土不断流向堰塞湖，将湖区逐渐淤塞，湖水面逐渐缩小。当地居民在堰塞堤上加高堤坝，拦住余水，这就是现在的园河水库。

图 3.2-60　园河口两侧山体崩滑及园河堰塞湖的形成

黄湾村东南有一条北西向山沟，1983 年现场调查时，我们曾试图查清它是否是南西华山北缘断裂。结果表明，它只是断层南盘向北"漂移"过来的新近系内部的一个山沟，不具有边界大断裂的特征，沟中是滑坡体充填物，从图 3.2-59 上清晰地看出，它是鸠子滩西侧山梁的西沟北延部分。

(2) 园河村西古滑坡和西华山北缘断裂掩埋。

卫星影像资料的利用，使我们在园河口以西、任湾和园河村西南发现了一个很大的古滑坡体（图 3.2-61）。本书称其为园河村西南古滑坡。

图 3.2-61　园河村西古滑坡体分布卫星影像图

究其成因，我们经初步探讨认为：园河村西南古滑坡源头位于西华山东麓的第三系分布区。西华山东麓有多条山沟的水流向该区，由于西华山的上升，这些山沟多被切割为深沟。这里水源充足，地表长草，与园河一带干旱环境明显不同。充足的水流可能渗透至新近系与古近系的不整合面，而古近系黏土的透水性差，使两者之间形成了一个含水量较高的接触面。在强大的地震动冲击下，上覆的新近纪地层沿此面向下滑脱，形成了园河村西部的大滑坡。滑坡体冲出山麓，覆盖山前平原区达 1.4km。滑坡体末端在平原区高出地面 10 ~ 30m，也将南西华山北麓断层掩埋。当然这也应该是多期活动的结果。

野外现场调查时，由于该古滑坡体伸入平原的部分高度不高，坡度较小，且规模巨大，置身其中，面对杂乱无章的地层，很难在地面靠人眼识别出该滑坡体，更找不到地震断层出露的痕迹。这也许就是许多研究者在这里没有发现地震断层，也无法测量水平位移量的原因。

(3) 南西华山北麓断裂园河段被山体崩塌滑坡掩埋达 9km。

综合以上分析，鸠子滩西山梁的向北西滑塌漂移、园河口两岸的山岩崩塌，以及园河村西之古大滑坡，都显示出南西华山断裂已被这三个漂移体、崩塌和滑坡体掩埋，根据卫星影像量得断层缺失段长达 9km（图 3.2-62）。这些地震、地质形变现象在地面用人眼观察是很难发现的。

图 3.2-62　鸠子滩至大沟门地震断层被掩埋段卫星影像图

(4) 西安州老城全城被震毁。

西安州老城废墟位于宽广平坦的西安州盆地南缘，与黄湾附近地震断层的最短距离为 2.5km。据《宁夏历史地理考》一书记载，西安州古城始建于西夏时期（1038 年以后），1098 年宋朝时取名为"西安州"，沿用至今。周长九里六分，城墙高三丈二尺，内外墙均用砖包，四周城壕深、宽与城墙同，引河水护城，城围东、西、北三门，城头有阁楼，四周有 73 个墩台，三道瓮城，三道城门楼，均为砖洞双层顶楼，都有月城扩围。明代将一城分二，北城三分之一为官方衙门，南城为居民区，四街八巷，北城三街九巷。城内居民二百余户，街道整齐，房屋质量较好，当时是一个比较繁华的地方，有驻军。

1920 年大地震时全城被毁，房屋倒平，变为废墟，城墙多处崩塌，成为海原大地震时城镇破坏最严重，人员伤亡最多的地区之一。目前仍保留震后的城墙废墟，而西安州新城就建在老城的东侧（图 3.2-63）。

图 3.2-63　西安州老城全城被震毁

(5) 南西华山北缘地震断层带多年未解之谜的破解。

多年来，南西华山北缘地震断层带是海原地震断层带上参加研究的单位和人员最多、研究程度较深入的一段。从刺儿沟以西至大沟门以东直线距离长达 18km，占南西华山北缘地震断层带总长度的三分之一，却没有一个单位和个人在这一段地区内找到像样的水平位移数据，水平位移数据几乎空白。

更令人不解的是，位于海原大地震破坏最严重的西安州附近，从马家湾沟经园河口至古墩子南长达 9km 的这一段，一直没有找到地震断层在地表的确切位置。工作做得最详细、最深入的中国地震局地质研究所和宁夏地震局的"海原活断层填图"项目，以及本书作者等（1983—1984 年）负责完成的中国地震局地球物理研究所、宁夏地震局的 1920 年海原大地震地震断层考察，对这一段的描述也仅仅是推测。

借助南华山这一段地区卫星影像资料以及本书作者对其进行的详细解析和分析研究，对这两个未解之谜给出了一些较合理的答案，填补了水平位移方面长期存在的空白。

综上可得结果如下。

①从刺儿沟至鸠子滩一带，共获得 44 个水平位移数据，确定刺儿沟洪积扇左旋水平位移 10m，野狐沟东沟阶地左旋水平位移 12m，野狐沟左旋水平位移 12m、13m，野狐沟西沟洪积扇左旋水平位移 14m，菜园盆地左旋水平位移 15m，菜园西山脊小沟左旋水平位移 15m，鸠子滩阶地左旋水平位移 15m。水平位移幅度之大，居海原地震断层带左旋水平位移量之首。

②鸠子滩—马家湾沟西侧山体的大规模滑塌和向盆地漂移、园河口东西两侧山体的崩塌和园河堰塞湖的形成、园河村西古大滑坡体向西安州盆地滑移，三者连成一片，把园河口东西两侧长达 9km 的南西华山断层带完全掩埋。这就是多少年来没有找到地震断层在

地表露头确切位置的原因。

受人的视野、视角的限制,海原大地震的这些大尺度的水平位移,山体滑塌、漂移和滑坡,在地面上很难观察到。数字卫星影像的应用使我们扩大了视野,能从更大的高度,多视角、多层次、全面地了解海原大地震在地表留下的大规模形变现象。

(6) 园河口一带左旋水平位移值和地震断层形变强度的估计。

根据以上分析,园河东西两侧 9km 范围内的南西华山北麓断裂的地表露头被山岩崩塌、滑坡体所掩埋,并不能说该段断层就没有活动。鸽子滩西侧山体的大规模滑塌和滑移、园河口山体崩塌和堰塞湖的形成、园河村西古大滑坡的再次活动等大规模的地震形变现象,恰好说明该段地震断层的活动仍很强烈。这些地震形变现象就是下部断裂活动的结果,是地震断层大幅度的左旋水平位移和地震强烈震动的结果。

如果也用左旋水平位移来量化这一地区地震断层活动的强度,本书作者等认为,该段的水平位移值和地震破裂强度,应与位于同一个西安州盆地段、地震构造条件相近、地理位置相邻的菜园、鸽子滩的水平位移值大致相当。

3.2.6 地震断层带主体走滑形变段(西华山段)

经过 9km 被掩埋段以后,在园河村西大滑坡以西,古墩子村西南面的山坡上,地震断层带又复出现。至此,地震断层带进入西华山北缘,上第三纪地层分布的低山区域,沿西华山北麓地震断层带展布(图 3.2-64、图 3.2-65)。

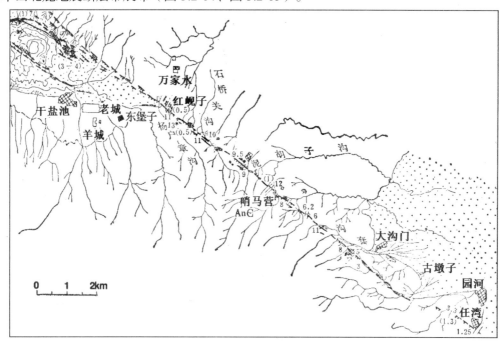

图 3.2-64　古墩子—红岘子实测地震断层带分布图
(环文林、葛民等,1987 年)

图 3.2-65　古墩子—红岘子地震断层带卫星影像分布图

1. 古墩子—大沟门左旋水平扭错断陷发育的地震形变区

古墩子西至大沟门一带地震断层带分布如图 3.2-66 所示。

平面分布轮廓和各地的特征都十分明显。地震断层以左旋水平位移为主，并伴有左旋水平扭错槽地，水平位移 5 ~ 8m，垂直位移 1 ~ 2 m。该段又可分古墩子西南扭错槽地段，大深沟段，大沟套扭错断陷段和田埂、小沟错断段。

图 3.2-66　古墩子西至大沟门一带地震断层带分布卫星影像图

各典型地点的地震形变情况详述于下。

哨马营所在的营盘山是该地带的较高点，海拔 2143m。从这里向东望去，大沟门一带的海原断裂带和地震断层带的地貌分布尽收眼底。从图 3.2-67 中可以看出，该段地震断层的地貌特征十分明显。

图 3.2-67　西安州、大沟门一带的海原断裂带和地震断层带的分布地貌
（环文林摄于 1983 年）

(1) 古墩子西南山坡上的地震左旋扭错槽地。

地震左旋扭错槽地位于古墩子南面山腰断层槽地内，为地震断层左旋扭错槽地，从地面上看是一个长 1000m 以上，宽 20 ~ 80m 的凹槽，两侧的陡坎呈不规则的锯齿状，显示可能还有明显的重力下滑拉张特征（图 3.2-68）。古墩子向西翻过山梁，地震形变带沿大冲沟分布。由于后期雨水冲刷，大冲沟中的形变带已看不清楚。

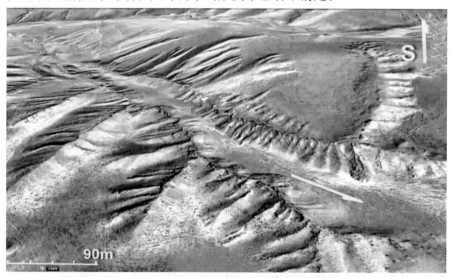

图 3.2-68　古墩子西南山坡上的地震左旋扭错槽地卫星影像图

(2) 大深沟地震断层大角度左旋水平错动。

在大沟门村西南，形变带切过一条数十米深的大沟。由于沟体被深切，清晰地露出了西华山北麓断裂带地质剖面（图 3.2-69）。

剖面中南侧为前寒武系地层破碎带（照片右侧灰色部分），中间为古近系渐新统紫红色沙泥岩，北侧为新近系橘红色泥岩，三者均为大角度断层接触。近断层处新近系红层中还露出了新鲜的左旋滑移面。该深沟以西是另一条沿断层急拐的小冲沟，在断层处见到左旋断错了 5m。

图 3.2-69 大深沟出露的西华山北麓断裂带地质剖面
（环文林摄于 1983 年）

(3) 大沟套左旋扭错断陷。

大深沟向西就是大沟套左旋扭错断陷地震形变带。图 3.2-70 中最明显的是大沟套在近断层处大冲沟被大幅度左旋扭曲错移，错距达 90m，显示晚更新世以来这一带地区大规模的左旋走滑运动。

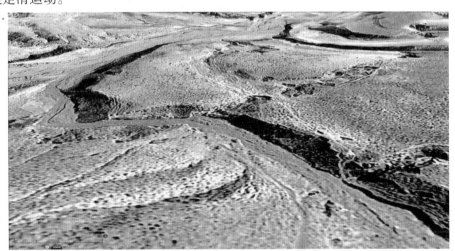

图 3.2-70 大沟套左旋扭错断陷卫星影像图

大沟套左旋扭错断陷地区，沿山坡分布了非常典型的局部左旋扭错断陷。1983 年考察时，我们在大沟套冲沟东南壁的剖面上发现了该扭错断陷北侧的断层滑动面，其产状走向 N 60°W，倾向南西，倾角 60°。滑移面向上延至地表，正好与水平扭错断陷陡坎相连。

在断层南盘近断层处形成宽达 20m 的左旋扭错断陷带。扭错断陷带之西为宽 120m 的下沉凹地。凹地内堆积了全新世的断塞塘沉积，断塞塘的南缘为 2 ~ 3 级断层陡坎，陡坎下还有一条大裂缝，整个形变带宽达 150m 以上。出露的形变现象丰富多样，几乎包括了走滑断层在地表形变的所有类型。这些形变现象在我们考察时绘制的素描图上看得更加清晰（图 3.2-71、图 3.2-72）。

图 3.2-71　大沟套左旋扭错槽地照片
（环文林摄于 1983 年）

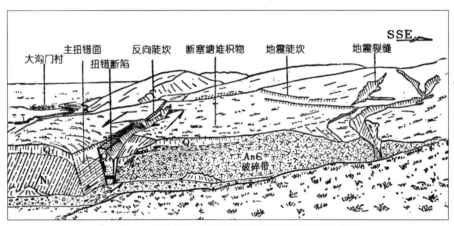

图 3.2-72　大沟套左旋扭错槽地地质地貌剖面素描图
（环文林、葛民等，1987 年）

在大沟套的东南侧，大自然给我们留下一个西华山北缘断裂带近断层处的典型天然地质剖面（图 3.2-73 至图 3.2-75）。剖面上为老断裂的前寒武纪地层破碎带逆冲到古近系渐新统紫红色泥岩之上，古近系又逆冲到新近系橘红色泥岩之上。断裂破碎带宽达 500m。

新近系近断层处还发育多条倾角较大的左旋水平走滑地震破裂面（图 3.2-74）。从剖面中可以看出多次古地震形成的古扭裂断陷带，同时也清楚地显示出一条地震断层带是由多条地震破裂面组成的。

海原大地震沿断裂的强烈左旋运动将地表撕裂，留下了这一巨大的左旋扭错断陷带。在河道拐弯处新近系错裂面上留下的新鲜左旋水平错动面上，量得水平错距为 5 m。

图 3.2-73　大沟套左旋扭错槽地近断层面处地质剖面照片
（环文林摄于 1983 年）

图 3.2-74　大沟套左旋扭错槽地断层带内的大角度水平走滑破裂面地质剖面照片
（环文林摄于 1983 年）

(4) 田埂左旋错断。

大沟套剖面西 350m 处，山麓缓坡上近南北向分布的田埂，被两条大致平行的地震破裂带左旋错断为三段。在卫星影像图图 3.2-75 上量得水平错距分别为 11.2m 和 10.5m。据此确定，该处海原大地震左旋水平错距为 11m。

(5) 小沟左旋错断。

大沟门田埂错断处西 360m 处，一条小冲沟被地震断层破裂面两处错断，量得左旋水平断距为 33.42m 和 11.15m。在最新一条破裂带上量得的 11m 错距应为海原大地震左旋水平错距。在陡坎高度较大的古陡坎下量得的 33m 错移量，应为三次同等量级大地震活动的结果（图 3.2-76）。

（6）大沟门沟北侧的新近系红色地层的左旋扭错槽地。

大沟门一带在上述北西西向主破裂带的北侧，还发育一组规模很大、紧邻主破裂带并与之平行的地震左旋扭错槽地。槽地长 1200m，宽 150 ~ 200m，槽地内同样发育一组北北东—南南西向的张裂（参见图 3.2-66）。

图 3.2-75 大沟套剖面西田埂被两条大致平行的形变带左旋错断为三段卫星影像图

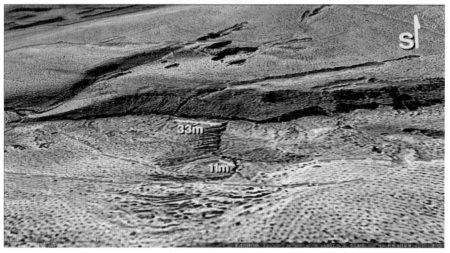

图 3.2-76 一条小沟被两条断层破裂面错断卫星影像图

2. 哨马营—方家河段西华山北麓断裂和山前断裂的大幅度扭错破裂地震形变区

该段与大沟门一带不同，除北西西向西华山北麓断裂带（主破裂带）外，西华山山前断裂也出现较强活动。哨马营—方家河一带的西华山北麓断裂带的地震形变相对较弱，一系列大冲沟在断层处的左旋扭曲的幅度相对较小。地震形变最大位移主要发生在断层北盘新近纪地层中的西华山山前断裂带内（图 3.2-77）。

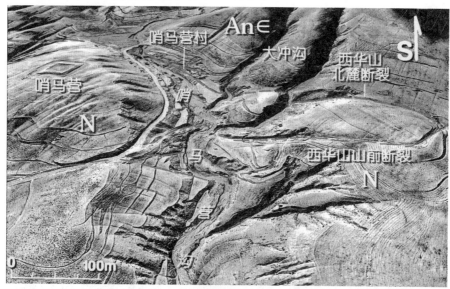

图 3.2-77　哨马营沟西华山北麓主断裂和西华山山前断裂地震形变带卫星影像图

值得注意的是，很多研究者往往都把注意力集中在西华山北麓断裂带的主破裂带上，而忽视了该区断层北盘新近系近断层处的西华山山前断裂活动，从而把该区的最大水平位移值遗漏了。对一个地区的地震形变进行识别，首先进行宏观分析研究很有必要。

从图 3.2-78 中可以看出，该区地震断层形变带分为两组。一组为北西西—南南东向的西华山山麓断裂和西华山山前断裂，这两条断裂以左旋走滑特征为主。此外还发育一组夹于上述两条北西西向断裂之间的近北东向的次级形变带，它们靠近主断层发育，具有张性为主的形变性质，以规模较大的北东向张裂缝为特征。

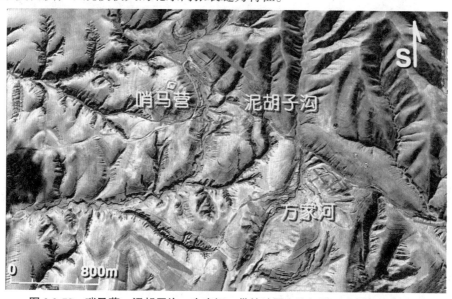

图 3.2-78　哨马营、泥胡子沟、方家河一带的地震左旋扭错形变带卫星影像图

这种构造组合的力学结构特征，与左旋水平扭错槽地的特征相似，也是断裂左旋扭错的结果。这样较大幅度的左旋扭曲，说明地震形变的范围较大，活动强度更强。

(1) 哨马营东侧的北西西向西华山北麓主断裂左旋水平位移地震形变带。

该组地震形变带为西华山北麓北西西向主破裂面，具有明显的左旋走滑特征，表现为垄脊、压性陡坎和一系列沟谷的左旋错移。哨马营东侧的地震形变带分布如图 3.2-79 所示。一系列小冲沟被北西西向主破裂带左旋错断，左旋水平位移值一般 6 ~ 8m。

其中，哨马营东南约 340m 处，两条小冲沟及其间的黄土梁在 1983 年考察时用皮尺量得水平左旋错移 8.2m，形成一个小断塞塘和断头沟。在哨马营村东南 800m 处，用皮尺量得两条小冲沟的水平错距分别为 6m 和 6.2m，而垂直位移不足 1m。哨马营村东南约 500m 分水岭东坡处黄土梁的水平错距达到 8m。

哨马营所在的山丘被称为营盘山。据史料记载，山顶有宋代营垒遗址，是宋军驻防营地和侦察西夏军情的哨所，面积十几亩。营盘山位于西华山的北麓，是海原断裂带北盘新近纪红色地层组成的山麓丘陵地带（图 3.2-79）。

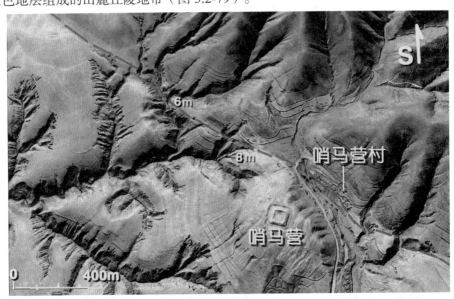

图 3.2-79　哨马营东北西西向主破裂带左旋水平位移地震形变带卫星影像图

哨马营村位于营盘山的西侧，哨马营沟的西岸，正好位于海原断裂带的主破裂带上。地震断层形变带从村中穿过，照图 3.2-80 中地震断层形成的陡坎仍清晰可见。由于地震形变带上陡坎下降盘水位较高，沿带柳树成荫。

海原地震断层的一条破裂形成的陡坎，正好从一棵古柳树根部旁边穿过，将这棵古树左旋撕裂为两半，至今仍健壮地活着，使之成为海原地震遗留的重要文物之一。图 3.2-81、图 3.2-82 中树后面为地震形成的高 2 ~ 3m 的陡坎。

哨马营村西两条大冲沟被北西西向西华山北麓断裂的主破裂面同步左旋错移（图 3.2-77、图 3.2-79），尤其引人注目的是，两沟的左旋水平错距分别为 45m 和 55m。海原大地震左旋位移叠加其上，由于沟中新鲜错移面不太清晰，未能获得海原大地震位移数据，估计该处的左旋水平位移值与哨马营村东南 340m 处小冲沟错断的断距 8m 相当。

图 3.2-80　哨马营村地震陡坎及前缘扭错槽地照片

（环文林摄于 1983 年）

图 3.2-81　哨马营村古树被地震左旋错动劈为两半照片（1）

（环文林摄于 1982 年）

(3) 哨马营以西的北西西向西华山山前断层左旋水平位移地震形变带。

在哨马营村西北，西华山北麓主断裂以北，西华山山前断层带由两条走向北西西和近东西向地震破裂带组成（图 3.2-83）。从图中还可以看出，分布于新近纪地层中的哨马营大沟，被这两条近东西向西华山山前断层破裂面左旋错断。

图 3.2-82　哨马营村古树被地震左旋错动劈为两半照片（2）
（环文林摄于 1983 年）

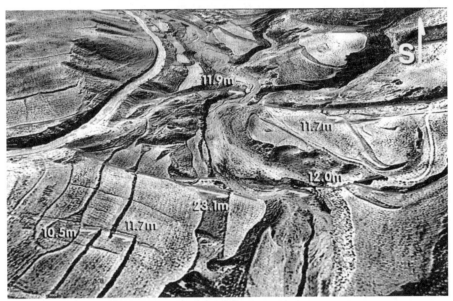

图 3.2-83　哨马营沟附近的东西向地震形变带左旋水平位移大比例尺卫星影像图

　　其中北面一条破裂面，在哨马营大沟左旋扭曲大拐弯处，哨马营沟左旋错移 60m。河床东侧的三级阶地左旋错移达 23.1m。该断层破裂带向西穿过沿断层方向分布的东西向河床，在河床中全新世河床冲积物形成长达 60m、高 1 ～ 1.5m 的陡坎。西侧的河岸阶地被左旋错移，从河床陡坎上留下的深色新鲜错移面上量得水平错距为 12m（图 3.2-83）。值得注意的是，该阶地左旋错移后，在河床陡坎西部新鲜错移面处还有泉水出露（冬季的卫星影像图上泉水被冻结成白色的冰清晰可见）（图 3.2-84）。

　　南面另一条近东西向地震破裂带，将哨马营河东侧一级阶地错移 11.9m，在河床西岸的阶地上，形成高近 1m 的断层陡坎（图 3.2-83）。

同一条破裂面在河西岸二级阶地上形成 1 ～ 2m 的陡坎，一条小冲沟垂直穿过陡坎，被破裂带错断，形成断头沟，断尾沟水平错距 23.4m、11.7m（图 3.2-85）。该断点在大比例尺的卫星影像图上显示得更清晰（图 3.2-85），1 条小冲沟在陡坎下左旋水平错移 23.4m。陡坎下的新沟再次被两条新的破裂面错断，左旋水平错距分别为 11.7m 和 10.5m。

另外在北面那条近东西向破裂带的北面，河东岸三级阶地上两条近南北向的田埂也可能被左旋错移 10.5m 和 11.7m（图 3.2-83）。

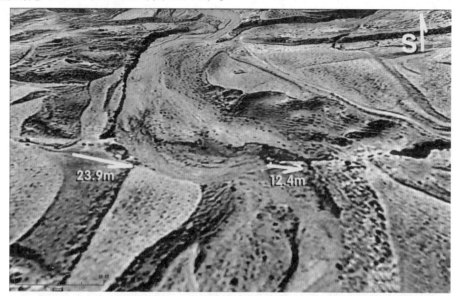

图 3.2-84　河床陡坎西部阶地新鲜错移面处有泉水出露大比例尺卫星影像图

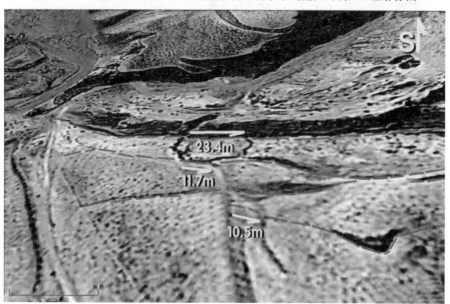

图 3.2-85　一条小冲沟被地震破裂带三处错断水平错距分布卫星影像图

根据以上数据分析，确定哨马营西哨马营河阶地海原大地震左旋水平断距为 12m 是合适的。

(4) 哨马营附近北东向张裂缝。

哨马营—方家河一带，形变带内除了上述北西西和近东西向左旋走滑破裂面之外，还发育一组走向为北东向的地表形变带。该形变带规模较小，具有张性的构造特征，形成长十几米至几十米的张裂缝（图 3.2-86），有的地段后期经雨水冲刷形成大冲沟。

图 3.2-86　哨马营—方家河一带北东向张裂缝形变带照片
（环文林摄于 1984 年）

(5) 方家河村西南山坡上的地震形变带。

方家河西侧地震形变带的特征与哨马营盆地相同，除北西西、近东西向西华山麓主破裂以左旋走滑外，在北盘的第三系中也发育西华山山前的北西西向的左旋走滑形变和北东向张裂，两者相互错列，组成左旋走滑性质的网络状左旋扭错构造（图 3.2-87）。

图 3.2-87　方家河村西南山坡上的地震形变带分布图卫星影像图

在方家河村西南山坡上，北西西向主破裂带把一系列密集的小沟错断，由于小沟分布密集，难以确定位移数据。向西为 200m 长的地震左旋扭错槽地。该槽地的西端为一大冲沟，破裂带从沟的顶端穿过，将冲沟底部错断，左旋水平错距 11m。扭错槽地两侧分布有许多北东向的张裂缝，尤以北侧规模较大并伴有左旋水平运动。方家河村南坡脚由于重力滑塌形成多级张性陡坎。

3. 石卡关沟大幅度左旋水平位移地震形变区

方家河地震形变区向西进入石卡关沟地震形变区。该区与哨马营—方家河网络状左旋扭错构造不同，地震断层带主要沿南西华山北麓断裂分布，结构单一，地震断层的左旋走滑形变更加明显。自西向东有黄土垠左旋错断、五个小水沟左旋错断（五小沟错断）、六个小冲沟断塞塘错断（六小冲沟错断）、石卡关沟主破裂带、扭错槽地等主要断点区（图3.2-88）。

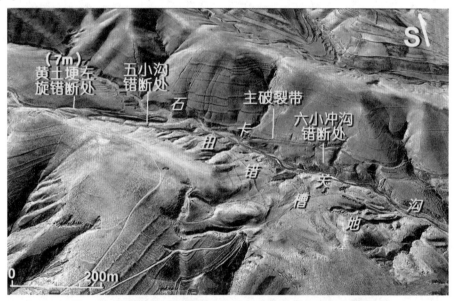

图 3.2-88　石卡关沟地震断层及主要断点分布位置卫星影像图

(1) 石卡关沟东黄土垠错移 7m。

由方家河向西越过分水岭，岭之西坡接近石卡关沟处一个顺断层走向分布的黄土垠被地震左旋错移成两半，形成两个被错移的月牙面，左旋错距达 7m（图 3.2-89）。

(2) 石卡关沟东侧新近系小山丘南侧五个小水沟左旋错断。

上述黄土垠左旋错断处的西侧，是五个小水沟地震错断区，该地震断层沿西华山北缘断裂带分布。断层以北是新近系，以南为前寒武纪地层分布区。第三系小山头南侧的几条小水沟向南延伸到该断层后，同步被断层左旋错断（图 3.2-90），自东向西左旋水平错距为 8m、10m、10m、11m、8m，最大错距 11m。

图 3.2-89 石卡关沟东黄土埂地震左旋错移照片
（环文林摄于 1983 年）

图 3.2-90 石卡关沟东侧五个小水沟左旋错断卫星影像图

(3) 三个小冲沟（断塞塘）左旋错断。

地震断层继续向西延伸，穿过石卡关沟，进入沿石卡关沟分布的地震断层形变带。在石卡关沟段，南西华山北缘地震断层形变带由三部分组成：主破裂带、错断三个断塞塘的六个小冲沟破裂带（6 个小冲沟中，2、3、4 号小冲沟形成断塞塘）和左旋扭错槽地带。整个地震形变带宽达 150 ～ 200m（图 3.2-91）。

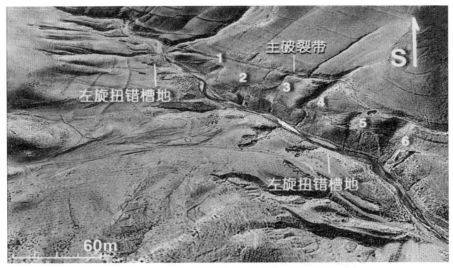

图 3.2-91　石卡关沟地震断层破裂带卫星影像图

把卫星影像图转个角度，从正面看，分布情况更加清晰，主破裂带位于石卡关沟南侧山坡上，其下是业界研究最多，著名的错断三个小冲沟断塞塘的破裂带（2、3、4 号），石卡关沟北岸为新近系中的左旋扭错槽地（图 3.2-92）。

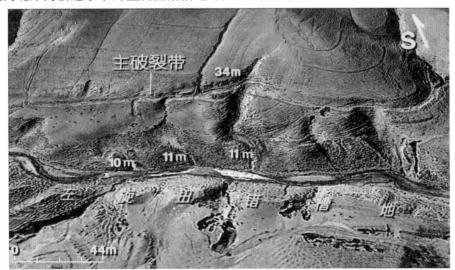

图 3.2-92　石卡关沟主破裂带和三个小冲沟断塞塘左旋错断大比例尺卫星影像图

对于这三个小冲沟错断形成断塞塘的破裂带，中国地震局和宁夏地震局等有关单位的研究者已做过多次详细研究。地质研究所还用平板仪量得水平断错幅度为 9.2m、10.2m 和 10m。中国地震局地质研究所和宁夏地震局（1990 年，在《海原活动断裂带》专著中对上述工作做了总结描述："在石卡关沟南侧，三条相距约 50m 的小冲沟被 1920 年地震破裂左旋位错，并在错断处的断层南侧分别形成三个断塞塘，横列于地震断层南盘。"

1983—1984 年我们在这里考察时，用单反相机拍摄到这三个小冲沟断塞塘同步左旋错移和其上主破裂带上断层陡坎的珍贵照片（图 3.2-93 至图 3.2-96）。照片中清晰地呈现出三个小冲沟同步左旋水平错断并形成三个断塞塘的全貌。

　　图 3.2-93 从侧面清晰地反映出三个断塞塘同步左旋错断，照片左下角为石卡关沟东北侧新近纪地层中形成的地震左旋扭错红色槽地的一部分，可以看出近断层处已被石卡关沟洪水冲刷破坏。

　　图 3.2-94 ~ 图 3.2-98 则是从正面拍摄的上述小冲沟断塞塘错断及主破裂带。

　　1983—1984 年考察时也对这三个小冲沟断塞塘做了详细研究。在西侧较完整的 4 号小冲沟断塞塘处，用皮尺量得左旋水平错距为 11m，另外两个断塞塘的位移值也大致相似（图 3.2-92），与其他研究者的结果相近。

　　从照片上还可以看出，三个小冲沟断塞塘的上方还有一条规模更大，线性延伸更长的地震破裂带，我们称它为主破裂带。该破裂带海原大地震时形成的新鲜的高达 2 ~ 4m 的地震断层陡坎清晰可见（图 3.2-97、图 3.2-98），沿主破裂带出露的泉水，给下游三个断塞塘的形成提供了足够的水源条件。该主破裂带把一条小沟左旋水平错断，形成断头沟和断尾沟，左旋水平错距 34m（图 3.2-92）。这个数值反映出该破裂带除海原大地震外，还经历过更早期的两次古地震活动。

图 3.2-93　石卡关沟三个小冲沟同步左旋错断及断塞塘侧视照片
（环文林摄于 1983 年）

图 3.2-94　石卡关沟第 2、3 号小冲沟断塞塘错断及主破裂带正视照片
（环文林摄于 1984 年）

图 3.2-95　石卡关沟第 3、4 号小冲沟断塞塘错断及主破裂带正视照片

（环文林摄于 1984 年）

图 3.2-96　石卡关沟第 2、3、4 号小冲沟断塞塘错断及主破裂带正视照片

（环文林摄于 1984 年）

图 3.2-97　石卡关沟三个小冲沟断塞塘上面的主破裂带照片

（环文林摄于 1983 年）

图 3.2-98 石卡关沟三个小冲沟断塞塘上面的主破裂带近照

（环文林摄于 1984 年）

(4) 石卡关沟西南侧六个小冲沟左旋错移。

从本区卫星影像图（图 3.2-99）中可清晰地看出，除上述前人发现的三个小冲沟断塞塘外，它的东侧还有一个，西侧还有两个小冲沟也被错断。也就是说，应该有六个小冲沟被地震断层左旋错断。图中用编号 1～6 命名这六个小冲沟。

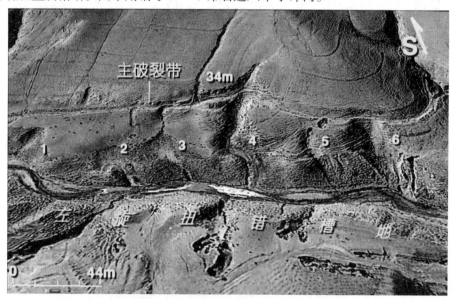

图 3.2-99 石卡关沟地震左旋扭错槽地和六个小冲沟左旋错断正面图

将卫星影像转个角度，从正面看上述六个小冲沟的左旋错动更加清晰。图中第 2、3、4 号沟左旋错断并形成断塞塘的小冲沟，是前述前人研究得最多的三个小冲沟断塞塘。在卫星影像图上，测量得到的错距为 11m 左右（10.1m、11.1m、10.9m）。该数据与 1983 年考察时我们用皮尺量得的数据基本一致，与地质研究所用平板仪测量的数据（9.2m、

10.2m 和 10m）相差也在 1m 之内，基本上为同一量级。

最东面的 1 号沟被后期石卡关沟雨水冲刷破坏，西侧第 5、6 号沟直接被断层错断，没有保留断塞塘，下游沟体被错断，形成断头沟。其中第 5 号冲沟处可看到两条断头沟，两条断头沟左旋水平错距分别为 10.5m 和 19.6m；第 6 号冲沟处有三条断头沟，西侧两条断头沟较老，东边一条断尾沟较新，还有泉水流出冻结成白色的冰，三条断头沟错距分别为 11m、19.7m 和 30 m，显然西侧较老断头沟是由早期与海原大地震同等量级的地震所形成的。也就是说，第 5 号和第 6 号沟除海原地震活动外，还分别经历过 2 次和 3 次与海原大地震同等量级的古地震活动，由于古地震活动时间距今久远，断塞塘等微地貌特征已经消失（图 3.2-99）。

(5) 石卡关沟段西华山北麓地震断层主破裂带的向西延伸。

石卡关沟段的地震形变带并不只限于上述研究者提出的三个小冲沟断塞塘的左旋错动破裂带，在其上 50m 的山坡上那条更大的陡坎，也是海原大地震地震断层形变带的一部分，本书将其称为主破裂带（图 3.2-100）。

该主破裂带沿石卡关沟西侧山坡向北西西方向延伸，破裂规模较大，在地表形成 2 ~ 5m 高的陡坎，线性特征明显，向西一直延伸至干盐池北麓都没有间断。破裂带经过之处所有山沟、山脊等全部左旋错断，具有明显的左旋走滑的特征（图 3.2-100）。

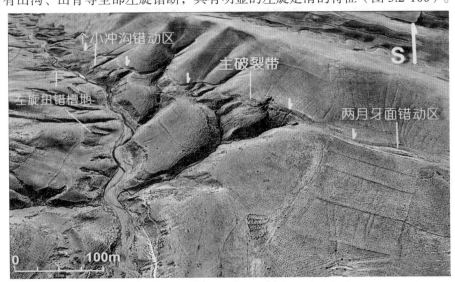

图 3.2-100　石卡关沟段西华山北麓地震断层形变带分布图

(6)石卡关沟段地震破裂带发育程度不同的两种类型。

成熟型地震断层：断层规模较大，线性特征明显，水平和垂直位移幅度较大，反映地震破裂带上除本次海原大地震外还经历过多次古地震活动，山脊水系较大幅度错断，形成断头沟和断尾沟，断层错断处显示错断标志的断塞塘等微地貌已消失，如本区的主体破裂带。

年轻型地震断层：断层规模较小，线性特征不明显，一般只经历过一次大地震，水系错动形成的断塞塘等微地貌标志还能保存完好，如本区的三个断塞塘破裂错断带。

(7) 石卡关沟北侧地震左旋扭错槽地。

从卫星影像图（图 3.2-101）上可以看出，石卡关沟地震断层形变带上除上述两条地震破裂带外，沿石卡关沟东北侧新近系红色地层中还展布着一条很宽的地震扭错槽地，平面形态呈凹槽形并伴有北东东—南西西走向的张裂缝，沟边有串珠状分布的泉水，展布方向与形变带一致，左旋扭错行槽地宽为 100 ～ 150m。

通过以上研究结果可以确定，石卡关沟段地震断层的左旋走滑水平位移值为 11m，地震断层形变带的总宽度为 200 ～ 250m。

4. 万泉水东南大梁子左旋走滑兼张性地震形变

从石卡关沟西到红岘子，地震断层分布在一个北西走向的大梁子的北坡上，断错冲沟、山脊仍很明显。与上述各区不同的是，断层的西华山一侧开始下降，所形成的陡坎均为与地形坡降相反的"反向陡坎"（又称"倒陡坎"），预示着从这里开始西华山将逐渐由上升转向下沉，最终沉没于干盐池盆地之下。

该段的几个重要破裂点位置标于图 3.2-101 上。其中，以万泉水东南石卡关沟六个小冲沟西 600m 处的黄土梁错动形成的月牙面最为突出。

图 3.2-101　石卡关沟到红岘子几个重要破裂数据点位置图

(1) 小山包大幅度左旋错移形成的两个平缓月牙面。

石卡关沟六个小冲沟西 600m 处北北西走向的黄土梁，被两条平行的北西西走向的破裂面左旋错开，形成两个非常典型的相互左旋错列的平缓月牙面。两个月牙面之间为一条宽约 5m 的条形凹地，两个月牙面顶点之间的视距离达 16 ～ 18m，扣除地形自然走向的影响，错距估计为 12 ～ 13m。

1983 年我队考察时把它定为 B 类数据。由于该月牙面顶部平缓，参照点难以确定，错距未能直接量出。但是我们当时拍摄到了这两个月牙面错断的照片（图 3.2-102）。照片显示水平左旋错移非常典型。从月牙面南侧宽达 30 余米的地面看，绿色长草的小沟被多条破裂面左旋扭错并明显变形，可见这里断层水平错移的影响范围很宽。

　　照片中的小山包被地震断层左旋错断，形成两个错列的月牙面，北侧的月牙面高达2m以上，在西华山一侧下降，形成反向陡坎，典型地反映了当地的地震形变特征，是一张非常珍贵的照片。

图 3.2-102　万泉水东南小山包左旋错移形成的两个平缓月牙面

(环文林摄于 1984 年，镜头向北)

　　为了查清该剖面的左旋水平位错量，本书编写时找到了该地分辨率较高的卫星影像资料，将两个弧形月牙面的起始点作为参照点，量得水平位移为 11m。这一结果与距此600m 远的那 6 个小冲沟的水平位移值完全一致。

　　(2) 红岘子西南主破裂带左旋兼张性反向断错陡坎的形成。

　　从石卡关沟西到红岘子一带，形变带水平运动特征仍非常明显，错距很大，特别是前述两个 11m 左旋水平错距的月牙面，反向垂直错距开始出现且逐渐加大。

　　值得注意的是，垂直错动的方向和性质发生了改变。在此以东，垂直错距是南侧西华山上升，断层北侧下降，断面南倾垂直错动形成的陡坎为压性逆断性质。在此以西，垂直错动的方向逐渐变为断层北盘上升，断层南盘下降。由于断面仍为南倾，所以陡坎性质逐渐变为张性正断性质，从而形成一系列明显的与地形走势相反的反向断错陡坎。由此可以看出，这一地区地震断层活动已由东部的左旋走滑压剪性质，逐渐变为左旋走滑张剪性质的地震形变现象。

　　从图 3.2-102 上可以明显看出，断层陡坎已变为北升南降的与地形坡降相反的反向陡坎。这是走滑断层主体走滑段向端部张性断陷段过渡地段的固有典型特征。

　　关于红岘子东南的反向陡坎，在我们 1983 年考察时拍摄的照片（图 3.2-103 和图 3.2-104）上，可以看到几条小山脊发生了明显的左旋错断并形成与地形反向的反向陡坎，当然这些大幅度上升的陡坎是晚更新世以来多次断裂走滑运动的结果。

图 3.2-103　红岘子西南北西西向左旋兼张性反向断错陡坎（1）

（环文林摄于 1984 年）

图 3.2-104　红岘子西南北西西向左旋兼张性反向断错陡坎（2）

（环文林摄于 1983 年）

　　这在 1983 年考察时，我们在现场绘制的反向陡坎素描图上显示得更加清楚（图 3.2-105）。在陡坎的转折处，可以看到最新一次错动的新鲜断面，在 A—A 处量得左旋错距仍为 11m。

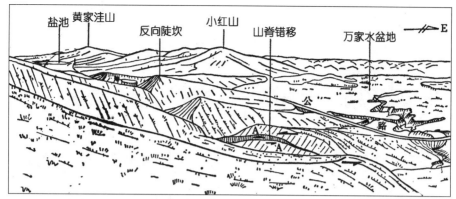

图 3.2-105　红岘子西南北西西向左旋兼张性反向断错陡坎素描图

（环文林、葛民等，1987 年）

3.2.7　地震断层带西段——张性垂直断陷形变段

1. 小红山南麓新生阶梯状断陷

南西华山北麓次级地震断层带沿红岘子南侧的大梁子北坡逐渐下山，进入干盐池盆地的北缘，沿小红山南麓分布断层仍为南倾，南盘西华山快速下降，并逐渐倾伏于干盐池盆地之下，断层性质也由主体走滑段的左旋走滑性质逐渐转化为张性正断层性质。

该段地震形变带分布于干盐池盆地的北缘，然后沿着盆地东北缘展布于小红山的南麓，呈阶梯状张性断陷性质（图 3.2-106）。考察发现，红岘子西北一横穿阶梯状断层陡坎的石砌田埂有五处被多个破裂面错断，总水平错距 4.7 m，总垂直错距 3.3 m。红岘子至邵庄东南之间走滑位移已逐渐减小，垂直位移明显增大。

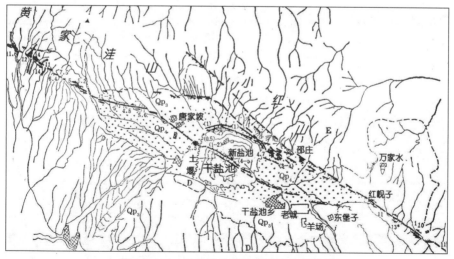

图 3.2-106　干盐池盆地地震形变带分布图

（环文林、葛民等，1987 年）

地震断层带延至邵庄附近水平位移逐渐消失，被张性的垂直断陷所代替。在小红山南麓地震形变带已转变为张性正断为主，表现为多个破裂面的阶梯状张性断陷，北高南低，总体走向为 N 60° W。

最北面的一条破裂面穿切了山前的所有冲沟和洪积扇（图 3.2-107），在小红山的西端消失；另一条由北西走向逐渐转成近东西向，继续向西延伸。

图 3.2-107 邵庄东南陡坎穿切山前的所有冲沟和洪积扇
（环文林摄于 1983 年）

在邵庄西北，小红山前沿地震形变带进入盆地，张性形变带规模逐渐变大，由七八条张性破裂带平行排列，每一条破裂陡坎垂直断距一般都小于 1m，最大的可达 1.5m，总垂直断陷达 7 ~ 8m（图 3.2-108、图 3.2-109）。

图 3.2-108 小红山前沿干盐池盆地北缘的阶梯状张性断层陡坎
（环文林摄于 1984 年）

图 3.2-109 邵庄西北干盐池盆地北缘的阶梯状张性断层陡坎
（环文林摄于 1983 年）

这些阶梯状断陷中，有的地段形成了地堑型的凹陷构造。在这些小地堑内地表土层被震得支离破碎，两侧有许多地裂缝（图 3.2-110）。

图 3.2-110　邵庄西北干盐池盆地北缘地堑型的张性断陷构造

（环文林摄于 1983 年）

据邵庄 75 岁老人曹占胜介绍："地震时村中房屋都倒了，我家的麦场裂了个大口子，麦堆和磙子都掉入裂口里。"（图 3.2-111）

继续向西，到新盐池西北，地震陡坎沿湖岸分布，北高南低，高差约 1m。据曹占胜老人回忆，震时地表冻土被顶起，形成这条人字形坎子，当时也有近一房高，人可以从下边钻过去。考察中老人带领我们看了当年现场（图 3.2-112）。

图 3.2-111　邵庄西北干盐池盆地北缘的张性大裂缝

（环文林摄于 1984 年）

图 3.2-112　干盐池盆地北缘地表冻土层被顶起，形成人字形坎子残留的土梁照片
（环文林摄于 1983 年）

我们分析，这种现象可能是阶梯状张性陡坎使表土层向下滑动，滑至盐湖边冻土层分布处受阻而拱起造成的。在盐湖的西北隅，陡坎带从一条冲沟口形成的洪积扇后缘穿过，然后向西南拐折，从现在的盐场北侧通过，然后消失。

由此可以看出，红岘子以西形变带的垂直位移幅度逐渐加大，在邵庄附近已达 4m 以上，往西还将继续加大；而水平位移量却急剧减小，由红岘子以东的 8～11m 减至 3～4m，到盐湖附近水平位移几乎为 0，不易观察到，以垂直位移为主。

以上结果显示，南西华山北麓 1920 年海原 8.5 级大地震形成的地震形变带西段的张性断陷运动，使干盐池盆地相对于北面的小红山南麓断陷了 7～8m。

干盐池盆地北缘断层位于南西华山段地震左旋走滑断层带的西端，具有明显的走滑断层端部张性断陷的特征。

2．干盐池老城被海原大地震全城震毁

干盐池乡位于甘肃、宁夏交界处，是海原去靖远的必经之路。这里早在地震以前就是该区的经济贸易中心，古丝绸之路的重要通道，盐业贸易的重镇。

据相关县志记载，这里设有盐税机构，汉唐时期设立了管理盐业的城池，现在称东堡子。以后随经济发展移址于"盐池城"，规模扩大，人口稠密，店铺林立，商贾云集，街道整齐，有庙宇、鼓楼等。外围夯土城墙，东西长 800m，南北宽 450m。盐池所产食盐销往甘宁。1920 年海原大地震，全城被震毁，人畜伤亡。建筑物及地表的破坏，居极震区重破坏区之首。

现在的干盐池镇（盐池乡）位于盐池遗址之西（参见图 3.2-114）。

3.2.8　南西华山地震断层向黄家洼山地震断层扩展贯通构造力学分析

1．黄家洼山南麓地震断层的东端盐池中心新生断层的形成

海原大地震时，在干盐池盆地北缘阶梯状断层陡坎形成的同时，在黄家洼山地震断层带的东端，干盐池盆地的盐湖中心，一条规模更大、活动更强烈的北西西向地震断层形，成，把盐湖从中心切断。在南北两条张性地震断层的共同作用下，盐湖北侧急速断陷，南

半部盐湖湖水涌向盐湖北侧，在北侧形成新盐湖，南侧盐湖湖面干涸，变为陆地（当地人称为干盐池）（图 3.2-113）。

图 3.2-113　盐池湖中心新生地震破裂带的分布卫星影像图

1983 年调查时，当地 80 岁高龄的李生苍老人介绍当年情景时说，震前盐池水多集中在南半部，湖面很大，可以撑船。地震时湖中心突然形成一条一房多高的陡坎，陡坎北侧下陷，使湖水瞬间由南向北涌移，南半部的湖底变成了陆地。

曹占胜老人介绍说："当年盐池中的这条坎子冒黑水，附近干盐池老城中的房屋全被震毁，城墙也多处倒塌。"

2. 干盐池盆地盐湖瞬间断陷，新盐湖形成

干盐池盆地是一个菱形盆地，长轴走向 N60°～70°W，与南西华山段地震断层形变带走向一致，长轴长约 10km，短轴小于 3 km，盐池位于盆地中心，由新、老盐池两部分组成，老盐池位于南侧。1983 年我们考察时，湖水已干涸，湖底覆盖着析出的盐碱并长出青草，从表面看地形平坦。在旧盐池的中心，有一块凹地，并有一条干涸的水道通向新盐湖，可能是旧盐湖的湖水在地震时涌向新盐湖时冲出的通道。旧盐湖的湖面比新盐湖湖面一般高出 2～3m，最高处高差可达 5m，加上湖水深度，该断层的最大落差可达 8m，与干盐池盆地北部阶梯状断陷的幅度相当。可见，新盐湖的断陷是南西华山地震断层北端张性断陷段与盐湖新生断层张性断陷段共同作用的结果。

北盐湖的面积震前只有老盐湖的一半，地震时全部湖水涌入北盐湖，致使湖水向东漫延，新盐湖向东扩展，淹没了盐湖东侧的晒盐场等。现在由于气候多年干旱，湖中地表水逐年减少，主要集中在新盐湖中心，但卫星遥感数据对地下水有一定的透视效果，富含地下水的红色区域，可以清晰反映出新盐湖当年盐湖面的分布情况。可见当年新盐湖的分布面积与南北两条地震断层控制的张性断陷区完全吻合（图 3.2-114）。

图 3.2-114　海原大地震时盐湖强烈断陷，新盐湖形成卫星影像图

　　大地震引起的强烈地层断陷，造成盐湖迁移，成为 1920 年海原大地震的又一重大奇观。

　　作者等于 1983 年现场考察时，测得这条新地震断陷在盐湖西半部陡坎高差一般为 2 ～ 3m，在湖中心最大高差有 5m（图 3.2-115 ～ 图 3.2-116）。从照片中可以看出，新盐池池水已逐渐减少。

图 3.2-115　盐湖西半部新形成的地震陡坎
（环文林摄于 1983 年，镜头向西）

图 3.2-116　盐池湖中心新形成的地震陡坎
（环文林摄于 1984 年，镜头向西）

为了更好地表现卫星影像的立体感，我们把上面盐湖的卫星影像图方向对调，从北往南看，即干盐池在上（南），新盐池在下（北）。这样可以更清楚地看出盐湖中的这条地震断层形成的陡坎的立体图（图 3.2-117）。

从图中还可以看出，除主陡坎外，其南、北两侧还有 2 ～ 3 级平行的小陡坎。这些陡坎高度较小，也呈阶梯状分布。从卫星影像图中可以看出，断陷最高处的陡坎位于新盐湖中部（红色最深处）（图 3.2-118）。

图 3.2-117　盐池湖中心新的地震破裂带断陷幅度最大地段卫星影像分布图

图 3.2-118　盐池湖新的地震破裂带断陷幅度最大地段大比例尺卫星影像分布图

3. 南西华山地震断层向黄家洼山地震断层扩展贯通的构造力学模型

干盐池断陷盆地位于南西华山地震断层西端新生断层与黄家洼山地震断层东端新生断层，左旋左阶斜列分布的端部阶区部位，由两条地震断层端部的张性区共同组成，具有狭长纵向拉分断陷的活动性质，断陷的宽度仅 800 ~ 1000m，在强大的地震动力冲击下，冲破斜列阶区部位的阻碍体使两者贯通，地震破裂继续沿黄家洼山北麓断裂向西北扩展（图3.2-119）。

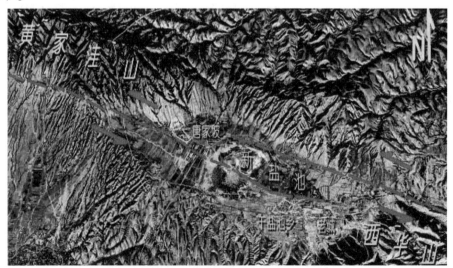

图 3.2-119　南西华山北麓地震断层带与黄家洼山南缘地震断层带扩展贯通构造力学模型图

本书编写之前，石卡关沟三个地震断塞塘的左旋走滑水平错距 11m，已作为海原大地震的最大左旋水平位移值，并确定三个断塞塘所在地为宁夏回族自治区地震文物保护单位。

然而令人遗憾和痛心的是，2017—2018 年间，在西华山大规模修建风力发电站。作为文物保护点的"三个断塞塘"所在的山坡被误用作修建上山公路及相关设施，致使地震遗迹遭到毁坏（图 3.2-120）。相对于文物保护区原貌（参见图 3.2-91 和照片图 3.2-93～图 3.2-97），整个山坡已经面目全非，无一存留。

当年在现场拍摄到的照片如今已成为"绝照"，尤显珍贵。

从这一角度看，本书的出版在某种程度上也具有抢救地震文物的意义。

图 3.2-120　石卡关沟三个小断塞塘文物保护地因建设风电站被毁坏

3.3　黄家洼山南麓次级地震断层带

3.3.1　地质构造背景

黄家洼山自新生代以来强烈隆起，地形相对高差较大，主峰海拔 2666m，沟谷密集，切割较深。山的南麓数十条冲沟自东北向西南流入打拉池盆地，打拉池盆地是一个由东北向西南倾斜、宽十几千米的大洪积扇。

黄家洼山南麓断层总体走向 N 60° W，倾向北东，是一条长期活动的逆断裂带。断层北盘主要岩性为前寒武系变质岩片岩夹片麻岩、石英岩等，断层南盘局部分布有少量侏罗系砂页岩，大部分为第四纪晚更新世地层，冲沟内有全新世砾石层。晚更新世以来，断裂活动性质由先前的逆冲性质转变为大倾角左旋走滑断层性质，一系列冲沟被左旋水平错移，形成非常典型、漂亮的左旋走滑位错地貌。海原地震断层黄家洼山段是该断层的最新活动结果（图 3.3-1）。

图 3.3-1　黄家洼山南麓次级地震断层带分布位置卫星影像图

3.3.2　地震断层概述

黄家洼山南麓次级地震断层带，东南起自宁夏干盐池中部的新生断层带，经唐家坡向西北越过宁夏和甘肃的分水岭，进入甘肃省内后沿黄家洼山南缘断裂分布，西北止于红水河上游阴洼窑一带。总体走向 N 60°～70° W，长 28.8km（图 3.3-2）。

根据地震形变特征的不同，黄家洼山南麓次级地震断层带可分为三段。

东段：干盐池新生地震断层盐湖至西侧挡水堤（土堰）张性断陷段；

中段：挡水堤至红水河口——主体走滑段；

西段：红水河至阴洼窑——挤压隆起段。

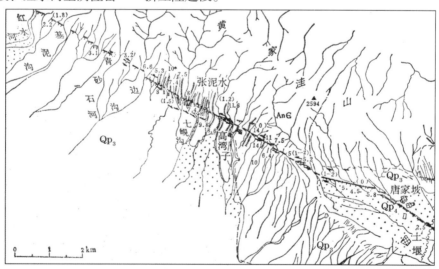

图 3.3-2　黄家洼山南麓次级地震断层带分布图

（环文林、蒌民等，1987 年）

3.3.3　地震断层带东段——张性断陷段

黄家洼山南麓次级地震断层带东段（张性断陷段），就是上小节所述盐池中心新形成的地震破裂带的盐池段，即干盐池新生断裂（红线）（图 3.3-3）。

图 3.3-3　黄家洼山南麓次级地震断层带东段干盐池盆地西部卫星影像图

干盐池中心新形成的地震破裂带向西北延伸，与黄家洼山南麓次级地震断层带相贯通，实现了地震断层带由南西华山北麓次级地震断层带向黄家洼山南麓次级地震断层带的向西扩展贯通（图 3.3-4）。

图 3.3-4　黄家洼山南麓次级地震断层带东段张性断陷段卫星影像图

为了更清晰地显示地震断层东段（盐池新生断层张性断陷段），选用较大比例尺卫星数字影像图（图 3.3-4），从中可以看出，黄家洼山南麓次级地震断层带的东段位于盐池盆地中部，从新老盐湖之间穿过。东起盐池故城北（老城遗址以东），向西延至盐池西侧南北向挡水堤，总体走向 N 70°W，垂直位移 3 ~ 5m，全长 7km。

1984 年考察时，我们从盐湖北面向南拍得盐湖中心新形成的地震断层陡坎的分布情况（图 3.2-115、图 3.3-5），通过镜头，可以看到盐湖地震断层陡坎分布的壮观景象（图中红色箭头所示）。该断层陡坎向西北唐家坡一带延伸。

干盐池以西张性正断层陡坎高度逐渐变小，水平位移逐渐出现。干盐池和唐家坡之间公路拐弯处，在公路西侧有一条近南北向的挡水堤，纵贯干盐池盆地南北，在盐湖地震断层陡坎与这条土堰交叉处，左旋水平位移开始出现，使土堰错断成一个豁口，豁口两侧的挡水堤被左旋错移了 2.5m，垂直高差 0.5m（图 3.3-6）。

图 3.3-5　盐池中心地震断层张性陡坎远眺
（环文林摄于 1983 年，镜头向南）

图 3.3-6　干盐池和唐家坡之间一挡水堤被错断照片
（环文林摄于 1983 年）

曹占胜老人说，这条土堰震前就有，修筑的年代很早，是为了保护老盐湖的盐场而修的。地震时土堰被震开一个缺口，陡坎就从这里穿过，一直向西延伸至唐家坡，此缺口即土堰豁口。一条简易小公路从这里向西拐弯，据说公路的这一段经常塌陷，可能与这条陡坎破裂带有关。至此，陡坎高度逐渐变小，水平位移逐渐加大。

3.3.4　地震断层带主体走滑段东段地震断层和最大水平位移新发现

黄家洼山南麓次级地震断层带，从近南北向挡水堤以西进入主体走滑段，以左旋水平走滑为特征，一系列山脊水系同步错断。

为了更清楚地显示这一特征，本节选用该区最清晰的卫星影像图（图 3.3-7）。图中可见一系列山脊水系同步左旋水平错移，显示了黄家洼山南缘断裂的左旋走滑特征，成为海原大地震断层带上左旋水平断错地貌最典型，也是最漂亮的地段。

主体走滑段又分为三段：唐家坡田埂错断段、新发现的干盐池盆地西部和分水岭地震断层带、黄家洼山南麓地震断层带。

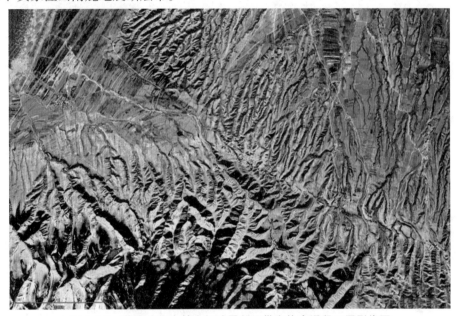

图 3.3-7　黄家洼山南麓次级地震断层带主体走滑段卫星影像图

1. 唐家坡西十几条石田埂被左旋错断

挡水堤至唐家坡分布了十几条近北北西向的石砌田埂（图 3.3-8）。据前人调查考证，这些石砌田埂修建于清朝雍正年间（公元 1723—1735），海原地震后被水平错断。

干盐池以西挡水堤至唐家坡的田埂错动，最早是李玉龙等人在 20 世纪 70 年代初调查时，访问当地群众后发现的。"有十几条石砌田埂被海原大地震水平错断，错距约达 2m，方向为反时针扭错"。

环文林、葛民、万自成、柴炽章等人于 1983—1984 年在这一带现场调查时，也对 13 条石砌田埂的水平位移进行了测量，自东向西错距为：2.0m、3.6m、5.0m、6.0m、3.9m、3.1m、4.75m、4.6m、4.0m、7.5m、4.0m、3.15m、5.8m、2.5m、3.8m。有的田埂被多条平行的破裂面依次错断，测得左旋水平错距 3 ~ 8m 不等。图 3.3-9 至图 3.3-12 给出了现场考察时拍摄到的唐家坡西垂直形变带左旋错断石砌田埂的一组照片。

图 3.3-8　盐池至唐家坡地震断层分布图

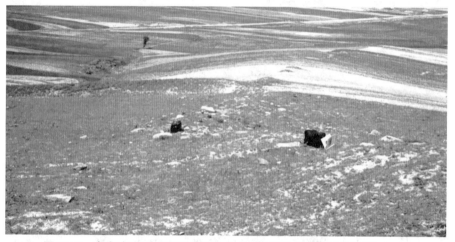

图 3.3-9　唐家坡西垂直于形变带的 13 条石砌田埂被左旋错断照片（1）

图 3.3-10　唐家坡西垂直于形变带的 13 条石砌田埂被左旋错断照片（2）

图 3.3-11　唐家坡西垂直于形变带的 13 条石砌田埂被左旋错断照片（3）

图 3.3-12　唐家坡西垂直于形变带的小沟左旋错断照片
（环文林摄于 1983 年）

2．干盐池盆地西部三条左旋地震断层形变带的新发现

干盐池盆地西部已进入黄家洼山南麓，这里气候干旱，海拔高达 2000m 以上，几乎没有人烟，因此未见前人到这里考察地震断层的报道。前人认为"干盐池地震断层形变带在唐家坡以西逐渐消失"。

我们 1983 年的考察就是要填补这段空白。经考察，这一段地震断层形变带是从盐湖延伸过来的新生地震断层形变带的向西延伸部分，它们不沿先前断裂分布，也无断裂地貌特征可寻，因此前人都未发现。

在这荒山野岭中寻找地震断层形变带是个难题。这里是宁夏回族自治区和甘肃省之间的分水岭，海拔高达 2300m 以上，最大相对高差达 200m，沟谷纵横，没有人烟，没有道路。

为了填补前人的空白，考察组出发前做了充分的准备。用半年时间在室内进行全线航空照片判读，并据此初编了地震断层形变带分布的尼龙薄膜草图。考察中这个草图帮了大忙。考察组在该尼龙薄膜草图的指引下，沿着地震断层形变带，从唐家坡向西经过一段盆地以后，徒步上山翻越多个山梁和分水岭，到达甘肃境内。

沿途很快找到地震断层形变带的位置，并发现了地震断层形变带的分布规律。如果没有航空照片和尼龙薄膜草图的指引，在这崇山峻岭之中，又没有断层的地质地貌标志，是很难找到这些地震断层的。

经考察，地震断层形变带并没有止于唐家坡，而是继续向西延伸，至盆地西部 2km 后上山，切过一系列山脊后向干盐池盆地和打拉池盆地之间的分水岭方向延伸。从该区域高清卫星影像图（图 3.3-13）上看，地震断层在地表留下的永久形变带的痕迹仍然清晰可见。

唐家坡以西盆地内地震断层不是一条单一的破裂带，而是在盆地的北部、中部和西南部分别有三组破裂带，并向分水岭方向收敛集中。

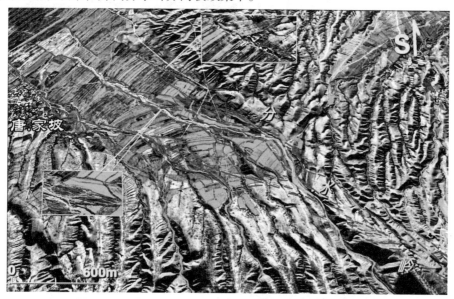

图 3.3-13　唐家坡西至分水岭东坡地震断层分布卫星影像图

(1) 盆地北缘主破裂带。

主破裂带位于盆地北缘，该形变带由两条近东西走向的右阶斜列的破裂带组成，在这两条断裂斜列的阶区部位形成了一个典型的菱形挤压构造区，挤压区内破裂面和其间的地块都严重扭曲变形，显示出了明显的水平左旋扭错特征。

(2) 盆地中部地震破裂带。

主破裂带的南侧是盆地中心的北西西向线性破裂带，现在一条小河沟沿带分布，从大比例尺的卫星影像图中也可以看出它是由一系列梭状或透镜状扭曲挤压体组成。该破裂带的西北端由多条破裂面组成，在端部也形成斜列阶区部分的菱形挤压构造带，长 4500m 以上，宽 50 ~ 200m。其形变性质，应该也是左旋扭曲的结果。

(3) 盆地西南缘地震破裂带。

第三组破裂带位于盆地西南缘，分水岭东侧，以陡坎和裂缝为特征，在盆地中长度接近 3km。西北段为高 1 ~ 2m 的陡坎，东南段为宽 15 ~ 20m 的地震破裂带，至今仍保留完好，图 3.3-13 中的小框图给出了的该破裂带放大图。

以上三组破裂带在盆地的西北角逐渐汇聚，越过分水岭向黄家洼山南缘断裂带方向扩展（图 3.3-13）。

3．分水岭地震断层形变带和最大水平位移的新发现

(1) 分水岭东坡山梁多级左旋错断。

1983 年考察时，我们曾顺着地震断层形变带上山追寻。首先爬上分水岭以东较高处俯视下部的山梁，看到多条宽阔的山梁上地震时形成多条压扭性陡坎，多的山脊上可见三四级，呈大致平行或斜列状分布，具有左旋走滑性质。最先在我们视线的下方发现了山脊被两条破裂面左旋水平错断，水平错距 2m（图 3.3-14）。

图 3.3-14　山脊被两条破裂面左旋水平错动照片

（环文林摄于 1983 年）

(2) 分水岭东坡山脊左旋错断形成的断头沟和断尾沟。

紧接着在西边一个山梁上又发现两个小山脊和其间的山沟被左旋错断，水平错距 5.2m，形成的断头沟、断尾沟和月牙形眉脊错断面清晰可见（图 3.3-15）。在这一带单条陡坎高一般为 0.5 ~ 1m，水平错距为 2 ~ 5m。

图 3.3-15　分水岭东坡山脊和其间的山沟被左旋错断，形成的月牙形眉脊错断面

（环文林摄于 1983 年）

(3) 多条破裂带穿过分水岭。

图 3.3-16 是分水岭东坡的大比例尺卫星影像图，从盆地延伸过来的破裂带分布情况在该图上看得更加清楚。由于没有人为破坏，地震发生至今，留下的永久形变痕迹仍保留得较好，可见海原大地震之强烈。

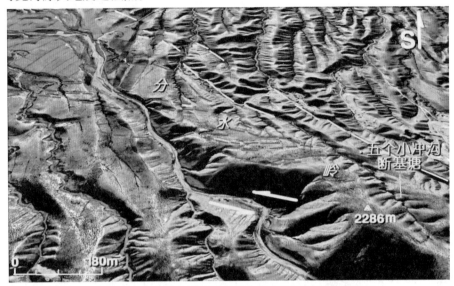

图 3.3-16　分水岭东坡地震断层分布大比例尺卫星影像图

从图中可见，地震破裂带穿过几个山梁后，在大深沟附近盆地中延伸过来的三组破裂形变带，先后穿过分水岭，在分水岭上形成了多达七八条地震破裂带。

这条分水岭被严重扭曲，左旋错移成 3 ~ 4 段，其中最大错移量出现在地震主破裂带穿过处，海拔 2286m 的山梁被左旋错移达 200m，可见是多期活动的结果。

4. 分水岭五个小冲沟左旋水平位移形成的串珠状断塞塘

考察时翻过海拔 2300m 的分水岭，向西望去，眼前看到的地震形变现象使我们万分惊喜。分水岭西坡前寒武纪变质岩的基岩山地内，由于一系列小冲沟的左旋错动，形成了多个整齐排列的串珠状分布的断塞塘。

由东向西测得左旋水平错距分别为 7.5m、6.4m、10m、11m、14m。这些小冲沟形成的串珠状断塞塘见图 3.3-17 至图 3.3-20。

作者早年曾经考察过我国西部多个大地震，只在考察 1789 年四川摩西—康定 8 级地震时，在康定与泸定间的分水岭一带见到过类似现象，但规模远小于本地。可见这种典型的形变现象之罕见。特别是它们没有发生在先前断裂带上，而是沿基岩山地上新生的地震断层发生形变。由此使我们再次感到海原大地震的巨大能量，基岩被撕裂，给人以强烈的视觉冲击力，驱使我们不由自主地拿起单反相机，从不同位置、不同视角拍下了多张照片。这是我们这次考察的重大新发现之一。

图 3.3-17　分水岭西坡一系列基岩小冲沟左旋错动形成的断塞塘群（1）
（环文林摄于 1983 年，镜头向西北）

图 3.3-18　分水岭西坡一系列基岩小冲沟左旋错动形成的断塞塘群（2）
（环文林摄于 1983，镜头向西北）

图 3.3-19　分水岭西坡一系列基岩小冲沟左旋错动形成的断塞塘群（3）

（环文林摄于 1983 年，镜头向西北）

图 3.3-20　分水岭西坡一系列基岩小冲沟左旋错动形成的断塞塘群（4）

（环文林摄于 1983 年，镜头向西北）

考察发现，这些左旋水平走滑形成的断塞塘，以最西面的一个位移幅度最大，也最典型，左旋水平位移 14m（图 3.3-21、图 3.3-22）。

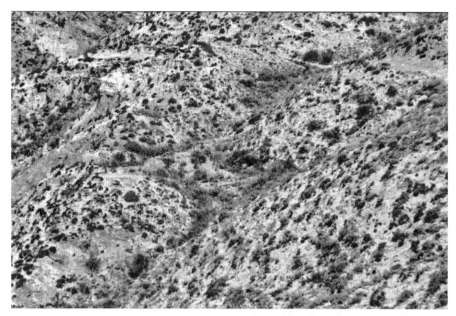

图 3.3-21　分水岭西坡的小冲沟左旋错动形成的典型断塞塘左旋水平位移 14m
（环文林摄于 1983 年，镜头向西北）

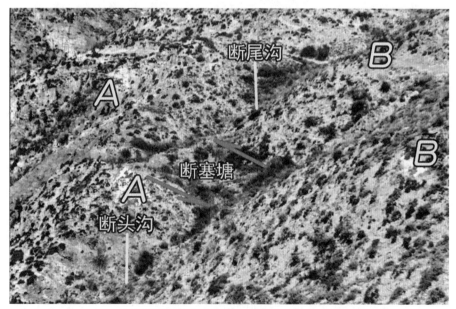

图 3.3-22　分水岭西坡的小冲沟左旋错动形成的典型断塞塘解释图
（环文林摄于 1983 年，镜头向西北）

　　从图中可以看出，冲沟两侧的山脊左旋错移。阻塞上游小沟，水流冲蚀沙石而积水成塘，通常称之为断塞塘。两侧山脊错移，箭头所示小冲沟被左旋错移，上游冲沟成为断尾沟，下游冲沟成为断头沟。其为黄家洼山南麓次级地震断层带的最大左旋水平位移值之一。

5．分水岭西坡山沟和沟间脊大幅度左旋错移

考察队继续向西追索，越过分水岭，在分水岭西坡一带，更大的惊喜又出现在我们眼前：地震断层水平位移的现象更加壮观，多处山脊水系被错断，形成了多处独特的典型的左旋断错地貌。左旋水平位移达到了最大值，最大水平位移达 14m 以上，垂直位移几乎为 0。

为了标明这些典型现象的位置，我们仍选用该区最清晰的卫星影像图（图 3.3-23），并在图上标出地震断层的分布位置和各点的水平位移值。现自东向西详述于下。

顺着分水岭一带的五个小断塞塘继续向西，我们在分水岭西坡惊喜地发现，地震断层穿过两个山梁，将一条北北东向的较大山沟和山脊左旋错移，谷间脊被左旋错开，致使山脊错裂面像一面墙一样堵塞了上游的山沟，完全挡住了我们的视线。在新鲜错动面处量得水平错距 12m（图 3.3-24）。

再向西翻过一个山梁，更大的惊喜又出现在我们眼前。两个冲沟都依次被左旋错移，被错移的谷间脊的错移面规模更大，仍然像墙一样堵塞了冲沟，成为分水岭西坡地震断层形变带的典型特征之一。在这些错动面上，能看出这里前期曾遭受过与海原大地震同等量级的大地震，甚至可以区别出新老两次错动。

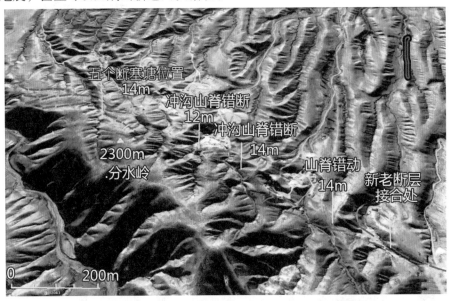

图 3.3-23　分水岭西坡的地震断层形变带分布卫星影像图

图 3.3-25 中错断面右侧深色部分表面已经风化，局部长出草，可以判断是早期大地震留下的错裂面。而左侧新鲜错断面上的侏罗纪黄色砂泥岩地层清晰可见，则为海原大地震时新形成的错断面。在新鲜错断面上用皮尺量得左旋水平位移幅度为 14m。此沟向西一个冲沟也有类似的现象（图 3.3-27）。在图 3.3-24 ~ 图 3.3-26 上都可以看到新旧两期错动面，说明这里除海原大地震外，还经历过一次与海原大地震同等量级的早期地震。

图 3.3-24　冲沟和谷间脊左旋错断使山沟错断，形成断头沟、断尾沟和山脊错断面
（环文林摄于 1983 年，镜头向东南）

图 3.3-25　冲沟和谷间脊左旋错动形成的山脊错断面水平断距 14m
（环文林摄于 1983 年，镜头向东南）

图 3.3-26　冲沟和谷间脊左旋错动使山沟错断，形成断头沟、断尾沟和山脊错断面照片
（环文林摄于 1983 年，镜头向东南）

发现地震形变带的喜悦顿时打消了我们翻山越岭的艰难与疲惫，当时的情景至今仍记忆犹新。

6. 新老地震断层交会处至高湾子大幅度左旋水平走滑形变带

从干盐池延展过来的这条新生的地震断层破裂带，切穿分水岭及西坡的基岩区后，在高湾子沟东约 750m 处进入打拉池盆地南缘，之后与黄家洼山南缘断裂交会（参见图 3.3-23），至此地震断层沿黄家洼山南缘断裂继续向西扩展。

图 3.3-27 为分水岭延伸过来的新生地震断层和黄家洼山南缘断层的会合部位。图中左侧红箭头处为黄家洼山南缘断裂，右侧红箭头处为分水岭延伸过来的新生地震断层，两断层会合后继续沿黄家洼山南缘断裂向西北扩展。

黄家洼山南麓断层为总体走向 N 60° W，倾向 NE 的大倾角左旋走滑断层，海原大地震是该断层最新活动的结果。

图 3.3-27　新生地震断层和黄家洼山南缘断层的会合部位照片
（环文林摄于 1983 年，镜头向西北）

黄家洼山自新生代以来强烈隆起，地形相对高差较大，主峰海拔 2666m，沟谷密集，切割较深。主要岩性为前寒武系变质岩，沿山南麓局部分布有少量侏罗系砂页岩，大部分为第四纪晚更新世地层，冲沟内有全新世砾石层。山的南麓数十条冲沟自东北向西南流入打拉池盆地，形成一个由东北向西南倾斜、宽十几千米的大洪积扇，当地人称之为打拉池盆地（参见图 3.3-1）。

3.3.5　地震断层带主体走滑段西段典型的水平走滑断错地貌

1．高湾子至边沟典型的水系左旋断错地貌

黄家洼山南麓断裂沿着山的南麓切割了一系列密集分布的沟谷和谷间脊，在地表留下了非常典型的水系同步左旋水平扭错的地貌（图 3.3-28）。海原地震形变带是黄家洼山断层最新活动的结果。

1920 年 12 月 25 日海原大地震最大的 7 级余震就发生在黄家洼山地震断层带上。

地震断层向西延伸穿切了一系列大大小小的冲沟，其中较大的冲沟有高湾子沟、张泥水沟、青沙石河、基泥沟、边沟，总体走向 N60°～70° W。最后于红水河东侧急转向北，离开黄家山南缘断裂，以一条新生地震断层向北嶂山北缘断裂方向扩展。

高湾子东新老断层交会处至边沟这段长约 4000 m 的形变带，是海原地震形变带中水系水平错动标志最典型、水平位移幅度大、形变遗迹最好的一段。在卫星影像图上，这段形变带的左旋水平位移的特征十分清晰（图 3.3-28）。

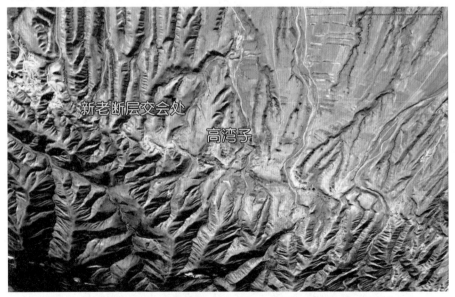

图 3.3-28　黄家洼山南麓地震断层典型的左旋水平断错地貌卫星影像图

2．新老断层交会处至高湾子大幅度左旋水平位移

在这一地区，地震断层沿先前黄家洼山南麓左旋水平走滑断裂带分布，而海原大地震的水平形变叠加在原有的水平位移基础之上，因此必须区分新老位移值。我们考察时（1983—1984 年）距大地震发生虽然已有 60 余年，但好在这里气候干旱，人烟稀少，自然和人为的破坏不大，使海原大地震的破裂新鲜面仍保留完好，所列数据都是在最新一次

新鲜错动面上量得的位移值。

在新老断层交会处到高湾子沟约 750m 的范围内，一系列冲沟和沟间脊被多条左旋左阶斜列状断层同步左旋错动，形成非常典型、非常漂亮的左旋水平位错地貌。较大冲沟水平位移值达 200m 以上，可见这里第四纪晚更新世以来构造运动之强烈。图 3.3-29 中的黄色数字为海原大地震左旋位移值。

图 3.3-30 是在现场拍摄的高湾子东大沟东侧的山脊错动，形成的沟对脊、脊对沟的地形错位地貌。

图 3.3-29　高湾子沟东一系列冲沟同步左旋左阶水平走滑构造卫星影像图

图 3.3-30　高湾子沟东一系列冲沟山脊同步左旋水平位错
（环文林摄于 1984 年）

图 3.3-31 是高湾子牛圈北大沟西侧的阶地错断，水平错距为 14m，垂直错距为 1m。照片中阴影部位为新鲜错断面，照片左上部洪积阶地上的建筑为高湾子季节性牛圈。

类似这种阶地错断现象的如高湾子东大沟阶地错断，水平错距为 14m。另外在这一段上还见到两处山脊错移 18m，但错断面遗迹不够清晰，精度列为 B 类。

图 3.3-31　高湾子牛圈北大沟西侧的阶地错断

（环文林摄于 1983 年）

3. 高湾子沟与张泥水沟之间的左旋水平扭错断陷

高湾子沟以西，张泥水沟东西两侧，地震断层的形变特征与前段有所差异。一系列左旋左阶斜列状分布的次级断层之间的斜列部位较宽，且相近的两条次级断层的水平位移存在差异，导致两者之间形成较宽的张性拉分断陷地震形变带（图 3.3-32）。

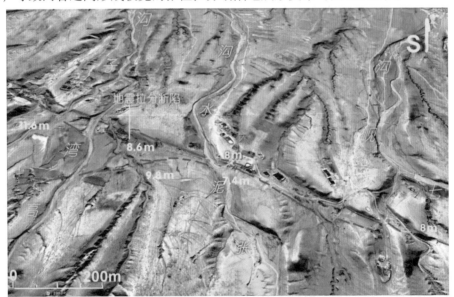

图 3.3-32　高湾子沟与张泥水沟之间左旋水平扭错断陷卫星影像图

其中最典型的为高湾子沟与张泥水沟之间的地震拉分断陷带，该断陷带是黄家洼山南缘地震断层带上规模最大且最为典型的次级左旋左阶斜列走滑断层之间的小型地震拉分断陷带，由多条更次级的阶梯状断层组成。这些断层切割高湾子沟的西支沟，该沟被多条破裂面左旋错断。其中较明显的有：南侧主边界断层切割阶地，水平错距 8.6m；北侧主边界断层切割阶地，水平错距 9.8m（图 3.3-33）。

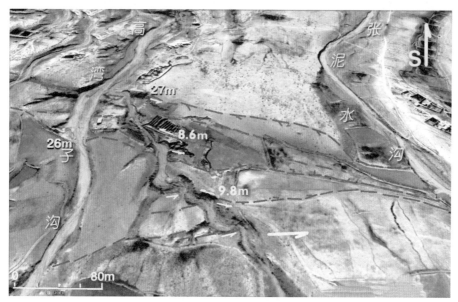

图 3.3-33　高湾子沟西侧水平扭错断陷带大比例尺卫星影像图

图 3.3-34 为高湾子沟西侧上述地震左旋水平扭错断陷带和断陷带南侧边界断层错断阶地的照片。从照片中可清楚地看出，河床被左旋水平整齐切断，河水被迫向东流，陡坎上还保留着被水平错移的新鲜面，陡坎垂直断陷 1.2m，水平左旋扭错 8.6m。

张泥水沟一带也发育左旋扭错形的地震拉分断陷（图 3.3-34）。

图 3.3-35 为张泥水沟东西两侧左旋水平扭错断陷远眺照片。

图 3.3-34　高湾子沟西侧地震左旋扭错断陷和南侧边界断层错断阶地照片
（环文林摄于 1983 年，镜头向西）

图 3.3-35 张泥水沟东西两侧左旋水平扭错断陷远眺照片

（环文林摄于 1983 年，镜头向东）

4. 张泥水沟至边沟一段水系和山脊的左旋同步扭错

张泥水沟、七岘沟至边沟一段，水系和山脊的左旋扭错也很清楚。卫星影像图图 3.3-36 中给出了 1984 年考察时实测到的位移值。由此向西到七岘沟东西两侧，形变带内的所有冲沟和谷间脊均呈 S 形拐折，左旋走滑特征十分明显。图中所示七岘沟东侧三个漂亮的小冲沟和沟间脊同步左旋错移，错距自东向西分别为 8m、7.5m、7.4m。

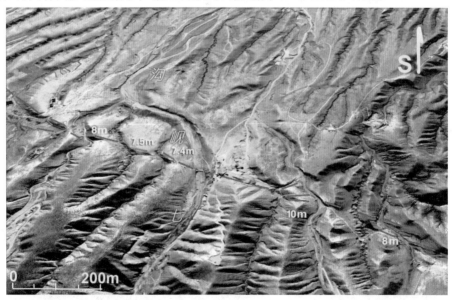

图 3.3-36 七岘沟东西两侧左旋水平走滑形成的山脊和水系同步错断卫星影像图

七岘沟东侧则以山脊左旋错动为特征（图 3.3-37 至图 3.3-39），其中七岘沟西第二个小山脊被三条断层切割，总错距估计约 10m。由于未能直接量出，水平位移统计表中列为 B 类。

从图 3.3-39 中可看出大角度的断层剖面，上盘为前寒武系变质岩系，下盘为黄红色侏罗系砂页岩。照片中右下部倒三角形深色部分为山脊左旋错动形成的新鲜滑移面，下面为断头沟。

此后向西至边沟以东水平位移值逐渐由 7～8m 的位移值逐减小至 5m 左右，再向西左旋走滑幅度逐渐减小，但左旋走滑的特征仍很明显。

图 3.3-37　七岘沟东侧小冲沟和沟间脊左旋错移地貌远眺照片
（环文林摄于 1983 年，镜头向东）

图 3.3-38　七岘沟东侧三个小冲沟和沟间脊左旋错移照片（1）
（环文林摄于 1983 年，镜头向西）

图 3.3-39　七岘沟东侧三个小冲沟和沟间脊左旋错移照片（2）
（环文林摄于 1984 年，镜头向西）

5. 边沟至红水河水平位移逐渐减小，垂直位移逐渐加大

黄家洼山南麓次级地震断层带从边沟到红水河口，地震断层水平位移幅度急剧减小，垂直位移逐渐加大。青沙石河东水平位移为 3.2m 左右，基泥沟东降至 3.1m 左右，在红水河东侧水平位移仅约 2m。继续向西，至红水河口一带水平位移逐渐消失，垂直位移逐渐增加，达到 1.8m。地震断层分布见图 3.3-40 和图 3.3-41。

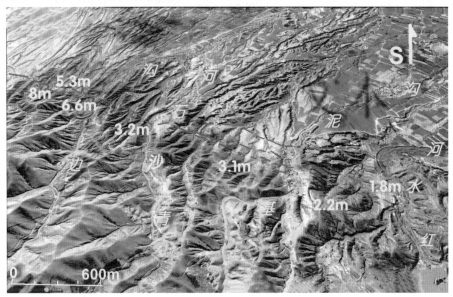

图 3.3-40　边沟至红水河口地震断层分布卫星影像图

图 3.3-41　边沟至红水河口段地震断层顺走向分布地貌照片
（环文林摄于 1983 年，镜头向西）

青沙石河东一条山沟被地震断层左旋错断，水平错距 3.2m，垂直错距 2m，成为断尾沟。从图 3.3-42 中可以看出有两个断错面。

图 3.3-42　青沙石河东一条山沟被地震断层左旋错断
（环文林摄于 1983 年，镜头向南）

3.3.6　地震断层带西端——压性挤压构造段

　　黄家洼山南麓次级地震断层带延至红水河口以后没有继续沿黄家洼山南麓断裂向北西方向延伸到河对岸，而是在距离北嶂山北麓断裂最近的地方急转向北，沿红水河构造薄弱带，形成一条新的断层形变带，向北嶂山北缘断裂扩展、贯通，并继续沿北嶂山北缘断裂向西北扩展延伸（图 3.3-43）。

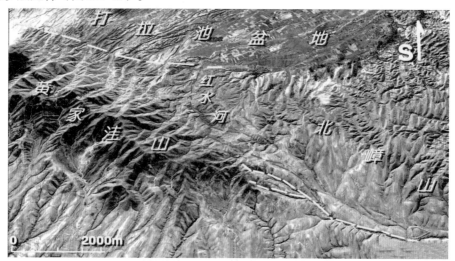

图 3.3-43　黄家洼山南麓地震断层带西端新生的压性构造带

1. 红水河新生地震断层带

　　1984 年考察中沿黄家洼山地震断层向西追索，地震断层带延伸到红水河口后，在红水河以西消失，转向南沿红水河谷地向北延伸，在谷床东侧形成高约 2m 的压性陡坎，并向北延伸（图 3.3-44、图 3.3-45）。

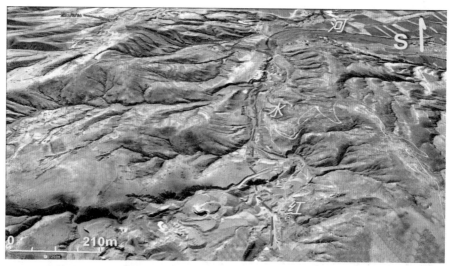

图 3.3-44　红水河河床东侧新形成的南北向地震断层带卫星影像图

从图中可以看出，河床东侧新形成的陡坎上沿，由于上升侵蚀留下的小侵蚀沟清晰可见。由于河床东岸上升，原位于河床东侧的河道被废弃干涸，新河道向西迁移，靠近西岸。

图 3.3-45　红水河河床东侧形成的高约 2m 的压性陡坎大比例尺卫星影像图

从图 3.3-46 中可以看出，该地震断层顺红水河向北延至河流拐弯处，切过三角形的阶地，在阶地上留下了近 80m 的明显的破裂形变带，再向北横向穿过废弃的干涸基岩河床，在已干涸的河床中形成长度超过 300m 的北西西向陡坎和槽地，坎高 0.5 ~ 1m。

红水河上游地势明显升高，是全新世以来的强烈隆起区。强烈的隆起促使红水河急剧下切，切穿了上覆的 Qp_2-Qp_3 洪积砾石层和黄土层，形成狭谷，地形起伏很大，沿河两岸多处出现大规模的滑坡和崩塌。

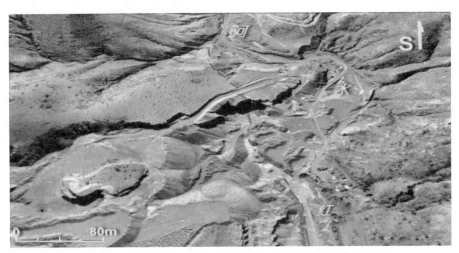

图 3.3-46 地震破裂带切过三角形的阶地和河床中形成的陡坎

2. 阴洼窑挤压隆起构造带

该地震断层形变带向北延伸，进入北嶂山侏罗纪地层分布区，在红水河上游东支流的两侧形成了长达近 2000m 的崩塌区，主破裂沿红水河东支沟以北西西走向向阴洼窑分水岭方向延伸，在沟两侧侏罗纪红色地层处发生强烈崩塌，露出鲜艳的红色地层，尤其引人注目。

阴洼窑一带地震断层形变带进入了前寒武纪地层的基岩区，主要为多条大致平行的巨大的压性垄脊、陡坎成带分布，地形强烈变形，凹凸不平，形变带分布总宽度大于 600m。陡坎高 3 ~ 5m，长达 1.5 km 的长度内几乎没有看到明显的水平位移，而以以垂直位移为主的压性地震形变为特征（图 3.3-47）。

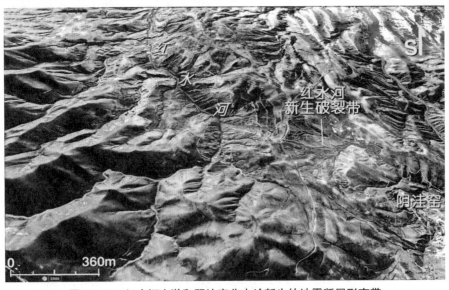

图 3.3-47 红水河上游和阴洼窑分水岭新生的地震断层形变带

3.3.7　黄家洼山南麓地震断层带与北嶂山北麓地震断层带扩展贯通的构造力学分析

　　阴洼窑分水岭一带为黄家洼山南麓地震断层带与北嶂山北麓地震断层带交会贯通区。黄家洼山南麓地震断层带通过红水河新生地震破裂带通向阴洼窑地区（图 3.3-48）。北嶂山北麓地震断层带的东端，上湾新生地震破裂带也起自阴洼窑地区（图 3.3-49）。

图 3.3-48　红水河至阴洼窑新生地震破裂带分布大比例尺卫星影像图

图 3.3-49　阴洼窑至上湾新生地震破裂带分布卫星影像图

　　阴洼窑分水岭即位于黄家洼山南麓地震断层带西端与北嶂山北麓地震断层带东端的左旋右阶斜列阶区内，该阶区为北西—南东向的纵向狭长挤压隆起区（图 3.3-50）。隆起区内地形强烈挤压变形，发育多条顺走向的垄脊和陡坎，陡坎高达 3 ～ 5m。

　　在阴洼窑一带，沿一条近南北方向长达 700m 左右的深沟两岸，出现规模较大的滑坡，其中尤以阴洼窑东侧山坡上的滑坡规模最大，单个滑坡体宽达 150m，把宽达几十米的这条深沟截断，迫使水流改道。

斜列阶区形变带分布总宽度 500 ~ 600m。

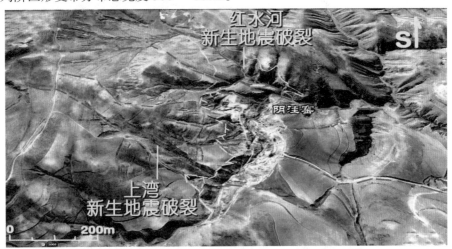

图 3.3-50　阴洼窑纵向挤压隆起区地震形变分布卫星影像图

黄家洼山南麓地震断层红水河新生地震破裂带和北嶂山北麓地震断层带之间的上湾新生地震破裂带，大致呈 S 形斜列分布，斜列阶区宽度仅 600m。

在强大的地震动力冲击下，斜列阶区部位的阻碍体被冲破，在阻碍体内形成一个巨大的南北向崩塌区（图 3.3-50），使两者贯通，地震破裂带继续沿北嶂山北缘断裂带向西北扩展（图 3.3-51）。

图 3.3-51　黄家洼山南麓地震断层带与北嶂山北麓地震断层带扩展贯通构造力学模式图

黄家洼山南麓次级地震断层带的主体走滑段，是海原大地震地震断层带上水平位移最大值仅次于南西华山北麓次级地震断层带，左旋走滑地震断层形变现象的地质地貌特征最典型、类型最齐全的一条次级地震断层带。

由于这一带几乎是无人区，气候干旱，人为与自然的破坏很少，因此，在我们 1983—1984 年考察时，拍摄到大量典型的地震形变现象的照片。

从历年的卫星影像图上看，截至 2000 年，这些地震形变遗迹仍然保留较好。然而令人痛心的是，2010 年以后可能在黄家洼山南麓次级地震断层带上发现了什么"宝藏"，如今断层带上大部分地段的走滑地貌现象已经面目全非，走滑位移的典型遗迹也严重被毁，如图 3.3-52 中蓝色部分。

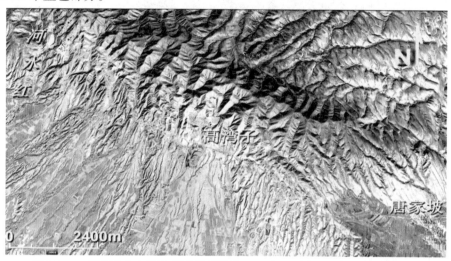

图 3.3-52　黄家洼山南麓次级地震断层带 2010 年以后断层地貌特征被毁情况

因此，当年考察时拍摄并保留的大量照片及部分卫星影像图件，如今已经成为"绝照"，显得尤为珍贵。

3.4　北嶂山北麓次级地震断层带

3.4.1　地质构造背景

北嶂山位于甘肃靖远县境内，山体走向为 N70°～80°W。与南西华山和黄家洼山相比，北嶂山山势较低缓，主峰海拔为 2479m。

北嶂山西段（高岘子以西）山体自东往西由二叠系、石炭系和泥盆系组成。北嶂山中段和西段，整个山体可分为不完全连接的三段，为斜列状分布的残破背斜构造。山顶即背斜的核部，由志留纪地层组成；背斜的南北两翼极不对称。南翼由石炭系、侏罗系、白垩系、新近系等组成，而北翼则缺少中生代地层，志留纪、泥盆纪地层直接与上更新统黄土接触，并把上覆的上更新统黄土错断。因此，各段地质构造差异较大（图 3.4-1）。北嶂山北麓断层的走滑运动形成于晚更新世。

图 3.4-1　北嶂山北麓次级地震断层带分布卫星影像图

3.4.2　地震断层概述

地震断层带的最东端起始于阴洼窑、上湾，经下湾、三角城盆地、花道子、李家沟、白崖、大营水、大红门，至邵水盆地，全长达 43km（图 3.4-2）。

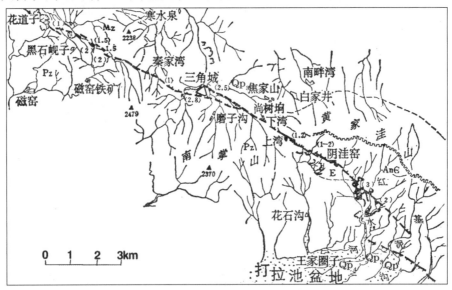

图 3.4-2　红水河—花道子地震断层带分布图
（环文林、葛民等，1987 年）

北嶂山北麓次级地震断层带的形变分布特征，可能受到北嶂山山体三段斜列状分布的背斜的影响，整段断层带由 7 ~ 8 条更次一级的地震断层斜列组合而成。它们互相斜接，各条地震断层的走向和活动性质都稍有差异，总体走向为 N 60° ~ 70° W，可以分为活动性质不同的下列三段。

(1)东段：阴洼窑至三角城北，以压性地震形变为主要特征。

(2)中段：三角城南至邵水盆地东段，以左旋走滑活动为主要特征。

(3)西段：邵水盆地西段，以张性地震形变为主要特征。

3.4.3　地震断层带东段——压性地震形变带

1. 阴洼窑至三角城北压性地震形变带

图 3.4-3　下湾上游至三角城地震形变带分布卫星影像图

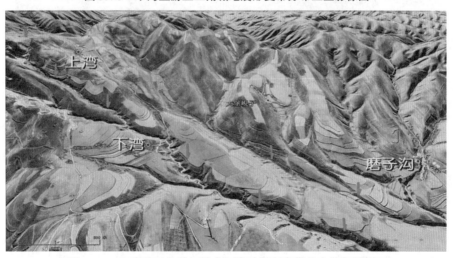

图 3.4-4　上湾至三角城压性大深沟地震形变带分布卫星影像图

北嶂山北麓次级地震断层带压性地震形变带起自阴洼窑、上湾北侧两条大深沟的第三系含石膏红色地层中，沿上湾村谷地东北侧的大深沟向西北经下湾延至三角城北侧，北嶂山北麓次级地震断层以大角度向北逆冲而形成的巨大线性沟槽带，以压性陡坎和裂缝相伴生为特征。陡坎南高北低，沟深达 7 ~ 10m，两侧高差 1 ~ 2m，伴有断续分布的黄土崩塌。沿陡坎下有线状出露的泉水。水平位移幅度很小（图 3.4-3 、图 3.4-4 ）。

2．三角城内建筑物全部被震毁

如图 3.4-5、图 3.4-6 所示，三角城所在地是一个山间小盆地，面积不足 1km²。城内建筑全部被地震毁坏，只剩残墙遗迹。在三角城的南侧，另一条形变带沿盆地南侧延伸，东端与三角城北侧的形变带交会在一起。形变带呈人字形交会。交会区内部为三角城盆地。

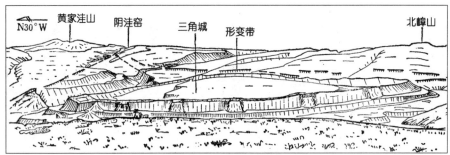

图 3.4-5　三角城素描图
（环文林、葛民等，1987 年）

图 3.4-6　三角城照片
（环文林摄于 1983 年）

3.4.4　地震断层带中段——主体走滑形变段

三角城—邵水盆地东部，地震断层带以水平运动为主，为北嶂山北麓地震断层带的主体走滑段。大致可以分为三角城至花道子、花道子经李家沟至白崖、白崖至邵水盆地东半部等三段。

1．三角城至花道子地震断层左旋左阶斜列状走滑运动

从三角城到花道子，形变带穿过秦家湾分水岭、高岘子、鸡肠子沟、中沟、大水沟，越过高岘梁、长梁，形变带时而沿沟谷延伸，时而越上山梁，远远望去如同两条平行的斜列断层中间夹一条黄土长梁穿行在群山沟谷之中。

经考察，断层带的分布很有规律，三角城至花道子地震断层由 8 条更次一级断层左旋左阶斜列组合而成，斜列状结构为走滑型地震断层的典型特征之一。沿断层普遍发育左旋扭错槽地形变带，显示该断层具有左旋走滑的形变性质（图 3.4-6）。

图 3.4-6　三角城至花道子地震断层分布卫星影像图

(1) 三角城南至秦家湾分水岭水系山脊左旋扭曲。

三角城南侧的形变带性质与北侧的形变带性质明显不同。北侧以单一的逆断型压性陡坎为主，南侧则由三条北西向小断层斜列组合而成，显示出了明显的左旋走滑性质（图 3.4-7）。

图 3.4-7　三角城南至秦家湾地震断层卫星影像图

三角城南侧形变带穿过北嶂山主峰下的秦家湾分水岭，将分水岭山梁左旋错断。分水岭的西坡几条冲沟同步左旋扭错，从图 3.4-8 中可以看出，自三角城南开始，北嶂山北麓地震断层带进入了主体走滑段。

将秦家湾分水岭处局部放大后（图 3.4-9）可以看出，分水岭山梁左旋错动形成的典型不对称月牙形面，错距约 60m，显示出北嶂山北麓断层的多次活动。从山梁东侧山沟被左旋错断处，量得海原大地震错距为 6m。

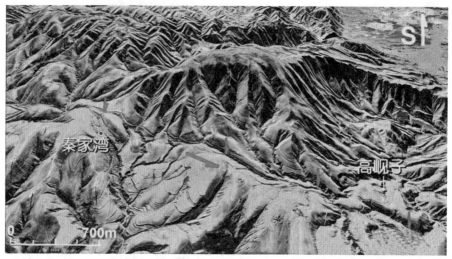

图 3.4-8　秦家湾至高岘子地震断层分布卫星影像图

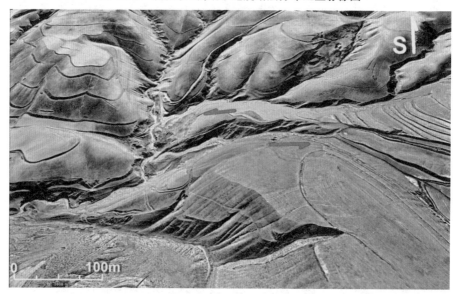

图 3.4-9　秦家湾分水岭山梁错动的大比例尺卫星影像图

(2) 高岘子扭错槽地。

分水岭西坡山脚下，一个高台上即为高岘子。高岘子以西地震断层由多条斜列状分布的次级断层组成。形变带的水平位移幅度逐渐加大，沿断层的北侧出现了左旋扭错槽地（图 3.4-10 中黄色虚线勾画的区域）。槽地一般宽 60 ~ 80m，边缘呈锯齿状。地表黄土由于受到断裂左旋走滑运动的影响，近断层处被拉分撕裂，形成密集的近东西向羽状张裂，经后期雨水侵蚀形成一个个羽状的小鼓包。该扭错槽地向西北断续延伸长达 3km 以上（图 3.4-10）。

图 3.4-10　高岘子以西地震断层带分布卫星影像图

(3) 黑石岘子北侧大滑坡。

高岘子扭错槽地向西，地震断层带翻过一座山梁即进入黑石岘子石炭系分布区，南北两条斜列分布的地震断层之间由于左旋撕裂，出现了一个大滑坡。滑坡面最高处海拔

图 3.4-11　黑石岘子地震大滑坡分布卫星影像图

2175m，滑坡底部海拔 2088m，高差约 100m。大量的石炭纪地层和黄土向下滑塌，滑塌体长达 2km 以上，滑坡体堆积物厚 40 ~ 50m（图 3.4-11），堆积在两条斜列断层之间。

2. 花道子至小井子沟地震断层大幅度左旋水平地震形变

花道子至小井子沟地震断层带以水平运动为主。由于山路崎岖，人烟稀少，所以这一带形变现象保留较好。形变带沿山麓分布，普遍存在较宽的左旋扭错槽地。地震断层穿切了许多小冲沟，使这些小冲沟有规律地左旋扭曲（图 3.4-12）。

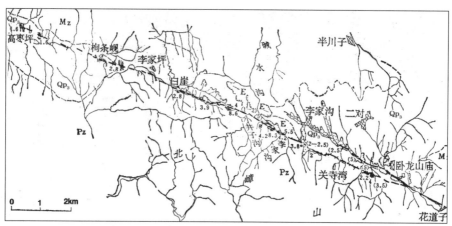

图 3.4-12　花道子至高枣坪地震形变带分布图

（环文林、葛民等，1987 年）

这一段为北嶂山北麓次级地震断层带中水平位移最大的地段，最大水平左旋位移 12m（图 3.4-13）。

图 3.4-13　花道子至小井子沟地震断层分布卫星影像图

（1）花道子西侧强烈扭错带和河床阶地错断形变区。

花道子段地震断层形变区，断层南盘为上泥盆统紫色砂岩、粉砂岩，断层北盘为下志留统板岩、砂岩。从花道子河床西岸开始，地震断层形变带的规模和水平位移明显增大。强烈的水平左旋运动形成规模较大的扭错槽地，使两条斜列断层之间的长条形地块遭受到严重的扭曲变形，并被左旋拉分为几段（图 3.4-14）。从图中测量出水平扭曲变形带宽达 150m，向西延长达 2km。这种现象在花道子以东未曾出现过，说明形变规模和强度从这里开始明显增大。

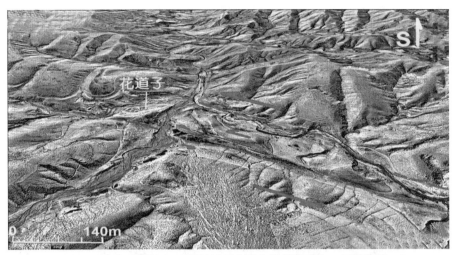

图 3.4-14　花道子河两侧的地震断层扭错槽地分布卫星影像图

除此之外，地震断层还使花道子河床阶地显著左旋错断，错距达数十米，可以看到多个位错面，显然是多次与海原大地震同等量级地震活动的结果，最新一次从新鲜面上量得水平位移 10m（图 3.4-15）。

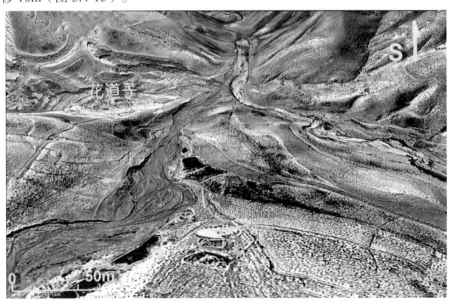

图 3.4-15　花道子沟河岸阶地左旋错移卫星影像图

(2) 卧龙山强烈左旋水平扭曲断错变形区。

花道子沟向西进入卧龙山下志留系分布区，断层两盘都为下志留系。从卧龙山开始，形变带分为两支，并相互为左旋左阶斜列的断层。

靠北侧的一条沿着大水沟展布，沿途有黄土滑坡和规模较大的扭错槽地，延伸约4600m 后于李家沟西消失（图 3.4-12、图 3.4-13）。

南侧的一条自卧龙山庙南侧开始，经关寺湾、李家沟、碱水沟、小井子沟至白崖，由多条更次一级的地震断层斜列组合而成，为该段水平位移形变带的主体（图 3.4-16）。

图 3.4-16　花道子至关寺湾地震断层分布卫星影像图

　　南侧断层之起点位于卧龙山。这里是南北两条斜列状断层分布的交会地带。卧龙山即为两条断层夹持的地带，就像一条平卧的巨龙，卧龙山由此得名。而位于腰部的南北两条冲沟，犹如左右两只翅膀，使之形似飞翔的巨龙（图3.4-17）。

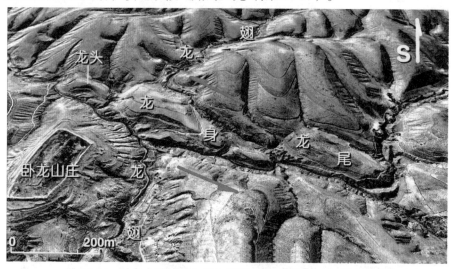

图 3.4-17　卧龙山被地震左旋水平扭曲错断严重变形卫星影像图

　　卧龙山地层由下志留统板岩、砂岩组成，质地坚硬。海原大地震使这条坚硬的"巨龙"遭受到严重的扭曲错断破坏，横穿它的三条小冲沟同步左旋错断，左旋水平错距达 12m，成为北嶂山北麓次级地震断层带水平位移最大、变形最强烈的地段。

　　为便于描述各部位破坏的详细情况，我们将它分为龙头部、龙身部和龙尾部三个部分分别描述于下。

　　龙头部：头部严重左旋错动和扭曲变形（图 3.4-18）。卧龙山头部（包括颈部）的山包由于受南北两条地震断层破裂面的夹持，遭受到严重的左旋扭曲变形。多个破裂面使山包左旋扭曲，形成多个不对称弧形扭曲面；头部与山体接触部位的山脊左旋错断。

在大比例尺卫星影像图图 3.4-19 上可以看到多级错动面。较老的错动面总错距约 42.5m，新鲜的海原大地震错动面错距 12.3m。

颈部的小冲沟左旋错断，可以看出有两条断尾沟的基岩错动面，量得水平错距为 30m 和 11.7m。巨大的水平左旋错动将北侧的基岩山体拉断，形成新的月牙形基岩面（图 3.4-20）。

尤为引人注意的是，头部右侧一个不对称变形小冲积扇也被地震断层再次错断，可以看出这里也经历了多次错断。最新一次错断的水平错距约为 11.5m（图 3.4-21）。

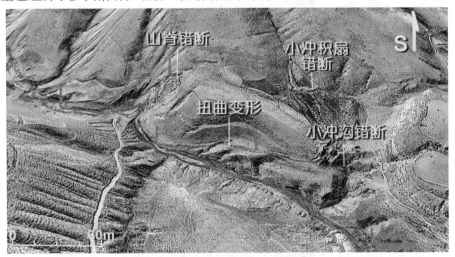

图 3.4-18　卧龙山"头颈部"左旋错断严重扭曲变形卫星影像图

图 3.4-19　卧龙山"头部"多级左旋错动面使山脊左旋错移卫星影像图

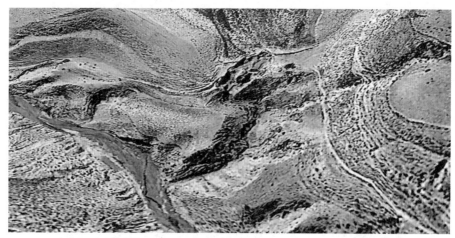

图 3.4-20　卧龙山"头颈部"小沟左旋错断及旁侧山体错断形成的月牙形基岩面卫星影像图

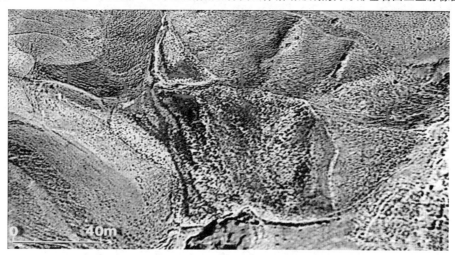

图 3.4-21　卧龙山"头部"右侧小冲积扇左旋错断卫星影像图

　　龙身部：龙身部分也受到严重的左旋扭曲变形。北侧形成宽达 50 ~ 80m 的北西西向左旋扭错槽地，使形变带的宽度达 100 ~ 150m。槽地内被左旋扭错而发育密集的东西—北东向羽状张裂（图 3.4-22）。龙身部分由于扭曲变形被拉成三段，腰部还出现明显的基岩月牙形拉断面，断距 20.2m；西侧的小冲沟被左旋错断，断距 11.2m。

　　龙尾部：卧龙山的尾部因左旋扭错而被撕裂成两段，撕裂部位的砂岩至今仍保留着新鲜的月牙形断面，断距 22.5m。尾端的小冲沟也被左旋错断，错断处上游有大小两条断尾沟，显示这里曾经受过两次错断，断距为 11.3m（图 3.4-23）。从图中可清楚地看出，卧龙山尾部南侧分布着宽达 60 ~ 80m 的左旋扭错槽地，槽地内被左旋扭错而发育密集的东西和南西—北东向羽状张裂。

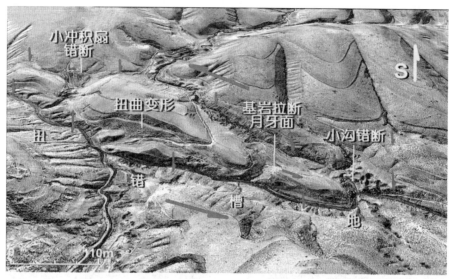

图 3.4-22　卧龙山"龙身部"左旋扭曲并拉断卫星影像图

图 3.4-23　卧龙山龙尾部扭曲并拉断卫星影像图

以上各断错点的左旋水平位移值可分为 11 ~ 12m、20 ~ 23m 和 42.5m 三组，反映卧龙山一带曾经历过多期地震活动，其中 11 ~ 12m 一组为海原大地震活动的结果。据此，卧龙山段左旋水平错距可以确定为 12m。

(3) 卧龙山庙和卧龙山庄全部被震毁。

位于卧龙山北侧的卧龙山庙和卧龙山庄全部毁于地震（参见图 3.4-16）。现在卧龙山庄遗址已废为农田，卧龙山庙遗址上已重建新庙，但规模比原庙小很多。

(4) 关寺湾至李家沟南陡坎垄脊分布形变区。

关寺湾至李家沟村位于前述南北两条断裂的向西延伸处，其中南侧断层活动性较强，沿碱水沟南坡向西延至小井子沟。地震形变以地震垄脊和陡坎为特征（见图 3.4-13），垂直于陡坎的多条小冲沟被水平错断，最大错距 6 ~ 7 m，陡坎最大高差达 4 m。

其中李家沟村南约 400m 处，一条小冲沟左旋错动非常明显，沟边的一丛草被错开，错距为 3.8 m。北侧地震断层延至碱水沟后消失。

李家沟南至小井子沟地震断层分布见图 3.4-24。

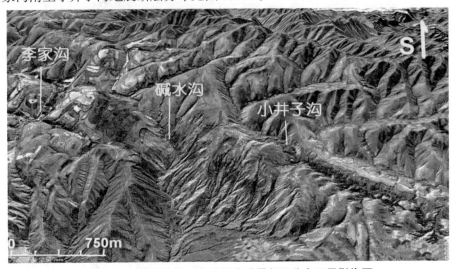

图 3.4-24　李家沟南至小井子沟地震断层分布卫星影像图

(5) 碱水沟南坡及山梁的水平位错形变区。

地震断层形变带从李家沟向西，沿碱水沟的南侧山坡分布，断层南侧为下志留统板岩、砂岩，断层北盘为侏罗系紫红色地层。沿断层线海原大地震的形变带使冲沟和土梁的断错十分明显，在碱水沟到小井子沟东梁这段长约 3km 的形变带上，1983—1984 年考察时共测得水平错动 4.2 ~ 9m 的数据 8 个，自东向西分别为：5.5m、4.2m、8.3m、4.2m、8.0m、5.0m、9.0m、8.0m。其中 8m 以上的达 4 个（图 3.4-25 ~ 图 3.4-26）。

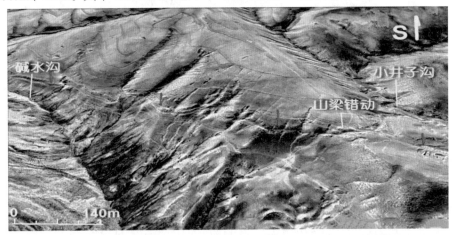

图 3.4-25　碱水沟南坡至小井子沟地震断层分布大比例尺卫星影像图

其中错距最大的为小井子沟东山梁被错断，水平断距为 9m，西侧紧邻的一条小冲沟形成的断塞塘被错断，水平错距 8m（图 3.4-26）。

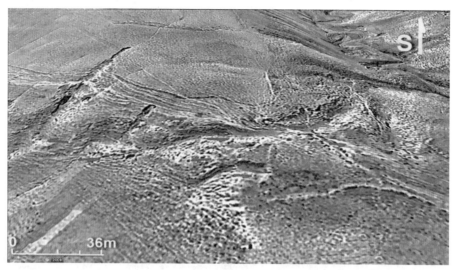

图 3.4-26　小井子沟东山梁错断形成新鲜的月牙面卫星影像图

(6) 小井子沟扭错槽地。

越过碱水沟西山脊，地震断层沿小井子沟分布，形变带以左旋扭错槽地为特征。在扭错槽地内侏罗系红层上覆的黄土中形成密集分布的东西向羽状张裂，后期经雨水冲刷形成一片起伏不平的波状黄土包（图 3.4-27）。

在该扭错槽地的南侧又形成另一条斜列的扭错槽地，并一直向西北延伸长达 1800m 以上。这一段形变带走向 N 60° ~ 70° W，宽 40 ~ 60m。

花道子至碱水沟一带成为北嶂山北麓次级地震断层带左旋水平位移最大、地面形变最强烈的地段。

图 3.4-27　碱水沟西梁至小井子沟二重扭错槽地分布卫星影像图

3. 白崖至枸条岘地震断层水平位移逐渐减小

小井子沟扭错槽地向西北翻过一个山梁后，进入白崖至枸条岘地震断层地段，断层北盘为侏罗系紫红色地层，断层南盘为志留系板岩、砂岩。地震断层由四条左旋左阶斜列断层组成，每一条斜列断层的东段以水平位移为主，旁侧小冲沟同步左旋弯曲，西段则逐渐以陡坎形式出现，坎高 1 ~ 2m（图 3.4-28）。

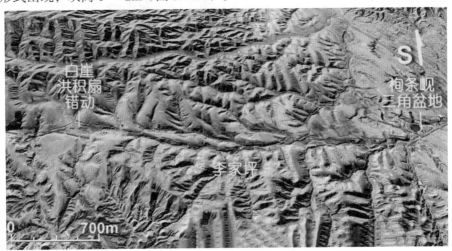

图 3.4-28　白崖至枸条岘地震断层分布卫星影像图

(1) 白崖洪积扇错断。

图 3.4-29 为白崖洪积扇错断的大比例尺卫星影像图。从图中可以看出，一洪积扇中的冲沟被多条破裂面左旋切割成多段，最大错距 40m，显然是多期活动的结果。从洪积扇顶部最新陡坎的小沟错断处，量得海原大地震的水平错距为 7m。

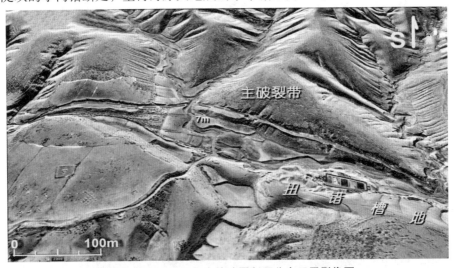

图 3.4-29　白崖洪积扇的地震断层分布卫星影像图

(2) 李家坪至枸条岘地震断层斜列状分布。

白崖以西气候干旱且周围水系不发育，地震断层由四条左旋左阶次级断层斜列组合而成。水系微地貌多平行于走向，水平位移数据难以获得，只发现少量小错距，一般为 2 ~ 3m。除水平位移外，也开始出现垂直形变，但幅度很小，平均不足 1m。

4. 高枣坪至大营水盆地左旋走滑兼张性地震形变带

枸条岘以西为高枣坪至大营水宽阔的北西西向山间谷地，由长约 10km 的高枣坪盆地和大营水盆地组成（图 3.4-30）。

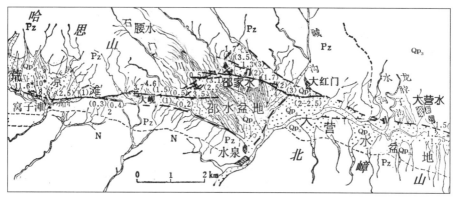

图 3.4-30　高枣坪至窝子滩地震断层分布图
（环文林、葛民等，1987 年）

(1) 高枣坪至大营水盆地地震断层带的分布。

依据 1983—1984 年实地考察时高枣坪居民的反映，以及相关航片的判读，可以确定形变带是沿着盆地北部分布的。盆地北侧边缘多处仍保留地震陡坎，陡坎北高南低，高度 1~2m。在高枣坪附近还测得山脊的水平位移约 2m。较大的水平位移估计位于盆地内部。但由于盆地内地势平坦，水源充足，人口较稠密，铁路和公路纵贯，地震断层形变带受到较严重的后期破坏，很多地方已被公路覆盖，很难找到形变带的遗迹。

(2) 卫星遥感图显示的盆地内地震断层的分布。

地下水的分布受断层控制，而卫星遥感数据对地下水分布的差异具有一定的透视率。

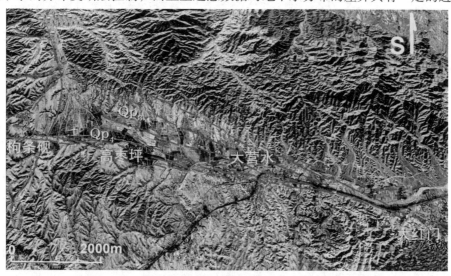

图 3.4-31　高枣坪至大营水盆地地震断层分布卫星影像图

为了更好地反映地震断层在盆地内的分布和形变性质，我们利用这种特征，选用的卫星影像资料，经过一定的图像处理，可以较清楚地将隐覆在盆地内的断层划分出来（图 3.4-31）。

从图中可以看出，盆地内的地震断层分布很有规律，仍然由多条断层破裂面斜列组合而成。断层活动以水平位移为主，高枣坪东北盆地中部断陷较深，盆地内部的水平和垂直位移量无法获得。大营水盆地的南北都有断层分布，其中最西面一条断层向西延入邵水盆地大红门一带。

(3) 高枣坪至大营水盆地的形成和演化。

从卫星影像图中可以看出，高枣坪至大营水盆地原来是一个由南北两条边界断层控制的晚更新世形成的古纵向拉分盆地。全新世以来，随着盆地北侧的枸条砚—高枣坪断裂不断向西扩展，盆地南侧的大红门—大营水边界断层停止活动，并逐渐向盆地中心迁移，盆地内留了多条断层迁移的断层遗迹，纵向拉分盆地逐渐走向消亡，盆地南北断裂，合并贯通。高枣坪—大营水以张性为主的古纵向拉分盆地消失。全新世以来的断裂活动主要集中在盆地北缘断层，并以大左旋水平走滑为主。关于该盆地的演化过程，本书将在第 5 章详细讨论。

5. 邵水盆地东部新生地震断层的左旋走滑活动

(1) 邵水盆地构造演化和新生断层形变区。

邵水盆地东西长 5.5 km。盆地内有沙流水沟、小红门沟和石门川三条大沟，盆地即为这三条大沟所形成的洪积扇组合而成。三条大沟最后又汇合为水泉河，从盆地南端的水泉镇附近流出盆地，向南汇入黄河，故有人又称其为水泉盆地（参见图 3.4-30）

图 3.4-32 为邵水盆地地震断层分布卫星影像图。为了更好地反映卫星图的立体效果，我们仍采用与一般地图（上北下南）相反的显示方法（上南下北）。

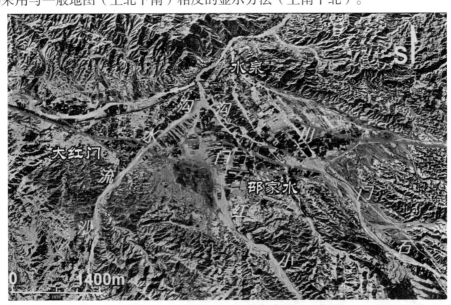

图 3.4-32　邵水盆地地震断层分布卫星影像图

邵水盆地为晚更新世形成的横向古菱形拉分盆地，由盆地边界的东西两条斜列的大营水—大红门左旋走滑断裂和水泉—窝子滩左旋走滑断裂活动形成。两者之间端部的张性区域即为古邵水菱形拉分盆地。全新世邵水盆地结束了菱形拉分张性断陷的活动历史，逐渐上升隆起，河流下切，只在盆地的西部石门川下游仍保留较小的全新世断陷盆地。另外在小红门沟出口处，形成一个新的大厦全新世洪积扇，叠加在老的邵水断陷盆地之上。

邵水盆地东部断裂活动逐渐离开边界断裂，向盆地内部转移，由早期的边界拉分张性断层转化为盆地内部的左旋走滑断层。后期大地震活动在盆地中部所产生的地震断层，使上述两条斜列断层的端部逐渐靠近，斜列部位逐渐缩小，逐渐发展为狭窄的纵向拉分盆地。

(2) 邵水盆地地震断层形变带总体分布特征。

从图 3.4-33 中还可以看出，邵水盆地的地震断层分为两组。一组为北西西向，分布于盆地的东北部和中部，规模较大，呈斜列状分布。在大厦浪洪积扇西界以东具有走滑性质，以西由三条北西西—南东东向阶梯状排列的断层向东南断陷，以张性正断为主。

另一组为北东向，分布在石门川下游的盆地西部，为阶梯断陷带，具有张性正断的性质，由多条次级断层组成，呈阶梯状向南断陷，出现了明显的垂直位移。从图 3.4-33 中可以看出，断层陡坎东南盘下降，地下水位较高的都为肥沃的农田（深色部分）。

图 3.4-33　高枣坪至窝子滩地震断层分布图
（环文林、葛民等，1987 年）

(3) 邵水盆地东部的大厦浪洪积扇前缘陡坎及小冲沟的左旋错移形变区。

邵水盆地东部主要分布有三条斜列状的地震断层（图 3.4-34）。

北面一条是从大营水盆地延伸过来的地震断层，沿邵水盆地东北缘分布（为古拉分盆地的北边界断层），并于大厦浪洪积扇的后缘逐渐消失。地震形变为地震陡坎，陡坎高差较大，多在 3 ~ 3.5m 之间，走向为 N 80° W。在西红门村，71 岁的宋世泰老人带领我们在村南的银（川）兰（州）公路南侧找到了这条地震陡坎。

中部一条长度较小，分布于大厦浪洪积扇中部，垂直断距较小，1m 左右。

南面一条分布于盆地的中部，规模较大，沿大厦浪洪积扇的南缘分布，走向北西西，在大厦浪洪积扇前缘形成陡坎。陡坎处一系列近南北向小冲沟同步左旋错移，水平错距 9 ~ 25m，显示多次活动的结果（图 3.4-35、图 3.4-36）。

我们 1983 年考察时，在大厦浪洪积扇南缘断层上观察到大厦浪洪积扇陡坎处一条冲沟被左旋错断（左起第四沟）（图 3.4-37）。断层北盘形成断尾沟，南盘形成断头沟，水平左旋错距 9.5m，垂直错距 2 ~ 3m。可以看出是两期活动的结果。海原大地震地震断层的断距叠加其上。

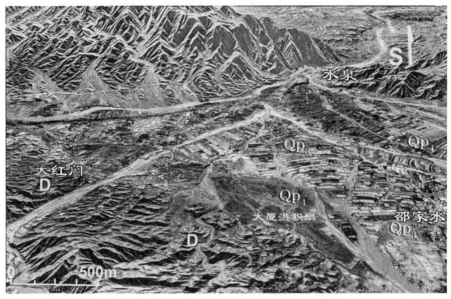

图 3.4-34 邵水盆地东部地震断层分布卫星影像图

图 3.4-35 邵水盆地大厦浪洪积扇前缘的地震断层分布及水系错动卫星影像图

　　经仔细观察，该剖面上断尾沟东侧还有一个较小的新断尾沟。新断尾沟东西两侧的错动面明显不同。西侧错动面颜色发暗，表面砾石风化且苔藓植物和小草生长茂密，应为早期形成；东侧错动面较新鲜，保留了全新世沉积物的特征，显然是海原大地震时新形成的错动面。这种特征在图 3.4-37 上也能明显区别开来。在新断尾沟以东的新鲜断面处，测得海原大地震左旋水平错距为 5.4m。

　　据此可以看出，全新世的大厦浪洪积扇形成以来，邵水盆地可能经历了多次与海原大地震同等量级的大地震。在大厦浪洪积扇前沿地震陡坎处，形成了多级水平位错面，总垂直断距 3 ~ 4m，最大左旋水平位移 25m。

图 3.4-36　邵水盆地大厦浪洪积扇前缘的地震断层分布大比例尺卫星影像图

图 3.4-37　邵水盆地大厦浪洪积扇前缘断层陡坎处一条冲沟左旋错断照片
（环文林摄于 1983 年，镜头向北）

3.4.5　地震断层西段——新生张性地震形变带

东端起自邵水盆地中部大厦洪积扇西缘以西，包括邵家水村南的东西至北西西向阶梯状陡坎断陷带和石门川下游的北东向阶梯状陡坎。该段地震断层形变带的性质与主体走滑段不同，水平位移明显减小，垂直位移明显加大，以一系列阶梯状陡坎为特征。

1. 邵水盆地中部邵家水村南的东西和北西西向新生阶梯状陡坎断陷带

大厦浪洪积扇南缘断层向西延至邵家水村北，陡坎高已增至 3～4m（图 3.4-38、图 3.4-39）（图中左侧有树处为邵家水村）。邵家水村向西陡坎高度逐渐增大，至石门川沟东岸增加至 4 ~ 5m。水平位移明显减小。1983 年考察时，在邵家水村北陡坎处的小冲沟处量得 1.3 ~ 1.7m 的水平左旋位移。

图 3.4-38　邵家水村东大厦浪洪积扇前缘的地震断层陡坎照片
（环文林摄于 1983 年，镜头向北）

图 3.4-39　邵家水村东的地震断层陡坎剖面照片
（环文林摄于 1983 年，镜头向东）

2. 邵水盆地中段北西西向"新生"阶梯状断陷带

小红门沟以西的邵水盆地中部新生的张性陡坎，除大厦浪洪积扇南缘陡坎向西延至邵家水村南的地震断层陡坎外，该断层以南还有三至四条大致平行的地震陡坎，它们分布在石门川下游，呈阶梯状向东南断陷，石门川下游的多条支沟沿此断层陡坎断陷带分布，走向逐渐由近东西向转变为北西西向，水平位移逐渐减小，垂直形变幅度逐渐增大，陡坎南侧地形下降，地下水位明显增高，为富饶的农田（图 3.4-40）。地震断层经过处形成一条条向南断陷的陡坎，垂直断距一般为 2 ~ 3m，累计垂直断陷 6 ~ 10m，在石门川下游形成全新世石门川下游北西西向断陷区（灰黑色部分为富饶的农田）。

图 3.4-40　邵水盆地中部北西西向阶梯状张性地震断层分布卫星影像图

3. 邵水盆地西段石门川下游北东向"新生"阶梯状断陷带

邵家水村以西的邵水盆地西段，地震断层逐渐离开北嶂山北缘断裂带，由以西的近东西向至北西西向急转为北东向"新生"多条阶梯状陡坎，断层形变性质为阶梯状张性断陷带（图 3.4-41）。

图 3.4-41　邵水盆地西段北东向"新生"地震断层的阶梯状断陷卫星影像图

这些新生断裂沿邵水盆地西北侧、石门川下游、哈思山东南的洪积扇前缘展布，走向 N50°～60°E。东北端为四级，向西南减至一二级，呈张性阶梯状向东南断陷。东南盘下降，西北盘升高，向东南高差逐渐增大，总高差达 8 m 以上。

陡坎的东南盘为石门川下游全新世断陷区，由于得到来自北面哈思山东南缘洪积扇上游潜流的大量地下水的供给，成为肥沃的良田（图中黑色部分）。陡坎高差向西南逐渐变小，而后逐渐偏西，与近东西向的大岘—荒凉滩断层斜接，致使地震破裂继续沿哈思山方向扩展。

3.4.6　北嶂山北麓地震断裂向哈思山南麓地震断裂扩展贯通的构造力学分析

图 3.4-42 显示在晚更新世古邵水菱形盆地内，除上述邵水新生的几条新生断层外，哈思山南缘断层带上也新生了大岘断裂，它们都逐渐离开古邵水盆地的边界断裂，而向盆地中心迁移，使两条斜列断裂的端部更加接近，阶区逐渐缩小，形成石门川下游全新世纵向狭长拉分断陷区。

从图 3.4-43 也可更清晰地看出，北嶂山北麓大营水—大红门断层带（F1-1）和哈思山南麓的窝子滩—水泉断裂（F2-1）两条斜列状盆地边界断裂带端部之间的邵水晚更新世古拉分盆地内，全新世以来新生了大厦洪积扇和邵家水村南缘多条新生断层（F1-2）、哈思山南麓大岘新生断层（F2-2）、这两条新生断层使斜列阶区逐渐缩小，两者端部斜裂阶区组成近东西向的狭长拉分盆地。拉分盆地的宽度只有 1.5 ~ 1.8km，海原大地震时石门川下游北东向的 F3 新生破裂带的形成，使两条斜列断层扩展贯通，实现了海原地震断层从北嶂山北麓断裂向哈思山南麓断裂的扩展贯通，地震断层继续向哈思山南麓断层扩展。

图 3.4-42　邵水盆地中部和大岘"新生"地震断层的阶梯状狭长纵向断陷卫星影像图

图 3.4-43　北嶂山北麓地震断层带与哈思山南麓地震断层带扩展贯通力学模式卫星影像图

3.5　哈思山南麓次级地震断层带

3.5.1　地质构造背景

哈思山位于靖远县境内，是一个走向 N50° ~ 60° W 的带状山系，长约 31.7km，平均宽仅 6km。哈思山山势险峻，平均坡度在 60°以上。尽管主峰海拔仅 2680m，但相对高差都超过 1000m。山上基岩裸露，怪石林立，沟壑深切，形成许多悬崖绝壁，几乎是无人区，野外调查十分艰难。1983 年我们在这一带现场调查时，不得不配备了帐篷、气垫床、食品、固体燃料、饭盒等野外露宿装备。

哈思山断层沿哈思山南麓分布。哈斯山南麓断裂走向 N50° ~ 60° W，倾向北东。喜马拉雅期的构造运动中，下泥盆统红色砂岩和下志留统板岩逆冲于上新统红层和下更新统砾岩之上。中更新世晚期到晚更新世，哈思山断裂活动性质由喜马拉雅期的逆冲运动转化为水平左旋走滑运动，使早期形成的大大小小数十条垂直于断层的冲沟和谷间脊被左旋走滑错断，形变格局发生了重大改变。

断层的水平左旋运动把这些冲沟、谷间脊及阶地全部水平左旋错断，形成了非常典型的水平断错地貌。哈思山地震断层的活动就是哈思山断裂左旋走滑运动的继承和发展（图3.5-1）。

图 3.5-1　哈思山南麓地震断层带分布卫星影像图

3.5.2　地震断层概述

地震断层形变带沿哈思山南麓断裂分布，东端起自大岘盆地，经荒凉滩、哈思山南麓断裂至黄河新生断层带，总长为 31.7km。这里的许多地震地表形变现象，得以较完整地保留下来，成为研究海原大地震地震形变极为宝贵的资料。

哈思山南麓地震断层带可分为下列三段，各段的活动性质均有差异。

东段：大岘至荒凉滩东段，以张性地震形变为主要特征。

中段：荒凉滩西段至黄河口，以左旋走滑活动为主要特征。

西段：黄河口至黄河西道红沟，以压性地震形变为主要特征。

3.5.3　地震断层带东段——张性地震形变段

哈思山南麓地震断层东段为张性地震形变带。地震断层形变带主要分布在大岘盆地和荒凉滩东段。共由三条地震断层组成：大岘盆地北缘（F1）、大岘盆地南缘至荒凉滩南缘（F2）、荒凉滩洪积扇南缘向西延伸至窝子滩以东的新生断裂带（F3）。三条断层走向近东西，全长 3km。为了清晰反映该区段的地震断层形变特征，选用卫星影像资料（图 3.5-2）。

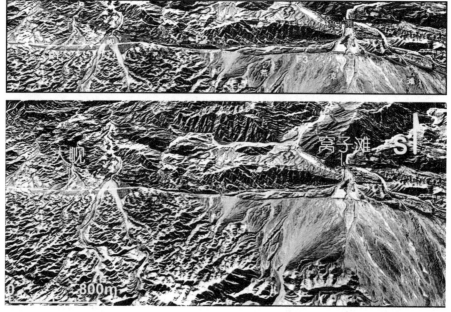

图 3.5-2　哈思山南麓大岘盆地至荒凉滩地震断层分布卫星影像图
（上图为地震断层标注图）
F1—大岘盆地北缘地震断层；F2—大岘盆地南缘地震断层；
F3—荒凉滩洪积扇南缘至窝子滩以东地震断层

1. 大岘盆地新生张性断陷带

大岘盆地处于邵水盆地与荒凉滩盆地之间，是垂直于水系的一条近东西向断层谷地。邵水盆地延伸过来的东西向新生地震断层形变带，进入大岘盆地以后，地震断层形变带沿着山谷的北侧分布。以张性陡坎形变性质为主，陡坎有一至二级，高差 1～2m（图 3.5-3）。

大岘盆地北缘断层（F1）在盆地东口除垂直位移外仍有水平位移出现，山前的冲沟和山脊都被错断。我们量得两个精度较高的数据：山前一条冲沟水平错距为 4.6m，向西800m 处的另一条沟错距 3.7m（图 3.5-4）。沿沟再向西至三角形大岘小盆地，水平位移迅速减小，被纯张性的陡坎所代替，并在靠近大岘盆地西口附近消失。

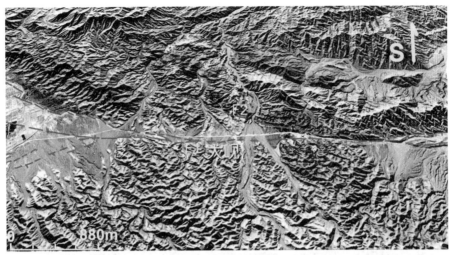

图 3.5-3　大岘盆地的地震断层（F1 和 F2）分布卫星影像图

图 3.5-4　大岘盆地北缘地震断层（F1）山前冲沟山脊错动照片

（环文林摄于 1983 年，镜头向北）

　　F2 地震断层形变带为大岘盆地南缘地震断层形变带，向西延伸至荒凉滩的南侧，形变性质为张性正断层形成的陡坎。

　　在大岘盆地中段，有一个比较开阔的三角形小盆地，我们称它为大岘小盆。由于该盆地位于上述 F1、F2 南北两条形变带的张性断陷段之间，且南北两条形变带的陡坎均在盆地一侧下降，为一个张性断陷的小地堑，大岘小盆地的形成就是谷地南北两条断裂带张性活动的结果。

　　2. 荒凉滩东新生张性阶梯状反向断层陡坎

　　从图 3.5-5 中可以看出，荒凉滩位于哈思山南缘，它的北缘横亘着强烈隆起的哈思山。在山的南麓形成自北向南倾斜的全新世巨型荒凉滩洪积扇，洪积扇以南部为最低点，窝子滩附近为洪水出口。洪积扇的底部为第三系红色地层，表面被大大小小的厚 2 ~ 3m 全新世砾石覆盖，砾石的分选及磨圆度均很差。

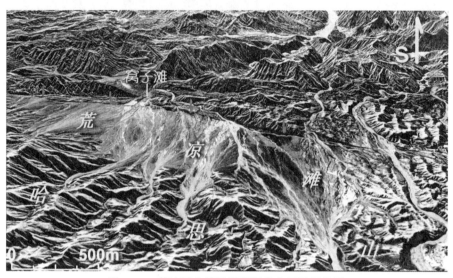

图 3.5-5　荒凉滩南缘地震断层分布卫星影像图

从大岘盆地至荒凉滩的卫星影像图（参见图 3.5-2）上可以看出，在荒凉滩南部上述 F2 断层的北侧 20 ～ 50m，荒凉滩砾石层中新生了一条地震陡坎，我们将它称为 F3。它与 F2 一起构成荒凉滩南缘两条非常显著的阶梯状地震陡坎，形变性质为正断层，水平位移不明显（图 3.5-6）。

图 3.5-6　荒凉滩南缘东部两条阶梯状地震断层的张性倒陡坎卫星影像图

值得注意的是，这两条陡坎北盘位于洪积扇上域，却反为下降盘，南盘在下域，却逆势上升，成为与地形反向的"反向陡坎"或"倒陡坎"。

"倒陡坎"是具有倾角的走滑断层的主体走滑段向张性端过渡区的典型特征。图 3.5-7 是 F2、F3 两条地震断层的卫星影像图，图中"倒陡坎"的特征非常清楚，陡坎把洪积扇自北向南的水流全部切断。

图 3.5-7　荒凉滩南缘东部两条阶梯状地震断层的张性倒陡坎东段卫星影像图

图 3.5-8 和图 3.5-9 是荒凉滩南缘断层（F2）新生地震断层陡坎分布的照片，该陡坎分布在荒凉滩南缘，陡坎高 1 ~ 1.5m，长 1km 以上。

图 3.5-8　荒凉滩南缘断层（F2）新生地震断层陡坎分布照片
（环文林摄于 1983 年）

图 3.5-9　荒凉滩南缘断层（F2）新生地震断层陡坎局部照片
（葛民摄于 1983 年）

图 3.5-10 为荒凉滩新生地震断层（F3）的东端。图中考察人员为本书作者环文林。陡坎高度由东部的 1m 左右，向西逐渐增高，到窝子滩北侧盆地最低点处达到 2 ～ 4 m（图3.5-11），陡坎上部为厚 2m 左右的全新世砾石层，下部为新近系红色地层，由于陡坎上升而出露地表。

图 3.5-10　荒凉滩南缘新生地震断层（F3）的东端照片（顺走向拍摄）
（葛民摄于 1983 年）

图 3.5-11　荒凉滩南缘新生地震断层（F3）窝子滩附近断层陡坎照片
（葛民摄于 1983 年）

荒凉滩冲积扇没有表土层，近 5km² 的范围内几乎荒无人烟。我们 1984 年调查时，在其南边的窝子滩仅见到一户住家，可谓荒凉得名符其实。据介绍，每年夏秋季节洪水来临，荒滩上乱石滚滚，然而风雨过后，顷刻又变得滴水全无。

1920 年海原地震时，在荒凉滩南端陡坎前地形最低洼的地方，出现了三处长年不断的泉水，泉水清澈，出水量大。显然泉水的形成与地震断层活动有关。

由此分析得出，该处因地震形成的倒陡坎使南侧第三系错动上升，高出盆地表面2 ～ 4m。上升的第三系红色黏土岩阻塞洪积扇砾石层底部的水路，于是使洪积扇砾石层底部的潜伏水路上升，泄露为泉（图 3.5-12、图 3.5-13）。照片中蹲着拍照的为本书作者葛民。

图 3.5-12　荒凉滩南端窝子滩北出现的三处长年不断的地震泉水（1）

（环文林摄于 1983 年，镜头向北）

图 3.5-13　荒凉滩南端窝子滩北出现了三处长年不断的地震泉水（2）

（葛民摄于 1983 年，镜头向南）

　　荒凉滩的地震张性形变带向西止于盆地最低点——窝子滩主冲沟以东。冲沟以西地震断层形变带的性质进入以左旋走滑性质为主的主体走滑段，垂直位移逐渐减小，走滑幅度加大，走向也由近东西转为北西西，与哈思山南麓断裂相一致。

图 3.5-14 荒凉滩南缘地震断层反向陡坎走向和性质在窝子滩转折变化的照片
（环文林摄于 1983 年，镜头向东）

从图 3.5-14 上可以看出，窝子滩地震断层东西两段走向和形变性质都发生了明显变化，东侧为单一的正断性质，西侧（近侧）走滑幅度迅速加大，照片中陡坎下出现了由于断层左旋位移，使冲沟错位水流被阻，而形成明显的断尾沟、断塞塘，断塞塘中生出青草。地震断层走向转折处南侧即为窝子滩沟。

3.5.4 地震断层带中段——主体走滑地震形变段

荒凉滩盆地最低点以西（也就是窝子滩主冲沟以西）至哈思山南缘断层，地震断层走向转为北西西，形变性质以左旋水平走滑为主。水平位移幅度急剧增大，而垂直位移逐渐减小，进入了哈思山南麓地震断层的主体走滑段。根据形变带特征的差异又可分为下列几个次级段。

1. 荒凉滩西部地震断层反向陡坎及大幅度左旋走滑形变

窝子滩主冲沟以西的荒凉滩盆地西部，为正断层带向主体走滑段的过渡地段，以左旋走滑为主，但其东端仍保留了一定的垂直形变分量，垂直位移 1 ~ 1.5 m，其仍为南侧升高，北侧降低的"反向陡坎"。但向西至哈思山南麓垂直位移急速减小，水平位移由 7 ~ 8m 激增到 11m。荒凉滩西部沿线的冲沟、谷间脊及阶地全部被水平错断，形成了非常典型的水平断错地貌（图 3.5-15）。我们量得四个精度较高的水平位移数据。之后形变带继续向西延伸到哈思山南麓断层。

从图 3.5-16 中可以看出，荒凉滩窝子滩主冲沟以西的荒凉滩盆地南缘西部的地震断层分布，地震断层由多条次级断层斜列组合而成，具有走滑断层典型的斜列状分布特征，与窝子滩以东单一的正断层分布特征明显不同。

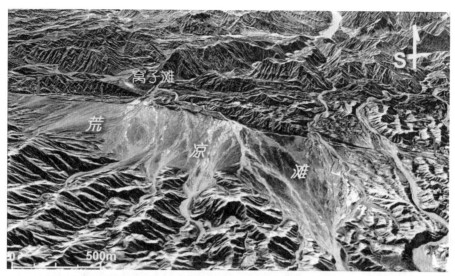

图 3.5-15　荒凉滩窝子滩主冲沟以西的荒凉滩盆地西部断层卫星影像图

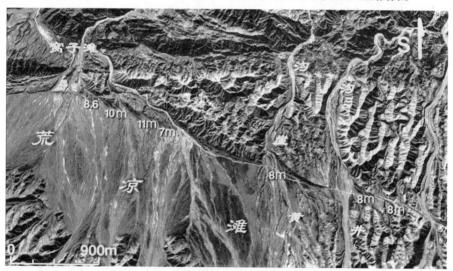

图 3.5-16　荒凉滩窝子滩主冲沟以西的大比例尺卫星影像及地震断层分布图

（图中数字为海原大地震水平位移值，单位为 m）

图 3.5-17 为 1983 年 7—8 月野外考察时，我们绘制的荒凉滩南缘西侧主体走滑段地震断层形变带分布素描图。这里是新生地震断层主体走滑段，出露了断层左旋位错形成的洪积阶地和冲沟，水平错动形成的一系列断错月牙面、冲沟错动形成的断塞塘等典型的断错地貌。这里集中了几乎所有走滑位错形成的地质、地貌现象，可以认为这里是走滑断层典型地质地貌特征的天然宝库。

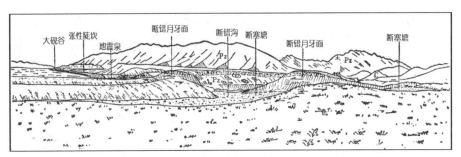

图 3.5-17　荒凉滩南缘西侧主体走滑段地震断层形变带分布素描图
（荒凉滩冲沟入口处为地震泉，其东侧为张性地震陡坎，西侧为水平走滑地震形变带）
（环文林、葛民等，1987 年）

窝子滩西北（泉水西侧）300m 处谷间脊阶地左旋错动形成断头沟和断尾沟，水平错距 8.6m，反向陡坎高 1 ~ 2m（图 3.5-18）。

窝子滩西北（泉水西侧）500m 处，阶地错断，水平位移达 10m，已较图 3.5-18 加大，但垂直位移在 1m 左右，已逐渐减小，水平位移形成的典型月牙面清晰可见（图 3.5-19）。

窝子滩西北（泉水西侧）600m 处，阶地错断，水平错距已达 11m，为哈思山主体走滑段水平位移最大值，垂直错距几乎为零（图 3.5-20）。

荒凉滩盆地西侧的黄崖沟东，阶地错断断距 8m，向西地震断层形变带向哈思山南麓扩展。

笔者写本书时距 1983 年考察时已近 40 年，考虑到荒凉滩恶劣的自然环境，如今这些地貌现象可能遭遇自然破坏，显得这些资料格外珍贵。

图 3.5-18　窝子滩西北（泉水西侧）300m 处阶地左旋错动形成的典型断头沟、断尾沟
（环文林摄于 1983 年）

图 3.5-19　窝子滩西北（泉水西侧）500m 处阶地左旋错动形成的典型月牙面和陡坎
（环文林摄于 1983 年）

图 3.5-20　窝子滩西北（泉水西侧）600m 处一条冲沟阶地左旋水平错断
（环文林摄于 1983 年）

2．哈思山南麓地震形变带分布概况

从井儿沟开始地震断层带沿哈斯山南麓断裂分布。哈思山南麓断裂走向为 N50°～60°W，倾向北东。哈思山山势险峻，平均坡度在 60°以上。尽管主峰海拔仅 2680m，但相对高差都超过 1000m。山上基岩裸露，怪石林立，沟壑深切，形成许多悬崖绝壁。

地震断层带沿山的南麓分布，沿途穿越井儿沟、沙丛沟、火石沟、白水垧、石头梁沟、鹿圈湾沟等数十条大大小小的冲沟和谷间脊。这里几乎是无人区，气候干旱，没有植被，基岩裸露，许多典型的地质地貌和地震形变现象清晰可见。1983—1984 年实地考察时这些形变现象还保留得较为完整，并通过实测绘制了哈思山南麓地震断层带及位移值分布图（图 3.5-21）。

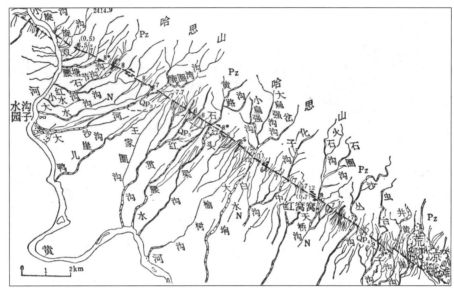

图 3.5-21　哈思山南麓地震断层带及位移值分布图

（环文林、葛民等，1987 年）

3．井儿沟—沙丛沟逆冲转化为水平左旋走滑运动的典型地质剖面

哈思山南麓断裂井儿沟—沙丛沟一带是地形最复杂的地段，山高谷深，没有人烟，是许多典型的地质地貌和地震形变现象保留得最好的一段。地震断层沿哈思山南麓断裂带分布，断裂走向为 N50°～60° W，倾向北东（图 3.5-22）。

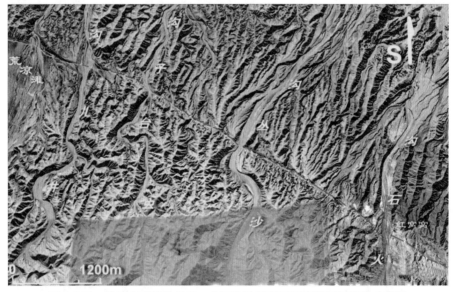

图 3.5-22　哈思山南麓井儿沟—火石沟地震断层形变带卫星影像分布图

(1) 反映断层逆冲运动时期的典型地质剖面。

喜马拉雅期的构造运动中，哈思山南麓断层的逆冲运动发生在上新世至早更新世。下泥盆统红色砂岩和下志留统板岩、砂岩，石炭系黄色砂岩、页岩分别逆冲于上新统红层和下更新统砾岩之上。大规模的逆冲和升降运动，再加上气候异常干旱，致使沟谷深切，基岩裸露，断层直露地表，构造规模之巨大，极为罕见。

　　1983 年考察队到达这里好像进入一个巨大的地质宝库，大规模的地质剖面像一幅幅清晰的画卷映入眼帘，裸露的地层显现出清晰的地质剖面，石炭系黄色砂岩、页岩和近断层处的碎裂岩、糜棱岩逆冲于上新统红层和下更新统砾岩之上。我们顿时为眼前令人震撼的地质剖面景观兴奋不已，立即用单反相机和摄像机拍摄下这些宝贵的场景（图 3.5-23 ~ 图 3.5-27），甚至忘却了翻山越岭的辛劳。

图 3.5-23　哈思山南麓断裂逆冲运动时期留下的大规模地质剖面（1）
（环文林摄于 1983 年，镜头向东）

图 3.5-24　哈思山南麓断裂逆冲运动时期留下的大规模地质剖面（2）
（环文林摄于 1983 年，镜头向东）

　　从沙丛沟至虫台子沟之间的巨幅地质剖面显示，海原断裂的逆冲运动结束于早更新世晚期。中更新世地层缺失，处于隆起和剥蚀环境，山脉快速隆起，沟谷深切，经过中更新世的过渡期后，中更新世晚期到晚更新世开始，哈思山断裂活动性质由喜马拉雅期的逆冲运动转化为水平左旋走滑运动，使前期形成的大大小小数十条冲沟和谷间脊的构造形变格局发生了重大改变，断层的左旋水平运动将这些冲沟、谷间脊及阶地全部左旋水平错断，形成了非常典型的左旋水平断错地貌。

图 3.5-25　哈思山南麓断裂晚更新世以来沟脊错位时期留下的大规模地质剖面

（环文林摄于 1984 年，镜头向西）

图 3.5-26　哈思山南麓断裂晚更新世以来冲沟左旋错位时期留下的大规模地质剖面

（环文林摄于 1983 年，镜头向西）

图 3.5-27　沙丛沟至虫台子沟断裂逆冲运动和左旋走滑运动留下的大规模地质剖面远眺

（环文林摄于 1983 年，镜头向东）

(2) 反映逆冲转化为水平左旋走滑运动的典型地质剖面。

哈思山南麓地震断层的活动就是该断裂左旋走滑运动的继承和发展。这段长 18 km 的形变带分布在哈思山南麓，延续性好，穿沟越脊，连绵不断。哈思山的强烈上升，使得沟谷切割很深，沟脊之间的高差也很大，沿山麓行走非常艰难（图 3.5-28）。

图 3.5-28　地震断层水平左旋运动使冲沟和谷间脊断错地貌及"遥路"照片（1）

（环文林摄于 1983 年，镜头向北西）

哈思山南麓次级地震断层带上，多次地震形成的巨大水平位移，使这些沟脊全部错位，形成了上游变为断尾沟、下游变为断头沟的水平断错地貌，以及一系列"沟对脊""脊对沟"的相互错位景观。原本必须翻越一座座山梁而艰难行走的道路，在沟脊错位后，山脊被错断，形成一条天然的高差较小的通道，附近村民称其为"遥路"（图 3.5-28、图 3.5-29）。

图 3.5-29 地震断层水平左旋运动使冲沟和谷间脊断错地貌及"遥路"照片（2）
（环文林摄于 1984 年，镜头向北西）

(3) 井儿沟—沙丛沟海原大地震水平位移值。

哈思山南麓次级地震断层带位移量的确定，不像荒凉滩新生地震断层，可以直接测出地震断层的水平位错值。由于地震位移叠加在晚更新世以来的水平位错之上，因此难以区分出 1920 年地震的位移值，只能通过在微地貌（如较小的冲沟等）和较新鲜的错动面上测量出错动值，来确定 1920 年地震的位移值（图 3.5-30）。

图 3.5-30　1920 年海原地震使两条小冲沟同步左旋错动
（环文林摄于 1983 年）

在哈思山段考察中，共测量到水平和垂直位移数据 60 余个，其中可以确定为海原地震所造成的位移数据近 30 个，测量点位置和位移值参见图 3.5-21。1920 年地震的水平位移数据以 7 ~ 8 m 的水平位移值居多，最大的为 11m。垂直位移较小，一般为 0.3 ~ 1.5 m。

在井儿沟至沙丛沟段位移值较大的有下列几处。

①井儿沟西 100m 处小冲沟错断，断距 8m；井儿沟西 500m 处又一冲沟错断，断距 8m。

②在虫台子沟西侧，沟壁被错断，形成月牙形新鲜断面，错距为 9m，为本段的最大值。

③沙丛沟东侧阶地错断，断距 7m；沙丛沟西侧 150m 处山脊错断，断距 7m（图 3.5-31）。

④沙丛沟西 300m 处山脊扭错，错动面以较新鲜的橘黄色黄土与周围长期受风化的黄褐色黄土表面相区别，标志非常明显，水平错距达 7m。沙丛沟西 1000m 处山脊错断，断距 7m。

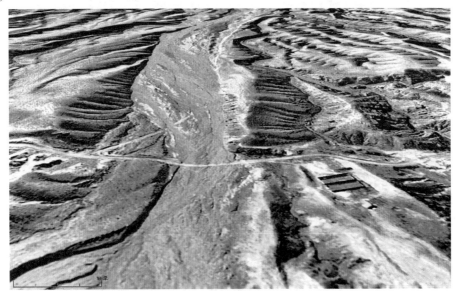

图 3.5-31　沙丛沟东岸阶地错断，断距 7m

4. 火石沟大幅度左旋水平位移

在红窝窝东约 700m 处，一条冲沟的上游和下游很不协调地衔接在一起。上游沟宽仅 5m，沟底呈 V 形，而穿过地震断层带后，沟的宽度立刻变成 15m，沟底也变成了 U 形。从平面上看，冲沟呈漏斗状，而地震断层带恰好从喇叭口的位置上通过（图 3.5-32）。

这种上下游不协调的现象，推测是由于断层左旋错位，使该冲沟断尾沟和另一条断头沟错位后连在一起，组成上下游不对称的组合。

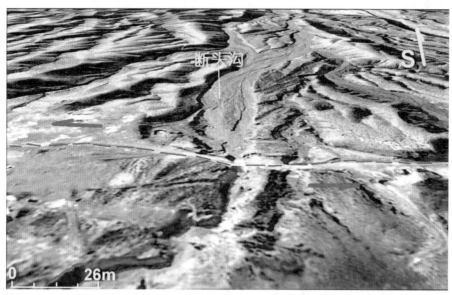

图 3.5-32　火石沟东 600m 处的断头沟

据分析，这条宽阔的断头沟的沟头可能就位于它西侧红窝窝旁的火石沟。同样通过火石沟也可看出，在断层北侧火石沟宽达 75 ～ 100m，而断层南侧下游仅宽 50 ～ 70m。上下游宽度极不对称，是否也可以支持断层以北的火石沟上游为红窝窝东那条断头沟的上游，即火石沟的上游为断尾沟（图 3.5-33）？

图 3.5-33　红窝窝东火石沟的大规模左旋水平位移形成的断头沟和断尾沟

如果是这样，则晚更新世以来火石沟的左旋水平错距已达 600m。当然如此大的位移，不是一次大地震所能形成的。这条大沟很可能在晚更新世以前就已形成，被之后的多次大地震左旋错移。

从图 3.5-33 中也可以看出，那条断头沟与火石沟之间的断层南盘，还保留了多条小的断头沟，说明这些小的断头沟就是多次古地震左旋错动后在地表留下的形变遗迹。可见自晚更新世中期以来，这里有过多次强烈的地震活动。

5. 火石沟—红贯沟大幅度水平位移和水平扭错槽地

(1)红窝窝大型左旋水平扭错槽地。

我们在哈思山南麓自东向西徒步考察中发现，左旋水平扭错槽地在火石沟、化子沟一带极为发育，其中以红窝窝一带最为典型（图 3.5-34）。

火石沟一带的哈思山山体多为加里东中期闪长岩和石英闪长岩，这种岩石可做打火石，故称之为火石沟。我们在火石沟东岸一小冲沟阶地错动处，测得海原大地震水平位移值为8m。

图 3.5-34　火石沟至扁强沟一带地震断层分布卫星影像图

断层的南盘为新近纪和早更新世地层，新近纪后期的喜马拉雅运动使加里东期的闪长岩和石英闪长岩逆冲到新近纪和早更新世地层之上。中更新世晚期至晚更新世，该断层转化为水平左旋走滑运动，使哈思山山麓新近纪和早更新世地层发生了强烈的左旋扭曲，在山前火石沟东西两侧至化子沟以东，形成了宽达 200 ~ 300m 的新近纪至早更新世地层组成的扭错槽地。

其中以火石沟西侧的红窝窝扭错槽地最为发育。槽地内发育近南北走向的由下更新统砾岩组成的压性陡坎，这些陡坎又被后期的三条北西向破裂面左旋错断为 2 ~ 4 段，错距为 40 ~ 50m，其中一处较新的错距为 11m，为海原大地震在该地段的左旋水平位移值（图3.5-35）。这个数值略高于火石沟东岸阶地小冲沟的 8m 水平错动值。

从图中还可看出，扭错槽地内新近纪红层被左旋扭曲，形成许多平行的弧形压性小断层，使新近纪红层被左旋水平扭曲得支离破碎。经后期风雨冲刷，红层直接裸露于地表，故后人称其为"红窝窝"。

远眺火石沟至化子沟扭错槽地分布的全貌（图 3.5-36），可以看出其规模是相当大的。

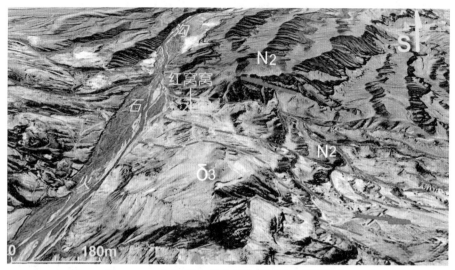

图 3.5-35　红窝窝左旋水平扭错槽地卫星影像图

图 3.5-36　化子沟远眺哈思山古生代变质岩逆冲到新近纪和早更新世地层之上全景照片
（环文林摄于 1983 年，镜头向东）

(2)火石沟—红贯沟山脊水系大幅度左旋水平位移。

扁强沟至红贯沟一带断层水平位移量较大，最大位移值达 11m。其他位移值多为 7 ~ 8m。在图 3.5-37 中标出了各测量点的位置和位移量。

这些测点的平均水平错动很大，而垂直位移幅度与其他段相比相差不大。其中较清楚的有：红窝窝 11m，在白水垌上游扁强沟西 50m 和 800m 处小冲沟水平错动 11m 和 8m（图 3.5-38 和图 3.5-39），在黄石头梁沟东 550m 和 150m 处测得冲沟分别错动 8m（图 3.5-37）。

以上各点的位移值和分布规律将在本书第 4 章讨论。

图 3.5-37　火石沟—红贯沟地震断层分布卫星影像图

图 3.5-38　白水坰上游扁强沟西 50m 处小冲沟水平错动 11m

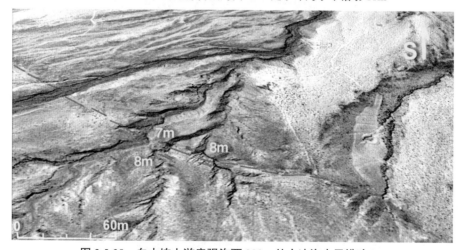

图 3.5-39　白水坰上游扁强沟西 800m 处小冲沟水平错动 8m

3.5.5　地震断层带西段——新生压性地震形变段

大沙河以西哈思山南麓地震断层进入西端压性地震形变段（图 3.5-40）。地震断层带水平位移逐渐减小，垂直位移逐渐加大。

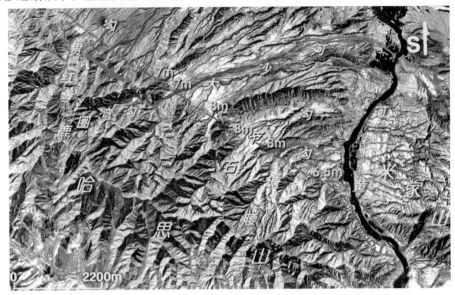

图 3.5-40　大沙河至黄河地震断层卫星影像图

这一带断层平直如刀切，地形高差较大，断层尾端的张性成分逐渐增加，差异运动明显。由于靠近黄河，山前多发育坡度很大的洪积扇，早更新世地层遭受剥蚀，新近纪红层直露地表。

1. 石节沟、腰塘沟下游压性逆冲带

石节沟下游至黄河地震断层的性质以逆冲为主，水平位移渐小，垂直位移加大。断层北盘急速下降，地形反差加剧，河流下切第三系红色地层大片出露。为更清楚地反映这种特征，我们选用卫星影像图从南向北看，哈思山南麓地震断层的西端压性形变现象更加清楚（图 3.5-41）。

2. 哈思山西麓黄河新生压性地震陡坎

我们沿哈思山南麓地震断层带一直向 N60° W 方向追索，在双旋沟西到达黄河边。地震断层并没有在此继续向西穿过黄河，而是急转向北，以一条新生地震断层破裂带，沿哈思山西麓的黄河东岸向北延伸。沿黄河东岸形成高 3 ~ 5m 的压性陡坎，陡坎为 1 ~ 2 级，有的地段达 3 级，陡坎最高处高差达 10m 以上，南北长达 1200m（图 3.5-42）。沿陡坎向北追踪，在黄河近东西向段的北侧地震断层穿过一个大洪积扇，在洪积扇上形成 1 ~ 2m 高的陡坎后，进入黄河。

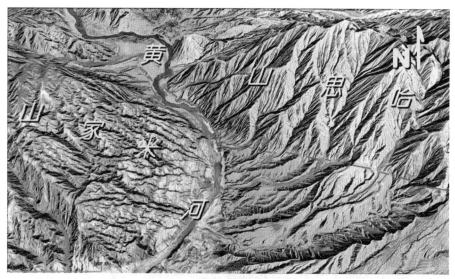

图 3.5-41　哈思山南麓断层西端压性形变段卫星影像图

图 3.5-42　哈思山西麓地震断层西端新生压性地震断层陡坎分布卫星影像图

　　为了继续向河西岸追寻，我们考察组乘当地特有的"羊皮筏"渡过黄河，开始对米家山段的调查，经调查地震断层在黄河河道近东西向的河道北穿过黄河，在河对岸米家山北麓继续向西扩展（图 3.5-43）。在黄河西岸形成高出河岸 10 ～ 15m 的陡坎，在米家山东麓断层部位地震断层形成高 1 ～ 2m 的陡坎。在上述两者之间一系列冲沟的东北岸都为高度不等的阶梯状陡坎，这些陡坎东南部高 1 ～ 2m，向西逐渐加高，靠近道红沟东岸陡坎高达 15m，显示这一带局部强烈隆起。海原地震时这些陡坎都再次活动。

3. 黄河新生挤压隆起构造区

　　我们将在黄河两岸调查得到的地震断层标记于图 3.5-43 上，地震断层形变带的分布便清晰地显现出来。地震断层形变带穿过黄河，与米家山东麓断层之间形成挤压构造区，实现了哈思山南麓断裂向米家山北麓断裂的扩展贯通。

图 3.5-43　哈思山南麓地震断层西端新生压性地震断层和黄河挤压构造卫星影像图

3.5.6　哈思山地震断裂向米家山地震断裂扩展贯通的构造力学分析

在黄河河道两侧，哈思山西麓断层为东倾向西逆冲的断层，米家山东麓断层为西南倾向东逆冲的断层。两条地震断层的端部压性对冲部位形成垂直于断层的北东东—南西西向的局部挤压，使对冲区内局部挤压隆起，形成沿黄河西岸的挤压隆起区（图 3.5-44）。

黄河地震挤压构造区位于黄河西岸米家山东麓，道红沟以东。该隆起区在黄河西岸高出河岸 10 ~ 15m，在米家山东麓断层部位高出河面达 200m，坡面向东倾斜。本书称其为"黄河西岸倾斜挤压隆起区"（图 3.5-44）。

1920 年海原大地震时，该隆起构造再次活动，黄河两岸断层上都出现了新的地震断层陡坎，陡坎高差 2 ~ 3m。在断层陡坎下的支沟谷出口处形成多个小型新冲积扇，叠加在老洪积扇之上，显示黄河两岸断层及隆起区在地震时都再次强烈活动。

值得注意的是，该隆起区在北东东—南西西向挤压应力的作用下产生北西—南东向张力，在隆起区内形成一系列北东东—南西西向的阶梯状张性陡坎。这些陡坎东南部高 1 ~ 2m，向西逐渐加高，靠近道红沟东岸处陡坎高达 15m。

从以上分析中可以看出，黄河西岸东倾隆起区形成构造力学机制比较复杂。总体来看，哈思山南麓断层与米家山北麓断层两者之间为左旋右阶斜列，斜列部位为两断层的上升隆起区相重叠处，因此为"挤压隆起区"（图 3.5-45）。

而该黄河隆起区内，在两条新生地震断层的端部，又组成小型的左旋左阶斜列阶区，力学性质应为张性。两者组合在一起，使得该"黄河挤压隆起区"，在隆起的大背景之下又有局部的拉张，导致隆起区内发育一系列北东东—南西西向的阶梯状陡坎（图 3.5-44）。

黄河挤压隆起区，实现了哈思山南麓断层向米家山北麓断层的扩展、贯通。

图 3.5-44 米家山地震断层东端压性地震形变段分布图

图 3.5-45 哈思山南麓断层与米家山北麓断层之间黄河地震挤压构造力学分析卫星影像图

3.6 米家山—马厂山北麓次级地震断层带

3.6.1 地质构造背景

米家山和马厂山位于甘肃省景泰县境内,是两座斜列状分布的近东西走向的带状山系。米家山地形起伏较大,山峰陡峭,深沟密布,相对高差达 700 多米。在大口子—三塘以南的马厂山，地形起伏不大，山势平缓，相对高差 200 多米，多发育一些 U 形冲沟和山前小平原（图 3.6-1）。

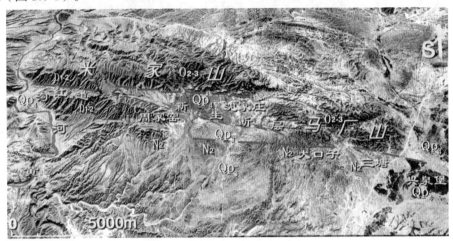

图 3.6-1 米家山和马厂山段地质构造卫星影像图

米家山北麓断裂东起黄河道红沟，至沈家庄以南。马厂山北麓断裂东起沈家庄以北，经大口子、三塘至兴泉堡。两山走向都为 N70° W，倾向南东。

米家山断层南盘在道红沟一带为下泥盆统紫红色泥岩，断层北盘为下石炭统砂岩和下泥盆统紫红色泥岩，上覆全新世冲洪积层。喜马拉雅运动期断层南盘向北逆冲到北盘的下石炭统砂岩和下泥盆统紫红色泥岩之上。付家岘以西南盘为上奥陶统的灰绿色变质砂岩、泥岩，北盘为全新世冲洪积层（Qp_4）。

喜马拉雅运动期断层南盘向北逆冲到北盘的上新统红色地层之上。晚更新世以来断裂性质转化为左旋走滑兼正断活动性质。

马厂山断层南盘为上奥陶统的灰绿色变质砂岩、泥岩，断层北盘为上新统红色地层。断层南盘向北逆冲到北盘的上新统红层之上，晚更新世以来断裂性质转化为正断兼左旋走滑活动性质。

3.6.2 地震断层概述

1983 年作者等在哈思山调查完成后，乘当地特有的"羊皮筏"渡过黄河，开始对米家山地震断裂带进行深入的调查。1984 年又进行了重点复查。

为了更清晰地显示地震断层形变带的分布特征，本节对 2019 年 3 月 14 日和 2020 年 3 月 20 日的卫星影像图进行解译编制，考察及研究得到的米家山段地震断层分布情况在图上标出（图 3.6-1、图 3.6-2）。从图中可见，地震断层道红沟段沿米家山南麓断裂展布，到付家岘以后逐渐离开米家山南麓断裂，沿米家山北缘的洪积扇，以一条新生地震断层经周家窑至沈家庄北，于沈家庄西北进入新近纪地层分布区，之后沿马厂山北麓山前断裂展布，最后终止于兴泉堡村东，走向为 N70° W，长 25km。

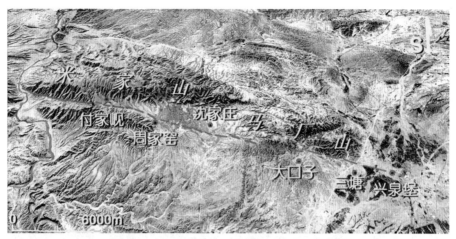

图 3.6-2 米家山和马厂山地质构造卫星影像图

在该段考察中共获得水平和垂直位移数据 20 余个，其中水平位移数据 18 个。同时沿线徒步实测填图，编制了 1 ： 10 万地震断层形变带和位移数值分布图（图 3.6-3）。

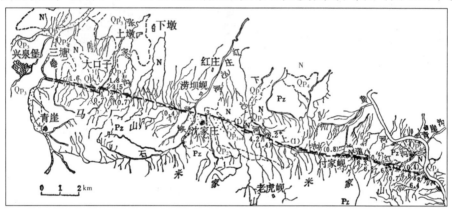

图 3.6-3 米家山—马厂山北麓次级地震断层带及位移量分布图

（环文林、葛民等，1987）

该段断层可分为三段，各段的形变特征仍有差异。

(1)东段：位于米家山东麓，地震形变以压性为主要特征。

(2)中段：道红沟上游至沈家庄西，地震形变以左旋走滑兼张性为主要特征。

(3)北段：大口子至兴泉堡，地震形变以张性为主要特征。

3.6.3 地震断层带东段——压性形变段

1. 地震断层沿米家山东麓分布

海原大地震地震断层形变带由哈思山西麓新生地震断层经黄河进入米家山东麓，实现了哈思山南麓地震断层向米家山北麓断层的扩展，地震断层继续沿米家山北麓向西延伸。

地震断层位于米家山东北麓，水平形变量很小，以垂直形变为主，以压性隆起为主要形变特征，端部垂直形变段长 1200m。

2. 黄河挤压构造带

从图 3.6-4 上可以看出,在黄河河道两侧,哈思山西麓断层为东倾向西逆冲的断层,米家山东麓断层为西倾向东逆冲断层。两条地震断层的端部压性对冲,使对冲区内局部挤压隆起,形成沿黄河的挤压隆起区,本书称为"黄河地震挤压构造区"。

图 3.6-4　哈思山南麓断层与米家山北麓断层之间黄河地震挤压构造卫星影像图

1920 年海原大地震时再次活动,形成了新的断层陡坎,陡坎高差 2 ~ 3m。在断层陡坎下盘沟口处,都在老的洪积扇上叠加形成新的小型洪积扇。黄河西岸挤压隆起区的地震形变特征和力学机制,本书已在 3.5 节详细讨论。

3.6.4　地震断层带中段——走滑兼张性形变段

地震断层主体走滑段位于米家山北麓,可分为两段。东段:沿道红沟谷地南岸山麓分布(道红沟向东流入黄河);西段:在付家岘小分水岭以西地震断层逐渐离开米家山北麓断裂,一条新生断层沿上沟北岸,经周家窑、沈家庄盆地北缘,最后终止于沈家庄以西,全长 17km。

由道红沟到沈家庄共获得 14 个水平位移数据,一般为 4 ~ 8m,最大水平位移为 8m,而垂直位移幅度为 1 ~ 2m。可以看出该段进入主体走滑段,以左旋走滑运动性质为主。

值得注意的是,米家山北麓地震断层的主体走滑段,与其他次级段所具有的走滑兼逆冲性质不同的是,该主体走滑段具有明显的张性分量,地表以张性"反向陡坎"(或称"倒陡坎")的形式出现。反向陡坎是带有倾角走滑断层向张性尾端过渡区的典型特征。

米家山北麓次级地震断层带位于海原大地震地震断层带的最西端,地震断层带的尾端张性特征非常明显,现分段详述于后。

图 3.6-5　道红沟段地震断层分布卫星影像图

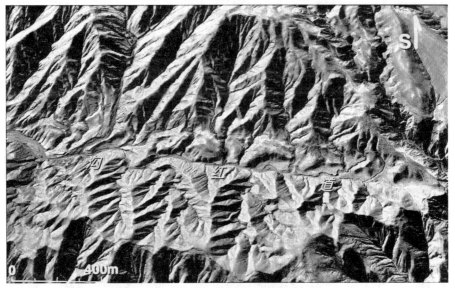

图 3.6-6　道红沟段地震断层水系左旋扭错大比例尺卫星影像图

1. 道红沟段大幅度左旋走滑形变

道红沟段是米家山地震断层带主体走滑段水平位移最大的地段。地震断层沿道红沟上游南侧米家山北麓分布（图 3.6-5、图 3.6-6）。

在道红沟南岸，地震断层形变带沿沟南侧的山坡向北西西方向延伸，沿线许多冲沟和小山脊左旋错断，并发育有小断塞塘。陡坎北高南低，表现为与地形反向的"反向陡坎"，即米家山一侧（上盘）反向下降，山麓下石炭统砂岩和下泥盆统紫红色泥岩（下盘）上升。道红沟一带地处偏僻的黄河西岸，人为破坏较小，所以地震断层破裂带保留较好。

1983 年调查时拍摄到一张珍贵照片（图 3.6-7）。照片中近端的米家山北麓地震断层把一系列冲沟左旋错断，形成的反向陡坎月牙形面、沟脊错位造成的断塞塘（深绿色处）十分清晰。照片上部远端黄河对岸是哈思山南麓地震断层，该断层和米家山北麓断层强烈反差的特征清晰可见。

图 3.6-7　道红沟南岸山坡上的多条冲沟左旋水平错断形成的反向陡坎月牙面
（环文林摄于 1983 年，镜头向东）

　　为了更全面、以更大角度观察道红沟段米家山北麓断裂的反向陡坎分布特征，我们选用卫星影像资料（图 3.6-8、图 3.6-9）。

图 3.6-8　道红沟南岸山坡上的多条冲沟左旋水平错断形成的反向陡坎卫星影像图

　　图 3.6-8 是经图像处理后顺断层走向观察的卫星影像图。从图中可以看到沿山麓一系列冲沟左旋错动形成的反向陡坎。图中近处一条沟因左旋错动，在沟壁处出露了清晰的断层剖面，上盘是米家山泥盆纪紫色砂砾岩，下盘为下石炭统砂岩和下泥盆统紫红色泥岩。

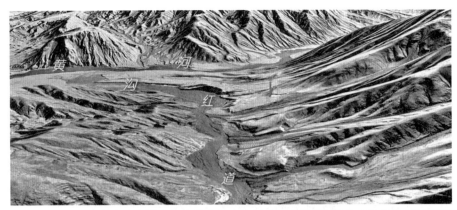

图 3.6-9　道红沟南岸山坡上的多条冲沟左旋水平错断形成的反向陡坎大比例尺卫星影像图

图 3.6-10 为 1983 年野外调查时拍摄的照片。该照片正是上述图 3.6-9 中那条冲沟左旋错动留下的断层剖面和反向陡坎形成的断陷形变带。

图 3.6-10　米家山北麓道红沟断层地震沟脊错断和反向陡坎地质地貌照片
（环文林摄于 1983 年，镜头向东）

图 3.6-10 清晰显示，上新世—早更新世断层上盘泥盆系红色砂岩逆冲到石炭系灰色地层之上。

晚更新世以后，由于断层转化为左旋走滑运动，米家山一侧上盘反向下降，形成沿断层的断陷形变带（绿色草地部位），山麓下泥盆统紫红色泥岩（下盘）上升，形成"反向陡坎"。图 3.6-10 中的灰色部分为下泥盆统紫红色泥岩下面的石炭系杂色砂岩，由于断层早期的逆冲运动，被推到地表。

剖面旁的冲沟被整齐地左旋错断，还形成了断塞塘。我们在错断形成的新鲜断面处量得水平错距 8m。

在道红沟段共获得 9 个水平位移数据，一般为 6.3 ～ 8m，其中 7.6 ～ 8m 的数据 4 个，最大水平位移 8m，垂直位移不到 1m，都具有相似的位错特征。位移分布数据见图 3.6-3，位移数据列表见第 4 章。

2．上沟段地震断层左旋走滑形变

上沟段位于付家岘分水岭至周家窑一带。图 3.6-11 为该段地震断层分布卫星影像图。

付家岘位于道红沟源头的一条北北西向山脊上。山脊东侧的道红沟向东流入黄河，山脊西侧的上沟，则向西流入周家窑—沈家庄盆地。道红沟形变带越过此山脊后，逐渐离开米家山北麓断裂，以一条新生地震断层沿上沟北岸展布。上沟上游地震断层形变带因距上沟河床太近，多被洪水冲坏，只断续保留一些坡面南倾的陡坎，且均为北高南低的反向陡坎，只有周家窑一带仍保留较好。

(1) 周家窑西小冲沟左旋水平错断。

图 3.6-12 为周家窑西 600m 一条小冲沟左旋水平错断形成的断头沟、断尾沟和断塞塘，左旋水平错距 6.2m。

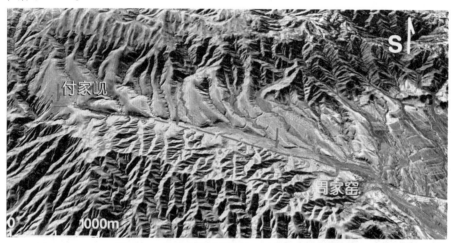

图 3.6-11　上沟段地震断层分布卫星影像图

图 3.6-12　周家窑西小沟错断形成的断塞塘
（环文林摄于 1983 年，镜头向东）

(2) 周家窑反向地震陡坎与地震泉。

在周家窑村附近地震断层形变带保存得较好，形变带从周家窑村南通过，地震陡坎下有一眼泉水。据当地老乡说，该泉水为海原大地震时形成，水量充沛，即便大旱，也从未干涸（图 3.6-13），周家窑村即位于东侧的陡坎之下。

图 3.6-13　周家窑反向陡坎与地震泉水卫星影像图

周家窑地震断层形变带分为两支。一支为村西北陡坎，陡坎高差 1 ~ 2m，仍为北高南低，长约 800m，最后在村西北消失（图 3.6-14），另一支越过村西面的大冲沟，向沈家庄盆地延伸。

图 3.6-14　周家窑村北地震陡坎卫星影像图

3. 周家窑—沈家庄盆地新生地震形变带

周家窑—沈家庄盆地是米家山北麓的一个近东西走向、向北倾斜的一系列洪积扇组成的全新世洪积平原。

　　1920 年海原大地震时，在洪积平原的中下部形成高 1m 左右的地震陡坎，把洪积扇错断，高度虽不高，但线性分布特征非常明显，绵延长达数千米，呈斜列状分布，成为该区的一大地质景观（图 3.6-15）。向北倾斜的洪积扇的上游下降，下游反向上升，仍为典型的反向陡坎。这一现象在卫星影像图中清晰可见，与荒凉滩南缘的反向陡坎极为相似。

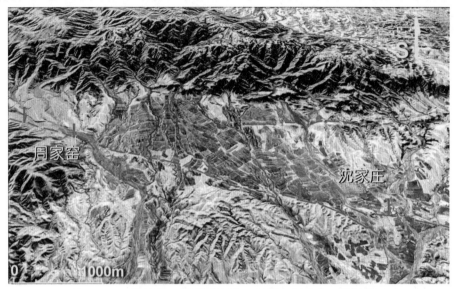

图 3.6-15　周家窑—沈家庄盆地新生地震断层分布卫星影像图

　　周家窑—沈家庄盆地地震形变带的水平位移幅度，较道红沟和上沟段已明显变小，考察中共获得水平位移数据 4 个，位移值为 4.0 ～ 4.5m；垂直位移幅度在周家窑村西至沈家庄一带已减为 0.5 ～ 1.0m。由于小冲沟的水平错位和陡坎的反向抬升，阻断洪积扇自南向北的水流，所以陡坎南侧往往出现断塞塘，塘内水草丛生（图 3.6-16、图 3.6-17）。

　　图 3.6-17 中人站立处为断塞塘和反向陡坎。周家窑—沈家庄盆地中的地震陡坎，东段分布在盆地中的第四纪覆盖层内，向西延至沈家庄东北。

图 3.6-16　周家窑—沈家庄盆地中的新生地震陡坎照片（1）
（环文林摄于 1983 年，镜头向西）

图 3.6-17　周家窑—沈家庄盆地中的新生地震陡坎照片（2）

（环文林摄于 1984 年，镜头向西）

4. 沈家庄—大口子以东段

图 3.6-18 为沈家庄—大口子的卫星影像图。地震断层自沈家庄西北向西离开盆地，进入红庄沙河的西支流沟北侧，在新近纪红层中分布，沟北侧一系列小沟左旋扭曲，显示仍有走滑位移成分。图 3.6-19 为红庄沙河的西支流沟北侧新近纪红层中山脊反向陡坎，左旋水平位移 2m，垂直位移 1.5m。

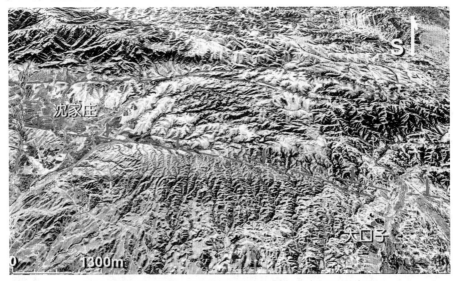

图 3.6-18　沈家庄—大口子新生地震断层分布卫星影像图

图 3.6-19　红庄沙河的西支流沟北侧新近纪红层中小山脊反向陡坎
（环文林摄于 1983 年，镜头向东）

3.6.5　地震断层带西段——张性形变段

大口子—兴泉堡一带为张性形变段，地震断层沿走向 N70° W 的马厂山北麓断层的山前低丘一带分布。水平位移明显较主体走滑段减小，迅速减至 2m 以下，垂直位移明显增加，以以张性为主的倒陡坎的垂直形变为主要特征（图 3.6-20）。

1. 大口子—三塘张性断陷地震形变

(1) 大口子东南地震断层形变带的张性地堑带。

在大口子东南一条深切的大冲沟西侧，地震断层形变带为一典型的地堑带。该地堑带位于马厂山北缘南倾的断层上，断层下盘新近纪红层上升，断层上盘马厂山一侧奥陶系变质砂岩下降，形成反向陡坎，断层南盘断陷垂直断距 2m，水平断距 1.8m，形成沿断裂带分布的小型地堑带（图 3.6-21）。

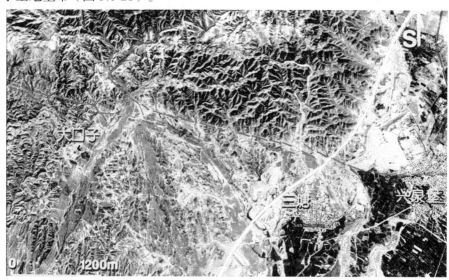

图 3.6-20　大口子—三塘—兴泉堡南地震断层分布卫星影像图

(2) 三塘南新近纪红层中的一系列山脊断错形成的张性反向陡坎。

三塘南马厂山麓新近纪红色地层中地震断层使一系列小山脊张性兼左旋错移。这些山脊错动面的断面南倾，左旋水平错距小于 1m，垂直错距 1 ~ 2m，形成了非常典型的一系列山脊断错地貌，有的地方还形成了断塞塘。马厂山南侧下降，北侧上升，形成与自然坡降相反的反向陡坎。一系列山脊依次断错为该区一大景观，其中以三塘南这一段最典型（图 3.6-22 ~ 图 3.6-24）。陡坎高度向西逐渐升高，张性特征逐渐明显。

图 3.6-21　大口子东南马厂山北麓断层上的地震地堑断陷形变带
（环文林摄于 1983 年，镜头向东）

图 3.6-22　马厂山麓新近纪红色地层中的一系列小山丘错断形成的反向陡坎（1）
（环文林摄于 1983 年，镜头向东）

图 3.6-23　马厂山麓新近纪红色地层中的一系列小山丘错断形成的反向陡坎（2）
（环文林摄于 1984 年，镜头向东）

图 3.6-24　马厂山麓新近纪红色地层中的一系列小山丘错断形成的反向陡坎（3）
（环文林摄于 1983 年，镜头向东）

3.6.6　地震断层带西延段分析讨论

前人调查的结论和我们 1983 年的调查结果都认为，海原大地震地震断层形变带在兴泉堡东进入盆地后逐渐消失，海原大地震地震断层西端止于兴泉堡以东。

本书通过卫星影像解译分析，认为该地震形变带可能还向西延至兴泉堡以西周家田庄一带。

在三塘以西的平原区内，在地面上形变带已经观察不到。但由于卫星影像对于地下水位具有一定的透视功能，经过一定处理的卫星影像图（图 3.6-25）显示，三塘向西，地震断层的西延部位地下水位的分布具有明显差异，显示出明显的东西向线性影像分布迹象（红色箭头所示）。

在兴泉堡以西居民点稀少且人为改造较少的地区，线性影像更加明显。高 1m 左右、北升南降的陡坎，把自南向北倾斜的洪积扇北缘切断（周家田庄南地下水位较高的深色部位），断层以南地下水位较高，形成良田，同样也具有反向陡坎的性质。如果是这样，则海原大地震的地震断层可能还应向西延长达 4km，至周家田庄西（图 3.6-26），即月亮山—马厂山地震断层带应长达 29km。

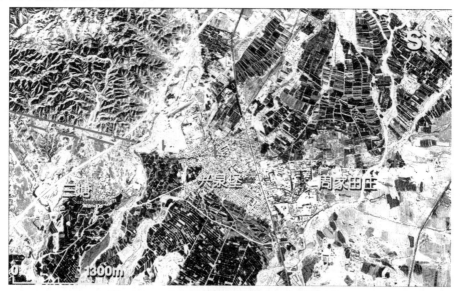

图 3.6-25　三塘—兴泉堡—周家田庄卫星影像图

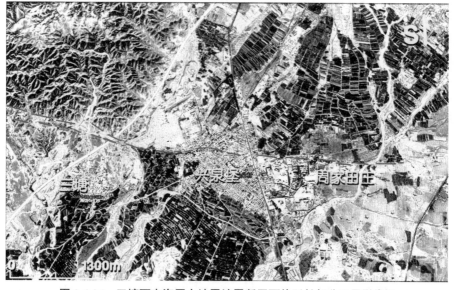

图 3.6-26　三塘西南海原大地震地震断层可能延长部分卫星影像图

第4章 海原大地震地震断层破裂带地表形变特征

4.1 地震断层破裂带的垂直形变特征

地震引起的山岩崩塌、滑坡、垂直隆起和断陷等垂直形变，是地震断层地表破裂带形变现象的重要类型之一。

海原大地震地震断层破裂带的垂直形变现象可分为两类：震源破裂起始点引起的垂直形变和走滑地震断层端部的垂直形变效应引起的垂直形变。

4.1.1 震源破裂起始点引起的垂直形变

海原大地震的垂直形变主要分布在海原大地震地震断层的东端，即月亮山东麓次级地震断层带。月亮山东麓次级地震断层带位于整个海原地震断层带的东南端，是海原大地震震源破裂的起始点，总体地震形变现象以垂直升降运动为主，以大规模的山体崩塌和滑移为主要特征。本书3.1节已进行了详细研究，本章不再详述。

月亮山东麓次级地震断层带处于这次地震的仪器震中所在地区，即海原大地震破裂起始点地带。由于破裂起始点位于正下方，地震产生强烈的自下而上的垂直冲击力，在地表产生强大的水平张力，给大规模的崩塌、滑坡提供了强大的动力。

月亮山东麓次级地震断层带位于我国著名的六盘山地区，这里山势雄伟，气候干旱，地表又覆盖很厚的黄土层，为山体强烈崩塌、大规模滑坡、长距离滑移创造了地质地貌和场地条件。

以上内因、外因的作用，可能就是这里产生大规模崩塌滑坡的主要原因。

这种形变现象与2008年5月12日四川汶川8级地震非常相似，在仪器震中的映秀一带，作为汶川大地震震源破裂的起始点，地震瞬间造成了山崩地移、山河改观、屋毁人亡等现象。当然海原8.5级大地震的山崩、滑坡的规模，影响范围，能量之大都远远高于四川汶川8级大地震。

海原大地震月亮山东麓地震断层带所发生的大规模滑坡、崩塌等垂直形变现象，是山区大地震震源破裂起始点最典型的地震断层垂直形变特征，它显示震源破裂从这开始并自此向外扩展。

4.1.2 走滑地震断层端部的垂直形变效应引起的垂直形变

走滑地震断层端部的垂直形变效应引起的垂直形变，是走滑断层构造形变的重要组成部分，在海原地震断层带上很普遍。本书将在下面讨论地震断层的水平位移分布特征时一并详细讨论。

4.2 地震断层破裂带的水平形变特征

1920 年海原 8.5 级大地震在地表除产生了上述大范围的垂直形变外，也产生了规模宏大的左旋水平走滑运动。

海原大地震由下列六条次级地震断层组合而成：①月亮山东麓次级地震断层带；②南西华山北麓次级地震断层带；③黄家洼山南麓次级地震断层带；④北嶂山北麓次级地震断层带；⑤哈思山南麓次级地震断层带；⑥米家山—马厂山北麓次级地震断层带。六条次级地震断层带都为左旋水平走滑地震断层带。

在长达 246.6km 的海原大地震地震形变带上，我们共获得了 293 个精度较高的地震断层位移数据，分别将六条次级地震断层带水平及垂直位移值列入表 4.2-1 至表 4.2-6。表中数据都直接取自 1920 年海原大地震地震形变带上的同震位移。测量中选取精度较高的地震位移数据，排除了古地震造成的位移形变影响。表中精度划分为 A、B 两类。A 类为错动标志明显、清晰，可以直接测量的数据；B 类为错动标志不够清晰，但仍可能推算出的数据。

表 4.2-1 1920 年海原大地震月亮山东麓次级地震断层带水平和垂直位移统计表

段名	位　置	错动地物名称	水平位移值			垂直位移值	
			水平错动量 /m	精度	取值 /m	垂直错动量 /m	取值 /m
垂直断陷段	硝口 喇嘛墩 叶家河	滑坡陡坎 滑坡陡坎 阶地陡坎		A A A	0	3~4 2.5 4~5	5
主体走滑段	西沟 上大寨 上大寨 杨庄水库西 杨庄水库西山坡	小沟 小沟 山脊 小冲沟 小沟	4 4 4~5 4 4	A A A A A	4	1.4 1~2 0.6 0.8	1~2
	猫儿沟上游东坡	小沟	8.5	A	8.5		
	猫儿沟	小沟冲积扇	12	A A	11~12		
	马儿山	山脊	12	B			
	蒿艾里 蔡祥堡南山	滑坡 山脊	11	A A		1.5 1.2	
	黄蒿湾西坡 黄蒿湾	多条小沟	3~4	A	4		
垂直隆起段	唐家洼 崖窑上	小沟 地震破裂带	3	B	3	1~2 2~3	2
	禾地湾 小南川	陡坎 陡坎				4~5 5	5
	武家峁岗南坡 武家峁岗东侧	陡坎 破裂带陡坎			0	10 14	12

续表

表 4.2-2　1920 年海原大地震南西华山北麓地震断层形变带水平和垂直位移统计表

段名	位　　置	错动地物名称	水平位移值			垂直位移值	
			水平错动量 /m	精度	取值 /m	垂直错动量 /m	取值 /m
垂直隆起段	曹洼村西北 3km 山前	陡坎				1~2	3~5
	乱堆子西北 1km 黄土斜坡	陡坎				3~4	
	乱堆子南山麓	陡坎				4~5	
	乱堆子南山麓河滩	裂缝	0.50			1	
	乱堆子局部坍塌	2~3 级陡坎	0.5~1			4~5	
	乱堆子西北第一山脊	陡坎				4	
主体走滑段	坊家庄村西南 700m 处山坡上	石垒田埂（二条）	4.3 4	A A	4~5		2
	坊家庄村西南 800m 处	小沟	4.7	A		1~2	
	油坊院村南冲沟东侧	冲积锥	4.3				
	油房院西第三系山梁错断	山脊及田埂	4.5	A		1.5	
	黄石头沟河床	陡坎	5	A		1	
	黄石头沟东岸	阶地	3	A			
	黄石头崖	山脊	5.5	A			
	芦子沟河床	阶地		A		1	
	芦子沟西 700m 山坡上	小沟	4.7	A		1.2	
	芦子沟西 500m	小沟断塞塘	4.5	A			
	山门东南 1.5km	梯田埂	4	A			
	山门东南 1km 处山坡上	冲沟	4.5	A		1.5~2	
	小山东 600m 处	隆脊		A			
	小山村	隆脊	4.0	A			
	小山西 250m 处山坡上	冲沟		A			
	安洼里槽地东部	小沟	4	A	6	2~3	2~3
	安洼里槽地西部	小沟	6	A			
	安洼里槽地南山麓断裂	小文沟	8	A	8		
		阶地	8	A			
	安桥堡	洪积扇	7、8	A	8	1	1
	刺儿沟村南	谷间脊	5.6	A			
	刺儿沟村南	冲沟	5.8	A			
	刺儿沟西	洪积扇阶地	10	A	10		
	野狐坡东沟	阶地	12	A	12		
	野狐沟	阶地	12、13	A	13		
	野狐坡西沟	洪积扇	14	A	15	1	
	菜园	小沟	15	A			
	菜园村西 800m 处	冲沟	15	A			
	鸠子滩—马家湾沟	阶地	15	A			
	任湾	堰塞湖					
	园河村西	大滑坡					
	大沟门村南 1km 处	冲沟	3.0	A	5		
	大沟门村西南 700m 山麓	冲沟	5.0	A			
	大沟套东南	冲沟	3.8	A			
	大沟套左旋扭错断陷	阶地	5	A	11		
	大沟套西 350m	田埂	11	A			
	大沟门田埂错断处西 360m	小沟	11	A			
	哨马营东南 1.3km 山坡上	冲沟	6.0	A	6	1	1～2
	哨马营东南 1.3km 山坡上	冲沟	6.2	A			

续表

段名	位　置	错动地物名称	水平位移值			垂直位移值	
			水平错动量 /m	精度	取值 /m	垂直错动量 /m	取值 /m
主体走滑段	哨马营村东 300m 山坡上断塞塘	冲沟	8.0	A	9~12	2	1 ～ 2
	哨马营村	陡坎		A			
	哨马营沟	阶地	12	A			
	哨马营沟西阶地	小沟	11.7	A			
	方家河村西南大冲沟	冲沟	9.1	A			
	方家河村西 300m 处	冲沟	9.5	A			
	石卡关沟东梁	黄土埂	7	A			
	石卡关沟东	五小沟	8~11	A			
	石卡关沟南侧山坡断塞塘	冲沟	10	A	10~11		
	石卡关沟南侧山坡断塞塘	冲沟	10	A			
	石卡关沟南侧山坡断塞塘	冲沟	11	A			
	石卡关沟南侧山坡	冲沟	10	A			
	石卡关沟南侧山坡	冲沟	11	A			
	石卡关沟南侧山坡	陡坎				1~3	2 ～ 3
	石卡关沟南侧山坡	陡坎					
	石卡关沟西侧 400m 山坡上	黄土梁月牙面	11	B	11	2~3	
	石卡关沟西侧 400m 山坡上	黄土梁	11	A			
	红岘子东 700m 山坡上倒陡坎	山脊	11	A	11	2	
	红岘子东 700m 山坡上倒陡坎	山脊	11	A			
	邵庄西 900m 小地堑	田埂	4.7	A	5	2	
垂直断陷段	邵庄村西南阶梯状陡坎	陡坎				7~8	5~8
	干盐池盆地中心新盐湖南侧	陡坎	0		0	5~8	
	盐场西南 350m 盐湖西侧	陡坎				2	

表 4.2-3　1920 年海原大地震黄家洼山南麓次级地震断层带水平和垂直位移统计表

段名	位　置	错动地物名称	水平位移值			垂直位移值	
			水平错动量 /m	精度	取值 /m	垂直错动量 /m	取值 /m
垂直断陷段	干盐池盆地新盐湖南侧	盐湖断陷				7	7
	盐场西南 350m 盐湖西侧	断陷			0	2	2
	盐湖西端	断陷				0~1	
	盐池盆地西南山麓	裂缝				1~2	
	盐湖西南北向挡水堤	挡水堤	2.5	A	2.5	0.5	0.5
主体走滑段	唐家坡村东（自东向西）	石垒田埂	2	A	4		0
			3.6	A			
		石垒田埂	5.0	A	5~6		
			6.0	A			
		石垒田埂	3.9	A	4~5		
			3.1	A			
			4.75	A			
		石垒田埂	4.6	A			
			4.75	A			
			4.0	A	4		
			3.15	A			
		石垒田埂	5.8	A	6		
			2.5	A			
			3.8	A			

续表

段名	位置	错动地物名称	水平位移值			垂直位移值	
			水平错动量/m	精度	取值/m	垂直错动量/m	取值/m
主体走滑段	分水岭东坡	山脊	2	A	5	1	1
	甘、宁交界东侧	山脊	5.2	A			
	甘、宁交界西 550m 处	山脊	5.0	A			
	分水岭西坡五个冲沟断塞塘	山脊断塞塘	7.5	A	7.5		0
		冲沟断塞塘	6.4	A			
		冲沟断塞塘	10	A	10		
		冲沟断塞塘	11	A	11		
		冲沟断塞塘	14	A	14		
	高湾子东 900m	谷间脊	18	B			
	高湾子东北 1450m 处	冲沟	12	A	14	1	
	高湾子东北 1270m 处	冲沟	14	A			
	高湾子东北 970m 处	山脊	14	A			
	高湾子东北 250m 处	阶地	13	A			
	高湾子村北大沟东侧	阶地	14	A			
	高湾子沟西岸拉分断陷带	阶地	8.6	A	10	1.2	
	高湾子沟西岸拉分断陷带	阶地	9.8	A			1
	张泥水西沟东侧	阶地	8	A	8~10	1.5	
	张泥水西 300m 处	冲沟	7.4	A			
	七岘沟东侧	阶地	8	A			
	七岘沟西 200m 处	冲沟	7.5	A			
	七岘沟东 240m 处	冲沟	7.4	A			
	七岘沟西 280m 处	谷间脊	10	B			
	七岘沟西 580m 处	山脊	7.4	A			
	边沟东 700m 处	山脊	6.5	B			
	边沟东 540m 处	山脊	8	B			
	边沟东 20m 处	冲沟	5.6	A	5~6		
	边沟西北 630m 处	冲沟	3.2	A	3		
	边沟西北 1780m 处	冲沟	3.1				
垂直隆起段	红水河口东岸	陡坎			0	2	3~5
	红水河三角形阶地	陡坎				1	
	阴洼窑东	陡坎、垄脊				3~5	
	阴洼窑	陡坎				2~3	
	上湾	陡坎				2	

表 4.2-4 1920 年海原大地震北嶂山北麓次级地震断层带水平和垂直位移统计表

段名	位置	错动地物名称	水平位移值			垂直位移值	
			水平错动量/m	精度	取值/m	垂直错动量/m	取值/m
垂直隆起段	下湾—三角城	裂缝、陡坎		A	0	2～3	2
主体走滑段	秦家湾	小沟	6	A	6		
	花道子	阶地	10	A	10		
	卧龙山龙头	山脊	12.3	A	12		0
		小沟	11.5				
	卧龙山龙尾	小沟	12.3				
	小洪积扇	洪积扇	12				

段名	位置	错动地物名称	水平位移值			垂直位移值	
			水平错动量/m	精度	取值/m	垂直错动量/m	取值/m
主体走滑段	卧龙山庙西 1km 处	冲沟	4.0	A	7	2	2
	卧龙山庙西 1.8km 处	冲沟	2.2	A			
	关寺湾村东 1.02km 处山坡上	冲沟	2.2	A			
	关寺湾村东 1km 处山坡上	冲沟	2.2	A			
	李家沟村东南 940m 处	冲沟	7	A			
	李家沟村东南 750m 处	冲沟	3.8	B		3~4	5
	李家沟村西南 700m 处山坡上	冲沟	5.5	A	5.5	4~6	
	李家沟村西南 730m 处	山脊	4.2	A			
				A			
	碱水沟南侧山坡	黄土梁	5.5	A	8~9		0
		黄土梁	8.3	B			
		黄土梁	4.2	A			
	李家沟村西 4200m 处	冲沟	8.0	A			
	小井子沟东山梁	山脊	9	A			
	小井子沟西侧	黄土梁	8	A			
	李家沟村西 4.3km 处	冲沟	4.0	A	7		0
	白崖泉水东约 1km 处	冲沟	3.9	A			
	白崖洪积扇	洪积扇	7	A			
	白崖泉水南侧	冲沟	2.8	A	3		
	枸条岘东 700m 处	小山脊	2.8	A			
	高枣坪东 1km 处山坡上	山坡	1.6	A	3	1~2	2
	高枣坪西 50m 处	冲沟	1.6	A			
	高枣坪西北 1.5km 处公路边	坡脊	2.7	B			
	高枣坪西北 1.8km 处公路北侧		5	B			
主体走滑段	大营水东 550m 处	冲沟	1.2	A	5		0
	大营水东 350m 处	冲沟	1.5	A			
	大营水东 150m 处	冲沟	1.3	A			
	邵水村东南 1.5km	冲沟	2.3	A			
	邵水村东南 1.2km 大厦洪积扇	冲沟	4.8	A			
	邵水村东南 900m 洪积扇上	陡坎	2.0	A			
				A			
				A			
	邵水村东 480m 处邵水村西南	冲沟	1.7	A	2		
	邵水村北侧	洪积扇陡坎	1.7	A			
	邵水村西南 1.3km	洪积扇陡坎	1.4				
张性断陷段	邵水村北	陡坎	1.7		1.7	3	3
	石门川东岸	陡坎	0	A	0	3~4	7
	石门川谷地	陡坎				4~5	
	新生断层带	陡坎				6~10	
	新生断层带	陡坎				7~8	

表 4.2-5　1920 年海原大地震哈思山南麓次级地震断层带水平和垂直位移统计表

段名	位　置	错动地物名称	水平位移值			垂直位移值	
			水平错动量 /m	精度	取值 /m	垂直错动量 /m	取值 /m
垂直形变段	石门川下游邵水盆地内	陡坎	0	A	0	2~3	2~3
	石门川下游邵水盆地内	陡坎	0	A	0	2~3	2~3
	大岘盆地东北侧山前	冲沟	4.6	A	5	5	5
	大岘盆地上一观测点西 800m(盆地北)	冲沟	3.7	A	4	5	5
	荒凉滩南缘窝子滩东	陡坎	0	A	0	1~2	2
	荒凉滩南缘窝子滩东北	陡坎	0	A	0	3~4	4
	大岘盆地最宽处南侧	山脊	1	A	1~2		
	上一观测点西 300m 处	小沟	2	A		1~2	2
	窝子滩北泉水东侧	陡坎	0	A	0		
主体走滑段	窝子滩北 300m，泉水西侧	阶地	8.6	A	10~11	1~2	1~2
	上一观测点西 200m 处	阶地	10	A			
	上一观测点西 100m 处	阶地	11	A			
	上一观测点西 100m 处	冲沟	7	A			
	黄崖沟东侧	阶地	8.0	A	8	1	
	井儿沟西 100m 处	冲沟	8.0	A			
	井儿沟西 500m 处	冲沟	8.0	A			
	虫台子沟西 120m 处	山脊	9.0	A	9		
	沙丛沟东侧阶地	阶地	7	A	7~8	0.5	0.5
	沙丛沟西 150m 处	山脊	7	A			
	沙丛沟西 1km 处	山脊	7	A			
	火石沟东侧阶地上	小冲沟	8	A			
	红窝子扭错槽地	阶地	11	A			
	化子沟东 1km 处	冲沟	7	A			
	化子沟东 350m 处	冲沟	7	A			
	扁强沟东 1.2km 处	冲沟	7	A			
	扁强沟东 600m 处	冲沟	6	B			
	扁强沟西 50m 处	冲沟	11	A			
	扁强沟西 800m 处	冲沟	8	A			
主体走滑段	黄石头梁沟东 550m 处	冲沟	8	A			
	黄石头梁沟东 150m 处	冲沟	8	A			
	黄石头梁沟西 350m 处	冲沟	6	A			
	黄石头梁沟西 850m 处	冲沟	6	A			
	鹿圈湾沟东 1.2km 处	山脊	7.7	B			
	鹿圈湾沟东 550m 处	冲沟	7	A			
	鹿圈湾沟东 150m 处	冲沟	5	A			
	鹿圈湾沟西 200m 处	山脊	7	A			
	鹿圈湾沟西 800m 处	冲沟	8	A			
	石节沟东 480m 处	冲沟	8	A			
	石节沟东 180m 处	冲沟	8	B			
	石节沟东 180m 处	谷间脊	8	A			
	石节沟西 400m 处	谷间脊	8				
	腰塘沟西 800m 处	冲沟	7				
	双旋沟西 300m 处	冲沟	6.5	A	6	1	1
	双旋沟东 60m 处	冲沟	6.5	A			

段名	位　置	错动地物名称	水平位移值			垂直位移值	
			水平错动量/m	精度	取值/m	垂直错动量/m	取值/m
垂直隆起段	哈思山西黄河东岸 黄河西岸隆起区	陡坎 陡坎	0 0	A	0	3~5 10	5~10

表 4.2-6　1920 年海原大地震米家山北麓次级地震断层带水平和垂直位移统计表

段名	位　置	错动地物名称	水平位移值			垂直位移值	
			水平错动量/m	精度	取值/m	垂直错动量/m	取值/m
垂直隆起段	黄河西岸 米家山东麓	隆起 陡坎				1~2 10~15	10
主体走滑段	黄河西 1km 处	冲沟	8.0	A			
	上点西 350m 处山坡上	土梁	6.4	A			
	上点西 250m 处山坡上	土梁	6.6	A			
	上点西 200m 处山坡上	冲沟	8.0	A	8	1	1
	上点西 250m 处	谷间脊	6.0	A			
	上点西 750m 道红沟南坡	土梁	8	B			
	上点西 350m 道红沟南坡	冲沟	7.6				
	付家岘东 2.2km 道红沟南坡		6.8	A			
	付家岘东 1.3km 道红沟南坡		6.3	A	7		
	周家窑东 400m 处		6.2	A			
	周家窑西 550m 处	冲沟	4.2	A			
	沈家庄东北 300m 处	冲沟	3	A			
	沈家庄西北 1.5km 处冲沟	阶地	4	A	5	1.5	1.5
	张家沟沟脑	山脊	4.5	A			
	大口子干河床东 940m 处	冲沟	2	A			
	大口子干河床东 540m 处	山脊	2	A			
垂直断陷段	大口子干河床东 500m 处	断陷	1.8	A		2	
	大口子干河床西	冲沟	1.6	A	1.5	1.5	2
	三塘南	山脊错断	0.5~1	A		1~2	

　　根据上表统计，海原大地震的地震断层水平位移数据共 203 个。垂直位移由于绝大多数地段变化幅度不大，因此选取具有代表性的特征数据，共获得 90 个垂直位移数据。

4.2.1　地震断层破裂带位移分布的统计分析

　　海原大地震地震断层各次级段的水平位移和垂直位移的变化曲线见图 4.2-1。从图中可以看出，水平位移值往往在各段的中部最大，向两端则逐渐减小并趋于 0，水平位移最大的地段，垂直位移一般在 1m 以内；垂直位移的最大值则多分布在各断层带的端部斜列阶区部位。

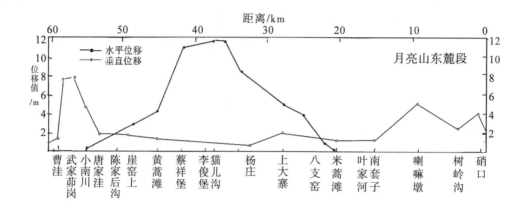

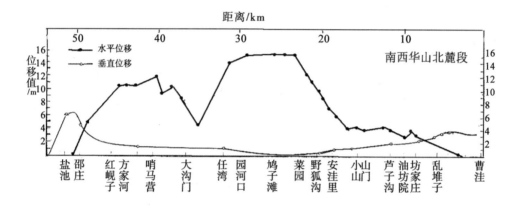

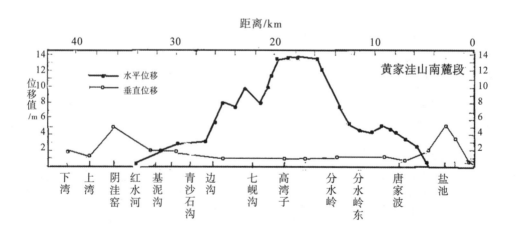

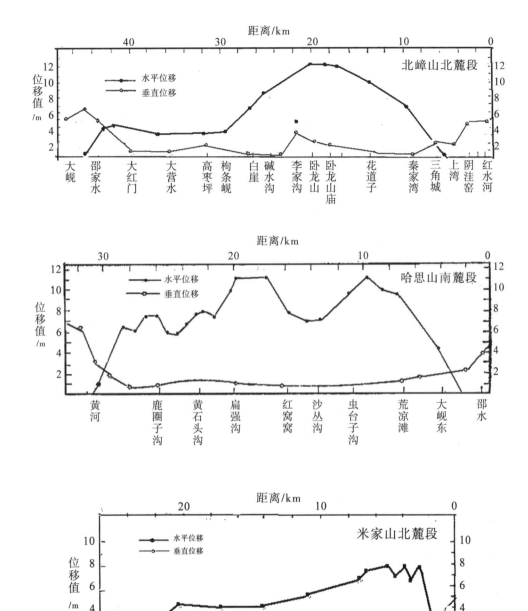

图 4.2- 1　海原地震断层带各次级段水平和垂直位移曲线图

4.2.2 地震断层破裂带水平位移的分布特征

从地震断层带水平位移统计表表 4.2-1 中的数据可以看出，海原大地震的位移分布有下列特征。

1. 地震断层大幅度的左旋水平位移形变

在长达 246.6km 的海原大地震的地震断层段上，各次级地震断层带上沿断层大幅度的左旋水平位移分布非常广泛，如断错水系、山脊、土梁，各种地物等左旋水平位移到处可见。

海原地震断层各次级地震断层带的最大左旋水平位移值分别为：①月亮山东麓地震断层段 12m；②南西华山北麓地震断层段 15m；③黄家洼山南麓地震断层段 14m；④北嶂山北麓地震断层段 12m；⑤哈思山南麓地震断层段 11m；⑥米家山北麓地震断层段 8m。

海原地震断层最大左旋水平位移达 15m。

2. 地震断层破裂带的形变分布特征

海原地震断层的六条次级断层地震形变的分布都很有规律。每一条次级断层都大致可分为形变性质不同的三段。其中中部以走滑性质为主，向两端水平形变逐渐减小，垂直形变的成分逐渐加大，至断层的端部转变为以垂直形变为主的垂直形变区。

以黄家洼山南麓地震断层带为例，东起干盐池盆地中部的新生地震断层带，向西经唐家坡，穿过分水岭进入黄家洼山南麓，经高湾子以西至红水河上游阴洼窑后终止，全长 28.8km。断层的中段以水平位移为主，主要表现为一系列山脊水系被左旋错断（图 4.2-2），最大水平位移达 14m。

断层的两端水平位移量逐渐减小，垂直位移逐渐加大，在断层端部垂直位移量达到最大值，而且断层两端上升和下降区的分布正好相反。西端北盘黄家洼山上升，南盘打拉池盆地下降；东端南盐池上升为陆，北盐池下降，最大高差达 4 ~ 5m，致使盐湖水涌向北盐池，南盐池干涸。这种断层两端上升区和下降区的反相分布，类似四象限轴对称分布，与第四纪后期形成的山地—盆地的对称分布相当一致。

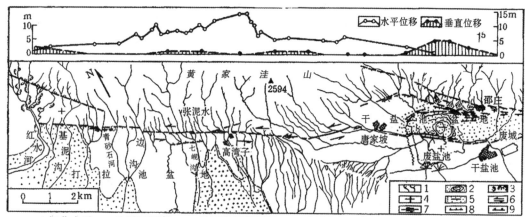

1.扭曲水系；2.地震下沉湖；3.地震隆起崩塌区；4.地震隆起区代号；5.地震下沉区代号；
6.地震水平形变区代号；7.走滑断层；8.张性断层；9.压性断层

图 4.2-2　1920 年海原大地震黄家洼山南麓地震断层的形变特征及位移分布图
（据环文林等，1991）

黄家洼山南麓地震断层带的上述特征，在海原地震断层带的其他五条次级地震断层段上具有惊人的相似性。表 4.2-7 排列了六条次级地震断层的地震形变分布特征，可以看出它们的中部都以左旋水平走滑为主，端部则以倾滑占优势。水平位错指向的前方端部为上升区，而后方为下陷区。其右端都是南盘上升、北盘下降，左端都是南盘下降、北盘上升，上升和下降区呈反对称分布。可见，六条次级断层都具有相似的运动性质和形变模式。

海原大地震地震断层的形变分布特征表明：一条走滑断层不是整条断层都以走滑为主，只有中段为主体走滑段，其两端则以垂直形变为主要特征。

表 4.2-7　1920 年海原 8.5 级大地震的地震断层分段形变特征分布
（据环文林等，1991）

3. 海原大地震地震断层水平位移的间断性

海原大地震地震断层带各次级段的水平位移变化有一个共同特点，即各次级地震断层带内水平位移的最大值都位于该段的中部。尽管断层带内水平位移变化有所起伏，位移分布图像有所差异，但总的趋势是水平位移量由中间向两端逐渐变小，并趋向于 0。

然而，海原大地震地震断层带各次级地震断层带之间的水平位移又是不连续的，在断层端部斜列阶区部位水平位移都为 0。也就是说，海原大地震的 6 条次级地震断层带是由 6 个水平位移间断面组成的，即每一个次级地震断层带都是一条相对独立的水平位移间断面（即位错面）。

4. 由断层位错模型计算出的理论表面位移

国内外许多学者根据位错理论，计算出各种性质的断层模型沿断层的理论表面位移。本书选用了一个比较简单而典型的计算结果（Matsu' uta 等，1975）。图 4.2-3 给出了由断层面垂直的走滑断层位错模型计算得到的理论表面位移。

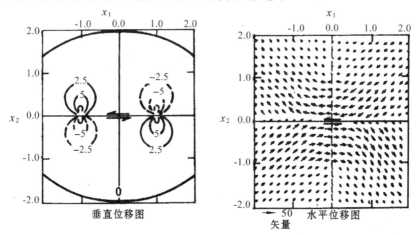

图 4.2-3　由断层模型计算出的理论表面位移
（据 Matsu' ura 等，1975）
图中等值线所标的数值，以断层滑动量的百分之一为单位

从图中可以看出，水平位移平行于断层线走向，断层中部水平位移量最大，向两端逐渐变小，并趋向于 0。垂直位移分布在断层的端部，在断层两端表现为一盘上升，另一盘相对下降，而且断层两端上升区和下降区的分布正好相反，呈反对称分布。

据此，一条完整且断面直立的走滑断层，其水平位错面的变形场模型可以分为下列三段：中部为主体走滑段，两端分别为垂直变形段，并且两端的上升区、下降区的分布正好相反（图 4.2-4）。

海原大地震地震断层的位移量分布特征与位错理论计算结果完全一致。

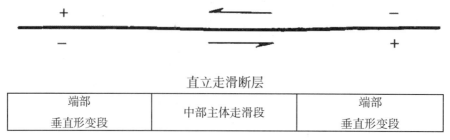

直立走滑断层

端部 垂直形变段	中部主体走滑段	端部 垂直形变段

图 4.2-4　直立走滑断层水平位错面的变形场模型
（据环文林等，1995）

5．海原大地震走滑断层位错面的变形场

按照上述走滑断层的位错理论，海原大地震的每一条次级断层带都是一个相对独立的水平位错面。

海原大地震地震断层的断层面并非完全直立，而是具有一定倾角的大角度倾斜断层。因此，断层两端垂直形变区的垂直形变性质，就会出现差异。

如南西华山北麓次级地震断层的断面倾向南（图 4.2-5）。断层中部主体部分以水平形变为主，水平位移大于垂直位移，具有左旋走滑的性质。

油房院以东的曹洼盆地以南的断层东端（右端）逐渐被具有压性特征的垄脊和陡坎所代替，断层南升北降，垂直位移大于水平位移，表明断层东端具有压性逆冲的性质。

干盐池盆地北缘一带的断层西端（左端），地震断层则以张性的阶梯状陡坎、地堑、地垒构造形变现象为代表，断层北升南降，表明断层西端具有张性正断层的性质。

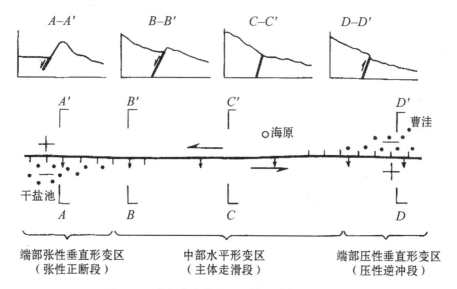

图 4.2-5　大倾角走滑断层位错面的变形场特征

（据环文林等，1995）

据此，具有一定倾角（如南倾）的走滑断层的水平位错面的变形场模型，可分为下列变形性质不同的三段（图 4.2-6）。

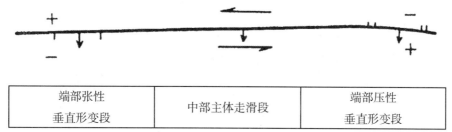

端部张性 垂直形变段	中部主体走滑段	端部压性 垂直形变段

图 4.2-6　具有一定倾角的走滑断层的端部变形场模型

（据环文林等，1991）

①中部主体走滑段：位移平行于断层走向，以水平位移为主，水平位移达最大值，垂直位移最小，甚至为零。向两端水平位移逐渐减小，垂直位移逐渐加大。

②端部压性垂直形变段（如右端）：以垂直位移为主，水平位移较小，甚至为零。上盘上升，下盘下降，表现为逆断层的特征。

③端部张性垂直形变段（如左端）：以垂直位移为主，水平位移较小，甚至为零，上盘下降，下盘上升，表现为正断层的特征。

具有上述特征的断层带，即为一条走滑位错面。

其他几条次级断层，虽然倾向和倾角各异，但都具有完全一致的端部特征。所不同的是南倾的断层东端为压性，西端为张性；北倾断层东端为张性，西端为压性，两端性质正好相反。可见这种端部特征是具有一定倾角的走滑型发震断层的破裂特征。

上述分析表明，具有一定倾角的海原地震断层的六条次级断层都具有上述相同的特征。

可见，一条完整的走滑型地震断层，并不是整条带上都以水平位移为主，其走滑位错面各个地段的变形性质是不同的。只有中部主体段表现为走滑的性质，而两端则以垂直变形为主要特征。

4.2.3 海原大地震走滑断层端部垂直位移的分布特征

1. 走滑断层端部垂直位移形变

走滑断层上的垂直位移是走滑断层端部的垂直形变效应产生的形变现象，它是走滑型地震断层位移形变的重要组成部分。

虽然海原大地震地震断层破裂带的垂直位移幅度小于水平位移幅度，但垂直形变分布却是非常明显的，形成了各种典型的形变地貌，和水平形变一样，它们的分布也是很有规律的。

从上述统计表和位移分布图中可以看出，垂直位移最大值的分布与水平位移截然不同。在断层的中间段，水平位移较大的地段垂直位移都很小，甚至为 0，较大的垂直位移都分布在断层的两端。

2. 斜列状分布的走滑断层端部阶区的垂直位移形变特征

在海原大地震六段次级地震断层组成的长 246.6km 的地震断层带上，不论各段的走向如何变化，它们总是交替地沿着山麓的南缘或北缘分布，各段之间是以斜列的方式组合在一起的。

斜列状分布的左旋走滑断层带内，相邻两条斜列次级地震断层带端部首尾相隔的部分，地质学上通常称之为"阶区"。阶区一般有两种类型："张性断陷区"和"挤压隆起区"。

相邻两条斜列断层的排列方式又可分为"右阶"和"左阶"。两条斜列断层，相互位于各自的右侧称为右阶，相互位于各自的左侧称为左阶（图 4.2-7）。

海原地震断层带上垂直位移的几个峰值，都位于各次级地震断层端部的斜列阶区部位。

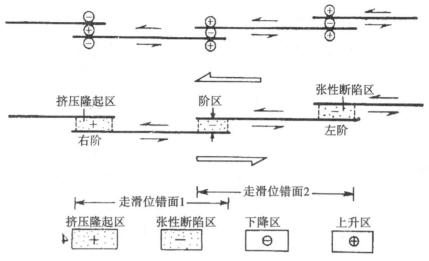

图 4.2-7　地震断层斜列状阶区的张性断陷区和挤压隆起区示意图

(1) 海原大地震左旋走滑地震断层端部的张性断陷区。

海原大地震左旋走滑地震断层上，当两条斜列状分布的走滑断层端部的斜列部位阶区为左阶排列时，两条斜列走滑断层端部的垂直下降区相叠加，则斜列部位的阶区为"张性断陷区"。

如图 4.2-8 中的南西华山北麓次级地震断层带（黄色线条）与黄家洼山南麓次级地震断层带（红色线条）之间的左阶斜列部位为"新盐池张性断陷区"。

图 4.2-8　南西华山北麓次级地震断层与黄家洼山南麓次级地震断层斜列阶区的新盐池张性断陷结构图

又如北嶂山北麓次级地震断层带与哈思山南麓次级地震断层带之间的左阶斜列部位为"邵水盆地西部石门川下游张性断陷区"（图 4.2-9）。

图 4.2-9 北嶂山北麓次级地震断层与哈思山南麓次级地震断层阶区的石门川下游张性断陷结构图

(2) 海原大地震左旋走滑地震断层端部的挤压隆起区。

海原大地震左旋走滑地震断层上，当两条斜列分布的走滑断层端部的阶区为右阶排列时，断层端部的上升区相叠加，则斜列部位的阶区为"挤压隆起区"。

如月亮山东麓次级地震断层带与南西华山北麓次级地震断层带右阶斜列部位的武家峁岗阶区，就属于"武家峁岗挤压隆起区"（图 4.2-10）。

图 4.2-10 月亮山东麓次级地震断层与南西华山北麓次级地震断层阶区的武家峁岗挤压隆起结构图

又如黄家洼山南麓次级地震断层带与北嶂山北麓次级地震断层带右阶斜列部位的红水河上游"阴洼窑挤压隆起区"（图 4.2-11）。哈思山南麓次级地震断层带与米家山北麓次级地震断层带之间右阶斜列部位的"黄河西岸道红沟东侧挤压隆起区"（图 4.2-12）。

以上各"张性断陷区"和"挤压隆起区"的详情参见第 3 章。

图 4.2-11　黄家洼山南麓次级地震断层与北嶂山北麓次级地震断层阶区的阴洼窑挤压隆起结构图

图 4.2-12　哈思山南麓次级地震断层与月亮山北麓次级地震断层阶区的黄河西岸道红沟东侧挤压隆起结构图

第5章 海原大地震地震断层破裂带的多重破裂特征

许多大地震是由多次相对独立的次级地震事件连续破裂组合而成的（即所谓大地震的多重性）。这种性质已为一些学者在地震波分析研究中发现（Wys. M. 等，1967；Miyamura，S.，1965；Umesh 等，1970；曾融生等，1978；笠原庆一，1984）。但通过野外地震现场调查的宏观资料来讨论大地震破裂的多重性，还未见相关文献。

环文林、葛民、常向东（1991）曾尝试利用海原大地震地震断层地表破裂带这个巨大的天然实验室获得的现场调查资料，率先讨论大地震的多重破裂特征。

本书该部分内容丰富了海原大地震的地表位错现象，更好地反映了震源位错多重性的存在。

5.1 海原地震断层破裂带空间分布的分段性和不连续性

1920 年海原大地震的地震断层东端始于宁夏固原县硝口附近，经宁夏海原、甘肃靖远等县，西端止于甘肃景泰县以南的兴泉堡。这是一条非常复杂，形迹又非常清晰的线性构造带，分布于一系列呈斜列状排列的新生代弧形隆起山系的前缘，并且沿这些山系的南缘和北缘交替分布（图 5.1-1）。

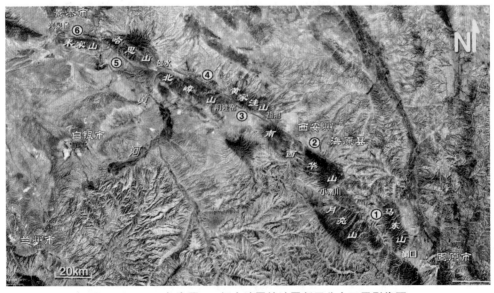

图 5.1-1　1920 年海原 8.5 级大地震的地震断层分布卫星影像图

海原大地震地震断层由六条次级地震断层斜列组合而成，自东向西分别为：①月亮山东麓次级地震断层段；②南西华山北麓次级地震断层段；③黄家洼山南麓次级地震断层段；④北嶂山北麓次级地震断层段；⑤哈思山南麓次级地震断层段；⑥米家山北麓次级地震断层段。

这些斜列状分布的次级断层是不连续的，其间由一些未完全破裂的部分所阻隔。

5.2　海原地震断层破裂带黏滑运动的斜列状结构特征

斜列状结构是走滑断层发生黏滑运动的必要条件，我国大陆内部大地震的走滑型发震构造都具有斜列状结构特征。海原大地震由上述六条次级地震断层斜列组合而成，每一条次级断层又由更低阶次的次级断层斜列组成。可见，地震断层的斜列状结构是海原走滑断层带的重要特征。

海原断层带每两条次级走滑地震断层端部之间斜列未完全贯通部分，地震地质界通常称之为断层的"阶部"。本书作者认为，从地震动力学的角度看，它在走滑断层运动过程中可能起着阻碍破裂顺利发展的作用。因此本书在讨论断层破裂过程时，将它称为"阻碍体"。断层带上阻碍体的存在，使断层沿走向滑动时摩擦力加大，导致断裂发生黏滑运动，从而能够积累巨大的能量。

两条次级地震断层的端部斜列部分在地震前都由一些未完全破裂的"阶部"所阻隔，导致了断层分布的不连续性，而地震时强大动力的冲击，使阻碍体破裂形变，阻碍体的破裂可能对多重破裂的形成起着重要的作用（图 5.2-1）。

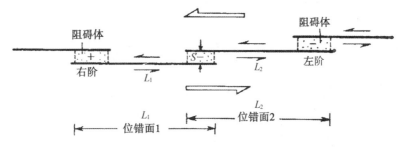

图 5.2-1　走滑型地震断层黏滑运动的阻碍体结构模式
（据环文林等，1997）

本书第 3 章对 6 条斜列状分布的次级地震断层，尾端之间的 5 个斜列阶区组成的阻碍体都进行了详细研究。斜列阶区的阻碍体可分为两种类型："挤压隆起型"和"张性断陷型"。相邻两条斜列断层的排列方式又可分为"右阶"和"左阶"。这些阻碍体在海原大地震时都产生了"新生地震破裂"。

5.2.1　张性断陷型阻碍体

当两条斜列左旋走滑断层左阶排列时，两条断层端部的张性垂直下降区相重叠，则斜列部位的阻碍体为张性断陷型阻碍体。

如南西华山北麓次级地震断层带与黄家洼山南麓次级地震断层带之间的左阶斜列部位的"新盐池张性断陷阻碍体"（参见图 4.2-8）；又如北嶂山北麓次级地震断层带与哈思山南麓次级地震断层带之间的左阶斜列部位的"邵水盆地西部张性断陷阻碍体"（参见图 4.2-9）。

5.2.2　挤压隆起型阻碍体

当两条斜列左旋走滑断层为右阶排列时，两条断层端部的压性垂直隆起区相重叠，则斜列部位的阻碍体为"挤压隆起阻碍体"。

如月亮山东麓次级地震断层带与南西华山北麓次级地震断层带的右阶斜列部位的武家岇岗阶区，就属于"武家岇岗挤压隆起阻碍体"（参见图 4.2-10）；又如黄家洼山南麓次级地震断层带与北嶂山北麓次级地震断层带之间的右阶斜列部位"阴洼窑挤压隆起区阻碍体"（参见图 4.2-11）、哈思山南麓次级地震断层带与米家山北麓次级地震断层带之间的右阶斜列部位"黄河西岸挤压隆起阻碍体"（参见图 4.2-12）。

根据本书第 3 章的研究，海原大地震时，上述 5 个阶区阻碍体内部都产生了冲破阻碍体的"新生地震破裂带"，使前后两者之间斜列阶区部位的阻碍体发生破裂，导致两条斜列地震断层在地震的瞬间扩展贯通。

5.3　海原地震断层破裂带位移分布的总体特征

5.3.1　地震断层破裂带位移分布的分段性和不连续性

本书获得的 203 个水平位移数据和 90 个垂直位移数据，编制的整条海原地震断层带的位移分布曲线显示，各条地震断层之间的水平位移是不连续的，各条地震断层的水平位移是间断的。在每一条次级地震断层的中段水平位移最大，向两端逐渐变小，每一条次级地震断层的两端斜列阶区部位水平位移都趋近于 0。整条地震断层形变带上水平位移显示出六个峰值的位错特征。可见这些次级断层都是一系列相对独立的水平位错面（即水平位移间断面）（图 5.3-1）。

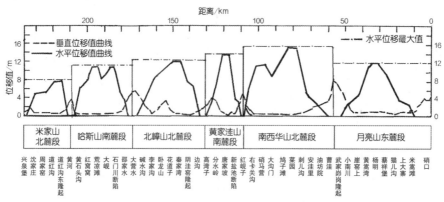

图 5.3-1　1920 年海原 8.5 级大地震地震断层地表水平位移和垂直位移分布图

5.3.2　地震断层破裂带位移分布的整体性和相互关联性

海原地震断层各次级地震断层带的最大水平位移值分别为：①月亮山东麓地震断层段12m；②南西华山北麓地震断层段15m；③黄家洼山南麓地震断层段14m；④北嶂山北麓地震断层段12m；⑤哈思山南麓地震断层段11m；⑥米家山北麓地震断层段8m。

可以看出，从宏观层面看，海原大地震地震断层带的较大水平位移都分布在整条地震断层带的中部，即南西华山北麓次级地震断层带和黄家洼山南麓次级地震断层带，向两端各带水平位移量逐渐减小并趋于零。可见海原大地震的地震断层带也是一条更高阶次的巨大的左旋走滑位错破裂带。

海原大地震地震断层带上的每一条次级地震断层，虽然都是相对独立的位错面，但它们之间又是相互联系的。这些位错面受一个共同的破裂机制所控制，海原大地震时这些破裂带之间的阻碍体都发生新生破裂，导致各次级地震断层带都相互扩展贯通，共同组成了巨大的海原大地震左旋走滑地震断层带。

5.4　海原大地震是地震断层破裂带多重破裂的结果

为什么在一个位错面处发生地震会影响相邻位错面而导致接连发生破裂，以致形成多重破裂的巨大地震？其原因可能非常复杂。但其中一个最直接的原因可能与阻碍体尺度较狭小有关。在相邻位错面发生破裂强大影响力的作用下，一些阻碍体较狭小的地段未能阻止破裂的扩展，而使破裂贯通，形成多重破裂的巨大地震。海原大地震地震断层上的阻碍体都为尺度狭小的狭长拉分盆地型的发震构造。

那么，究竟何种尺度的阻碍体不能阻止破裂的扩展？目前，破裂的扩展、终止问题是国内外地震界和地质界学者非常关注的课题。AKi 于 1984 年首先提出断裂带结构和介质不均匀处是地震破裂终止之处。Barka 和 Kadimsky-Cade（1989）提出走滑断裂的地震破裂、终止端常位于断裂带的结构变异区（如阶区）、弯曲和横断层。然而也有些大地震，一次地震破裂切割了多个结构变异区（Knuefer，1989；Depolo et al,1996），环文林等（1991）将此称为大地震的多重破裂特征。

近年来，一些学者已注意到地震破裂的终止或贯通与结构变异区（大致相当于本书中的阻碍体）的尺度大小有关（Wasnousky，1988，1989，Zhang et. al.，1991）。因此，对阻碍体止裂尺度的探讨，将成为今后研究的热点之一。

俞言祥、环文林等（1997）根据我国悠久的地震记载和数十次强震资料，对斜列状走滑型发震断层破裂扩展模型进行了统计分析，研究表明，阻碍体的破裂、扩展与断裂位错面的长度及阻碍体的尺度有关。在斜列状走滑断层上，当其中一个位错面发生突发性运动时，破裂可以在一个位错面上发生，也可能会冲破阻碍体，扩展贯通到两个甚至多个位错面上。破裂能否扩展贯通，与阻碍体的尺度、位错面的长度有明显的关系，他们还讨论了阻碍体破裂与断裂位错面的长度及阻碍体的尺度的关系（图 5.4-1）。

一条位错面的长度用 L 表示，阻碍体两侧两条斜列走滑断层之间的平均距离定义为阻

碍体的宽度 S，用 L/S 表示阻碍体的相对大小。

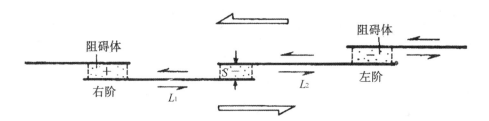

图 5.4-1　走滑型地震断层的位错面长度 L 与阻碍体宽度 S 示意图

他们统计得到了中国大陆内部走滑型发震断层阻碍体的最小止裂尺度的关系式：

$$S_{\min}=0.033L \qquad \frac{L}{S_{\min}}=30.3$$

该关系式表示一定长度位错面端部阻碍体的最小止裂尺度（$S_{\min}$）。

在我国大陆内部，当走滑型发震构造阻碍体破裂处于张性横断层阶段和张性横向拉分断陷盆地形成的阶段，两条斜列断层之间的 S 较大，$L/S < 30$，在断裂带上的应力积累到足够大时，若其中一个位错面发生破裂，破裂不会很快扩展到相邻位错面，而是各个位错面先后单独发生破裂，从而形成一个个单独的 6 ~ 7.5 级的地震。

当走滑型发震构造为阻碍体尺度狭小的纵向狭长拉分盆地型的发震构造时，两条斜列断层之间的 S 较小，$L/S \geqslant 30$。当断裂带上的应力积累到足够大时，若其中一个位错面发生破裂，破裂会很快扩展到相邻位错面，使两条或多条位错面扩展贯通，发生多重破裂，从而产生 7.8 ~ 8.5 级的巨大地震。

海原活断裂带就处于纵向狭长张性断陷发展阶段，6 条次级地震断层相互之间的 5 个阻碍体的宽度 S 都较小，$L/S \geqslant 30$，具备发生多重破裂的特征。

海原大地震的每一条次级地震断层，都是一个相对独立的水平位错面。如果每一个位错面可以代表一次独立的次级地震事件，那么巨大的 8.5 级海原大地震是由 6 次相对独立的次级地震事件，在地震瞬间冲破其间的阻碍体相继破裂贯通，最终形成巨大的海原大地震破裂带，即海原大地震具有多重破裂特征。

海原 8.5 级大地震的多重破裂特征是走滑断层斜列状结构的产物，它是地震断层的多重位错面在极短的时间内，冲破每两条相邻断层之间的斜列阶区部位的阻碍体，扩展贯通形成的一次巨大地震。

5.5　海原地震断层破裂带破裂演化和大地震的重复性

5.5.1　地震断层破裂带走滑运动的阻碍体破裂演化过程

走滑断层的形成机制及演化过程，国内外许多学者都有过探索研究。这些研究从不同的角度提出了许多发展演化模型的理论设想，本书在这方面不做过多的理论探讨。

海原地震断层破裂带是一个巨大的天然实验室。它所提供的丰富的形变现象，记录下了海原走滑断裂左旋走滑运动发展演化的全过程。

由于各条次级断层带在左旋走滑断层的演化过程中各阶段发育进化程度不同，保留了各个发展阶段的形变痕迹，阻碍体破裂演化各阶段的形变现象也都有所反映，为我们寻求走滑断裂破裂演化过程提供了答案。

地震断层破裂带上的阻碍体不是一次地震的能量就能使其完全破裂的，而是一个长时期的破裂发展演化过程。这种特征可以张性断陷阻碍体破裂演化过程为例加以论述（压性隆起阻碍体的演化过程也基本相同）。

关于斜列状分布的走滑断层端部阶区的张性断陷区（有的研究者从运动学的角度称其为拉分断陷盆地），本书在对 1920 年海原地震断层破裂带进行详细研究的基础上，从地震动力学角度以走滑断层左阶斜列的阻碍体部位的破裂演化为例，提出走滑型地震断层的走滑运动从初始形成、不断发展到阻碍体最终消亡的演化过程。演化过程的各个发展阶段，发生地震的强度各不相同，这个过程大致可以分为下列几个演化阶段（图 5.5-1）。

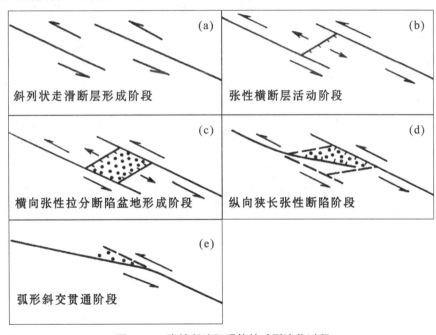

图 5.5-1　张性断陷阻碍体的破裂演化过程

1. 斜列状走滑断层形成阶段（走滑断层走滑运动雏形阶段）

走滑断层走滑运动雏形阶段是一系列顺走滑方向的雁列状张性裂缝（或压性短轴隆起）。这些雁列状张性裂缝再发展就成为一系列呈斜列状分布的较低阶次的走滑断层，这种类型在海原左旋走滑断层带上普遍存在 [图 5.5-1（a）]。

海原大地震地震断层的 6 条次级断层，每一条内部都可见到许多低阶次的更次一级的断层呈斜列状分布，其中以月亮山东麓地震断层带、黄家洼山南麓地震断层带和北嶂山北麓地震断层带上比较发育。在这些规模较低阶次的斜列断层上，两条斜列状分布的断层阶部都为小型的断陷区、小盆地。

从图 5.5-1(a) 中可看出在相邻两条左旋走滑断层的作用下,其两条断层之间共同组成的斜列状分布的阶区部位都形成拉张区,这是走滑断层端部张性阻碍体雏形阶段。这个发展阶段的断裂带一般发生微震和小震。

2. 走滑断层阻碍体的张性横断层活动阶段(走滑断层走滑运动初期阶段)

在这个阶段两条斜列状排列的走滑断层的阶区部位,由于两条断层斜列分布的端部次生拉张效应,形成与主断层斜交的张性正断层,我们称之为阻碍体破裂的张性横断层活动阶段 [图 5.5-1(b)]。显然这个阶段是在雏形阶段的基础上,斜列阶区部位受到进一步拉张破裂的结果。

如月亮山东麓地震断层带中近东西向的南套子—叶家河正断层。该断层位于东侧硝口—吴家庄北西向断层和西侧刘家沟—米蒿滩北西向断层之间的斜列阶区部位(图 5.5-2)。

图 5.5-2 月亮山东麓地震断层带上的南套子—叶家河张性横断层卫星影像图

在两条左旋走滑断裂的作用下,阶区部位形成拉张区域,导致南套子—叶家河近东西向断裂发生了强烈的张性正断层活动。断层北盘的古近系(E)下降,断层南盘的白垩系(K)上升(图 5.5-3)。

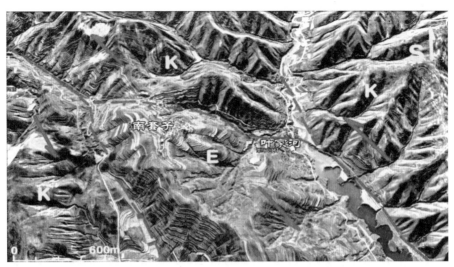

图 5.5-3　月亮山东麓地震断层带上的南套子—叶家河张性横断层大比例尺图

从图中可以清晰看出，断层南盘白垩系组成的三角状山丘，山前形成了高达数十米的断层三角面断崖。北盘古近纪红色地层下降。在山下，1920 年地震时形成了 4 ~ 5m 的张性地震陡坎，在古近纪红层中发生巨大的南套子大滑坡。这里残留的张性横断层现象，显示应是阻碍体形成的初期阶段。处于这个发展阶段的断裂一般发生 6 级左右的地震活动。

3. 走滑断层阻碍体的横向张性拉分断陷盆地形成阶段（走滑断层走滑运动成熟阶段）

在这个阶段两条斜列状排列的走滑断层的阶区部位，由于端部次生拉张垂直形变效应的进一步发展，而形成与主断层斜交的两条张性横断层控制的菱形张性断陷区，或称之为拉分断陷盆地［图 5.5-1（c）］。海原断裂带上仅有的两个古菱形张性断陷区都属于这种类型。

如晚更新世形成的古盐池菱形断陷盆地，该盆地是南西华山北麓—邵庄断裂带和黄家洼山南麓—盐池乡断裂带的斜列状端部之间的南北两条东西向横向张性断层控制的菱形张性断陷盆地（或称古盐池菱形拉分盆地）（图 5.5-4、图 5.5-5）。

图 5.5-4　晚更新世张性横断层控制的古盐池菱形张性断陷盆地卫星影像图

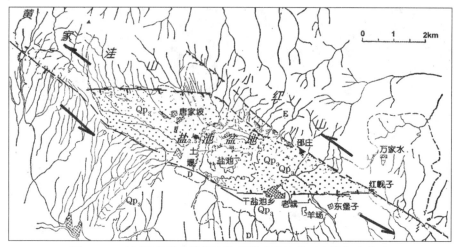

图 5.5-5　晚更新世张性横断层控制的古盐池菱形张性断陷盆地

又如晚更新世形成的古邵水菱形断陷盆地，该盆地是北西西向的大营水—大红门断裂带和嵩子滩—水泉断裂带的端部，斜列阶区部位的两条北东—南西向横向张性断层控制的菱形拉分断陷盆地（或称古邵水拉分盆地）（图 5.5-6、图 5.5-7）。

图 5.5-6　晚更新世张性横断层控制的古邵水菱形拉分断陷盆地卫星影像图

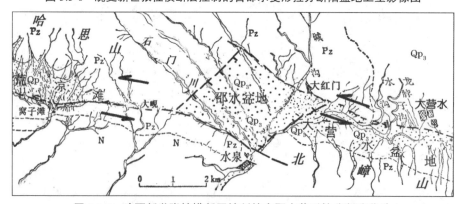

图 5.5-7　晚更新世张性横断层控制的古邵水菱形拉分断陷盆地

可以看出，横向张性拉分断陷盆地形成阶段是张性横断层活动阶段之后张性拉分断陷扩大发展的结果。晚更新世是海原走滑断裂带左旋活动的强盛期，海原断裂带左旋走滑运动的地质地貌特征在这个时期基本形成。因此，应是阻碍体形成的成熟阶段。

在这个阶段，相邻两条走滑断层相距较远，阻碍体较大，一般不易破裂、相互贯通，形成多重破裂的 8 级以上大地震，而是以单一断层破裂的方式发生 7 ~ 7.5 级的地震。

4. 走滑断层阻碍体纵向狭长张性断陷阶段（走滑断层走滑运动晚期阶段）

在这个阶段两条斜列状排列的走滑断层的阶区部位，由于断层端部次生拉张垂直形变效应进一步发展，而形成与主断层走向大致接近的纵向张性正断层控制的断陷 [图 5.5-1(d)]。

如位于古干盐池拉分盆地中部，全新世形成的盐池北部的邵庄南阶梯状断裂和全新世形成的盐池中部唐家坡—干盐池乡近东西向新生断层控制的新盐湖全新世断陷就属于这个阶段的纵向张性断陷（图 5.5-8、图 5.5-9）。

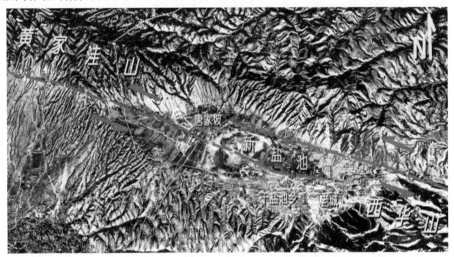

图 5.5-8　干盐池盆地全新世新生断层控制的新盐湖纵向张性断陷卫星影像图

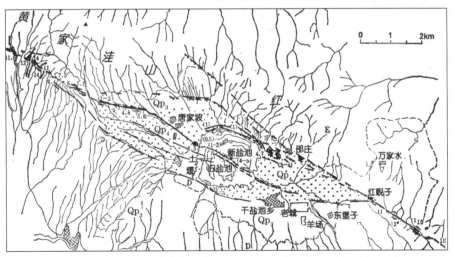

图 5.5-9　干盐池盆地全新世新生断层控制的新盐湖纵向张性断陷图

（环文林等，1987）

又如位于古邵水菱形断陷盆地中部，全新世形成的邵家水近东西向新生地震断层和全新世大砚近东西向新生断层两条新生断层端部阶区部位形成的石门川下游全新世断陷带，就属于这个阶段的纵向张性断陷（图 5.5-10、图 5.5-11）。

由于这种类型的新断陷带是沿着接近主断层走向发育的，所以称之为纵向断陷区。随着走滑运动的进一步发展，新生断裂逐渐离开晚更新世形成的原拉分盆地边界断层，向走滑断层的主体左旋应变区方向迁移，也就是新生断层逐渐向更加接近最大水平剪切应变区的方向迁移，而形成狭窄的断陷带。

可以看出，纵向拉分断陷是在古横向拉分断陷盆地的基础上长期逐步演化的结果，它使两条斜列状走滑断层的端部逐渐靠近（从盆地中可以看到这一发展阶段留下的不同时段的逐渐向盆地中心迁移的多条断层痕迹）。这是阻碍体发育的晚期阶段。

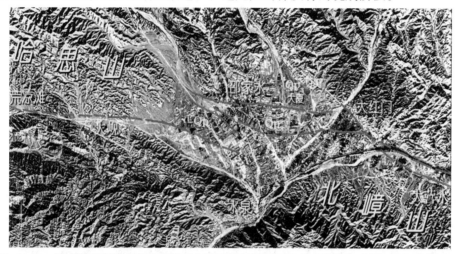

图 5.5-10　邵水菱形盆地中部全新世新生断层控制的新石门川下游纵向地震断陷卫星影像图

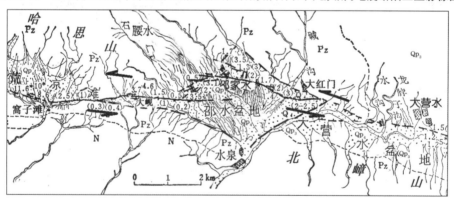

图 5.5-11　邵水菱形盆地中部全新世新生断层控制的新石门川下游纵向地震断陷
（环文林等，1987）

这一发展阶段的阻碍体体积狭窄，两条斜列断层的端部逐渐接近，地震时在强大动力的冲击下，很容易在此基础上发生"新生破裂"，致使多条走滑位错面间的阻碍体破裂贯通而形成多重破裂的 8 级以上大地震，因而该阶段是 8 级以上大地震的活动阶段。

海原活断裂带就处于这一发展阶段，1920 年的大地震就是这个发展阶段继承性活动的结果。

5．走滑断层阻碍体的弧形斜交贯通阶段（走滑断层阻碍体消亡阶段）。

斜交贯通型是海原地震断层上古纵向拉分断陷盆地进一步发展演化的最终结果，是纵向拉分断陷带残留的遗迹 [图 5.5-1(e)]，如北嶂山北麓地震断层带上花道子—李家沟的倒"入"字形斜交断裂（图 5.5-12、图 5.5-13）。

又如古高枣坪—大营水纵向断陷盆地是枸条砚—高枣坪断裂和大营水—大红门断裂两条边界断层控制的晚更新世形成的古纵向拉分盆地（图 5.5-14）。全新世以来，随着盆地北侧的枸条砚—高枣坪断裂不断向西扩展，盆地南侧的大营水—大红门断裂逐渐向盆地中心迁移，纵向拉分盆地逐渐走向消亡，盆地南北两条断裂合并贯通，高枣坪—大营水以张性为主的古纵向拉分盆地消失。全新世以来的断裂活动主要集中在盆地北缘断层，并以左旋走滑兼张性形变为特征（图 5.5-15）。

图 5.5-12　北嶂山北麓地震断层带上李家沟一带断层斜交卫星影像图

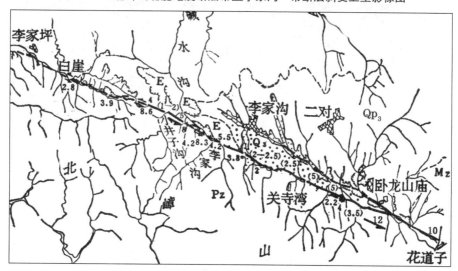

图 5.5-13　北嶂山北麓地震断层带上李家沟一带断层斜交分布图

（环文林等，1987）

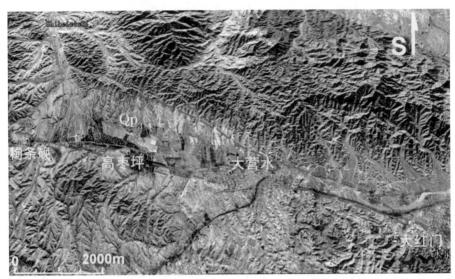

图 5.5-14　北嶂山北麓地震断层带上高枣坪—大营水晚更新世古纵向张性断陷卫星影像图

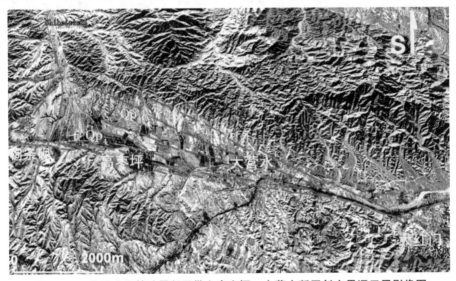

图 5.5-15　北嶂山北麓地震断层带上高枣坪—大营水断层斜交贯通卫星影像图

　　斜交区内是早期纵向拉分盆地时的沉积物，前期是纵向拉分断陷盆地，后期垂直断陷活动逐渐减弱甚至回反上升，两条断层的端部逐渐接近，最后相互交会贯通，合并为一条弧形走滑断裂，纵向拉分断陷消亡。这是阻碍体的消亡阶段。

　　由此可见，海原地震断层上阻碍体所出现的上述各种破裂形式，是两条呈斜列状分布的走滑断层端部之间的阻碍体破裂演化过程各阶段的产物。

5.5.2　走滑断层阻碍体破裂演化与大地震的重复性

　　海原大地震形成的地震断层破裂带是个巨大的天然实验室，将丰富多彩的地震形变现象保留下来，为我们揭示了斜列状分布的走滑断层端部之间阻碍体破裂演化的全过程。

　　上述研究表明，走滑断层上阻碍体的破裂演化是一个长期的过程。阻碍体破裂演化各阶段地震时产生的所谓"新生断层"，只是阻碍体破裂演化过程中的一小步，上述每一个发展阶段都需要发生许许多多地震后逐渐发展演变才能完成。随着时间的流逝，这些"新生断层"会逐渐在地表消失。这些"未完全破裂"的阻碍体会不断重复着"固结—新生破裂（地震）—再固结—新生再破裂（地震）—再固结⋯⋯"，或者说重复着"应变能积累—释放（地震）—应变能再积累—再释放（地震）—应变能再积累⋯⋯"。如此周期性地重复着、演化着，在这个过程中大地震将会不断重复发生，这就是大震的重复性。

直到整条走滑断层上的阻碍体全部消失，断层的黏滑运动才会随之停止，走滑断层进入蠕滑阶段，大地震也随之消失。

5.6　地震断层破裂带的破裂起始点和破裂方式

5.6.1　海原大地震的仪器震中位置

关于 1920 年海原 8.5 级大地震的仪器震中位置，本书 3.1 节已做了详细分析研究。其要点和结论如下。

李善邦先生 1948 年在《科学》杂志上发表的《三十年来我国地震研究》一文中对其做了详细描述。当时，我国唯一的上海徐家汇地震台记录到了这次地震。根据法国神父 E. 古泽（E. Gherzi）主持的上海徐家汇地震台仪器记录和震区的初步报告，将震中定在距上海 1550km 的六盘山区一带。李善邦先生（1948）对来自震区的资料进行详细研究后，也将仪器震中定在固原一带。

谢家荣、翁文灏（1921）老一辈地质学家就是根据当时仪器确定的震中，前往六盘山区进行考察。他们通过实际现场调查，将山崩最强烈、灾害最惨烈、死亡人数最多的地区，即基岩山崩滑坡和灾情最重的地区定在固原和海原交界一带（也就是本书所述的月亮山地震断裂带的南段和中段地区）。

北京大学地质系教授王烈，在 1921 年 6 月发表的《调查甘肃地震报告》中确认："此番大震之中心点，当在海原之南。⋯⋯海原县为甘肃全省受灾最烈之区，全县人民前为十二三万，被灾而后，竟去其三分之二。"

老一代地震学家的现场调查工作虽然存在一定的局限性，但他们在震中区的地震现场调查得到的珍贵资料和认识应给予足够的重视。

据以上资料分析，本书作者认为：把这次大地震的仪器震中定在六盘山月亮山地震断裂带的中南段是合理的。震中烈度XII度，时称"寰球大震"。

据地震学理论，仪器记录测定的震中是地震震源破裂的起始点在地面的投影，而宏观震中则是极震区的几何中心。

5.6.2　海原大地震的破裂起始点和大规模山体崩塌滑坡

2008 年 5 月 12 日四川汶川 8 级地震告诉我们，汶川地震的仪器震中位于映秀一带，地震瞬间造成山崩地移、山河改观、大规模堰塞湖形成、屋毁人亡等垂直形变现象。

断层破裂起始点的垂直形变是地震断层地表破裂形变的重要组成部分，它揭示了重要的震源破裂信息。汶川 8 级大地震的仪器震中——映秀是该地震破裂的起始点，这里瞬间出现强烈的山崩滑坡等垂直形变现象，揭示了发生大规模的垂直形变是山区大地震震源破裂起始点最典型的地震断层形变特征，它显示震源破裂从这里开始并自此向外扩展。

海原 8.5 级大地震在月亮山一带大面积的基岩山崩、大规模的滑坡以及堰塞湖的形成，与汶川地震映秀一带的山崩具有明显相似性，只不过海原 8.5 级大地震无论是规模还是破坏程度都远大于汶川 8 级地震。

月亮山地震断裂带能发生如此大规模的地表破坏，本书作者认为有以下三方面原因。

①8.5 级地震提供强大动力。六盘山地区处于这次地震的仪器震中，即初始破裂的起点地带。由于震源初始破裂地带位于正下方，地震产生的强烈的垂直上下震动——自下而上的垂直冲击力直冲地表，在地表产生强大的水平张力，给这里的大规模滑坡、崩塌提供了强大的动力。

②月亮山东麓地震断层带处于整个海原左旋走滑地震断层带的东南端，与其他次级地震断层带相比，该段位于整个海原地震断层带的端部，"断层端部垂直形变效应更加明显"。地震断层端部的形变现象以垂直升降运动为主，也一定程度上加剧了本区垂向运动的强度。

③这里是著名的六盘山新生代强烈隆起区，为我国黄土高原的一部分，山势雄伟，气候干旱，地表又覆盖很厚的黄土层，为山体的强烈崩塌、大规模滑坡以及长距离滑移，创造了地质地貌和场地条件。

上述内因、外因，可能就是这里产生大规模崩塌滑坡的主要原因。

5.6.3　海原大地震的大部分能量在南段释放

等震线衰减的快慢在场地条件相同的情况下，主要取决于释放能量的大小。海原大地震极震区等震线分布图（图 1.1-2）清楚地显示，地震断层所在的高烈度区南部面积较大，向西北逐渐减小，直至尖灭，充分说明了海原地震的大部分能量在南段释放，而南段正是月亮山东麓地震断层带和南西华山北麓地震断层带。

海原大地震大部分能量在南段释放的事实，也进一步支持了破裂起始点在月亮山北麓地震断层带的研究结果，自此地震破裂向西北扩展，最终在甘肃景泰县兴泉堡以西尖灭。

5.6.4　海原大地震自东南向西北的单向破裂方式

据此本书作者认为，海原地震断层破裂的起始点在月亮山东麓地震断层一带，为单向破裂的方式，破裂自东南向西北扩展。破裂起始点月亮山地震断层破裂带向西北扩展，经南西华山地震断层破裂带、黄家洼山地震断层破裂带、北嶂山地震断层破裂带、黄家洼山地震断层破裂带、哈思山地震断层破裂带，最后在米家山地震断层破裂带的景泰兴泉堡一带尖灭。

5.6.5　海原大地震的宏观震中位置

据地震学理论，大地震的宏观震中为极震区的几何中心。关于海原大地震的宏观震中，郭增建先生为首编著的《一九二〇年海原大地震》（中国地震局兰州地震研究所、宁夏回族自治区地震局，1980），提出海原大地震的宏观震中定在干盐池一带，许多研究者都认同这一结论。

本书的研究结果也认为，海原县干盐池一带位于整个断裂带的几何中心，这里也是南西华山北麓地震断层带和黄家洼山南麓地震断层带两个最大水平位移值的中心。盐池的大规模迁移等形变现象也进一步说明，将干盐地一带定为海原大地震宏观震中是合理的。

第6章 海原大地震的孕震构造和发震构造研究

6.1 青藏高原大地震发生的大地构造和地震活动背景

海原大地震发生在青藏高原的东北缘。研究海原大地震这样巨大的寰球大震发生的大地构造背景，必须从研究青藏高原入手。青藏高原是一个长期活动的不同地质时期形成的构造复合体。

地震是最新构造运动的结果，因此本书着重研究第四纪晚期以来的构造运动，特别是现代构造运动所形成的大地构造背景，探讨青藏高原现代构造应力场和现代构造形变场、青藏高原的地壳结构，研究地震活动与现代板块运动的关系、地震的动力来源等。

6.1.1 青藏高原地震活动及分区

青藏高原及邻区历史上共记录 8.0 ~ 8.5 级地震 17 次、7.0 ~ 7.9 级地震 126 次、6.0 ~ 6.9 级地震 558 次，是我国及邻区地震最活跃的地区。

青藏高原地区的地震分布具有明显的分区性。地震空间分布受到青藏高原现代构造、深大断裂的活动和地壳结构等因素控制，可以划分为四个弧形地震活动区。

自南而北为：喜马拉雅地震活动区（Ⅰ）、青藏高原南部地震活动区（Ⅱ）、青藏高原中部地震活动区（Ⅲ）、青藏高原北部地震活动区（Ⅳ）（图 6.1-1）。

四个地震活动区大致互相平行，都是呈近东西向转近南北向的弧形分布。前两个地震活动区地震强度和频度很高，是地中海—喜马拉雅地震系的一部分。青藏高原中部地震区历史记录中只有一次 8 级地震，以中强地震频繁发生为特征。青藏高原北部地震区发生过多次 8 级以上的地震（其中包括 1920 年海原 8.5 级大地震），但地震频度比前者低得多。兴都库什、帕米尔—西昆仑地震区和东侧的缅甸那加山地震区，所发生的地震除浅源地震外，还有中源地震。

（1）喜马拉雅地震活动区（Ⅰ）。

该区是青藏高原地震活动性最强烈的地区，主体为印度河—雅鲁藏布江—缅甸曼德勒板块缝合线、喜马拉雅山南坡的主中央山脉断裂带、喜马拉雅山前低角度推覆构造带，还包括西侧的克什米尔、兴都库什中源地震区和东部的缅甸那加山中源地震区。

发生过 1897 年阿萨姆 8.5 级大地震、1950 年西藏察隅 8.5 级大地震，以及 4 次 8 级地震、12 次 7 ~ 7.9 级地震、45 次 6 ~ 6.9 级地震。

（2）青藏高原南部地震活动区（Ⅱ）。

该区位于喜马拉雅山脉和印度河 — 雅鲁藏布江板块缝合线以北，金沙江红河断裂以南，包括岗底斯山、唐古拉山、横断山区、中南半岛北部，发生过 2 次 8 级地震、24 次 7 ~ 7.9 级地震、159 次 6 ~ 6.9 级地震，成为青藏高原及邻区地震活动较强的地震区之一。强震活动主要发生在弧形构造带西翼和南翼。中部弧顶部位紧密压缩在一起，位于横断山脉的三江断裂带上，几乎没有 6 级以上地震活动，以密集的微震活动为特征。

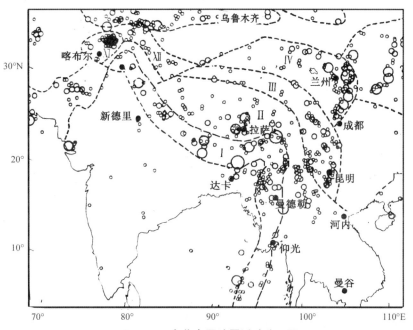

图 6.1-1　青藏高原地震活动分区图

（3）青藏高原中部地震活动区（Ⅲ）。

该区位于青藏高原中部，金沙江—红河断裂带以北，北界为可可西里—鲜水河—滇东断裂带，以及夹于两者之间的川西高原至滇中、滇东地区，呈近东西转南北向的狭长弧形分布，发生过 8 级地震 1 次，7 ~ 7.9 级地震 19 次，6 ~ 6.9 级地震 97 次，无 8.5 级大地震发生，以 6 ~ 7.9 级地震频繁活动为特征，大地震活动主要沿鲜水河—滇东断裂带分布。

（4）青藏高原北部地震活动区（Ⅳ）。

该区位于青藏高原的北缘和东北缘，主要沿甘肃祁连山脉、宁夏弧形构造区、六盘山脉至四川龙门山一带分布，是北西西转南北再转北东向的弧形地区，发生过 8.5 级大地震 1 次，8 ~ 8.4 级大地震 3 次，7 ~ 7.9 级地震 19 次，6 ~ 6.9 级地震 51 次。该地震区虽然远离板块边界，但地震活动仍很强烈。1920 年海原 8.5 级大地震就位于该区。

6.1.2　青藏高原板内构造与板块运动

8.5 级巨大地震的孕育与发生必须有强大的动力来源，时振梁、环文林等（1973）在我国首先提出了我国大陆内部地震活动与周围板块运动密切相关的观点。

青藏高原地区在始新世末、渐新世初，由于特提斯海闭合，印度次大陆以很高的速度向北与亚洲板块直接碰撞，使我国西部遭受了十分强烈、范围广泛的构造运动。

印度洋板块的碰撞，使青藏高原内部构造受到强烈挤压，所形成的强大的水平挤压应力场覆盖了整个青藏高原，甚至越过青藏高原的东北缘，影响到天山—阿尔泰山和华北、华南西部地区。

在这样的应力环境中，青藏高原内部物质被挤压变形，地壳短缩，地势强烈隆起，块体之间相互挤压、相互滑移，甚至向青藏高原外围挤出，形成了形变特征不同的四重挤压弧形构造带（图 6.1-2），与青藏高原的四重弧形地震带完全吻合，海原大地震就是发生在这样的构造环境中。

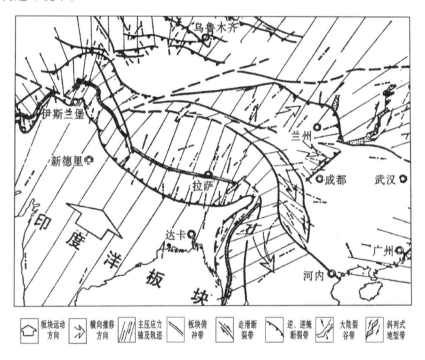

图 6.1-2 青藏高原板块构造与板内现代构造应力场与形变场

6.1.3 青藏高原的现代构造应力场

现代构造应力场是区域断裂构造活动和地震活动的基本原因，不同的现代构造应力场会引起不同类型的构造变形。根据地震的震源机制解反推地震发生地区的现代构造应力场，是目前常用的有效方法。

应用地震断层面解得到的应力轴方向的统计分析，讨论应力场的区域特征；根据对青藏高原及邻区活动断层的调查研究结果，以及地震断层面解中破裂面的活动性质，讨论该区的现代构造形变。

青藏高原地震断层面解得到的主压应力轴的方向，绝大部分分布在正南北到北东—南西的范围内，主压应力轴与水平面的夹角均小于 40°。这表明青藏高原内部地区以水平应力场为主，压应力轴方向呈现了明显的有规则的变化（图 6.1-3）。

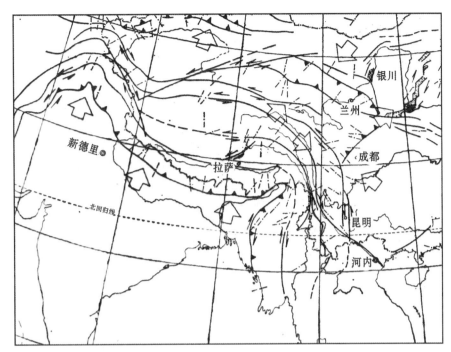

图 6.1-3　青藏高原现代构造应力场与板块运动

青藏高原的东缘从兰州附近往南到红河断裂以东，主压应力场变化较大，主压应力轴走向由北部的北东东方向，向南逐渐转变为近东西向，红河断裂以东，成都以南，逐渐转为北西—南东方向。红河断裂的西南侧到缅甸北部的广大地区，均表现为北东—南西的水平压应力场。

6.1.4　青藏高原的现代构造形变场

印度次大陆强烈地向北北东方向推挤，在青藏高原内部也形成了一系列与印度次大陆东西两个楔形相对应的、向北突出的弧形构造带（图 6.1-4）。在青藏高原的东部地区形成了四弧形构造带，西部地区形成西昆仑—帕米尔弧形构造。

(1) 板块碰撞带的强烈挤压隆起（Ⅰ）。

第一弧形构造带是两个板块撞击的前锋，包括印度河—雅鲁藏布江断块缝合线和喜马拉雅山脉，这里发生了世界上罕见的现代构造形变现象。喜马拉雅山脉强烈升起，地层褶曲并向南倒转，形成一系列巨大的向南推覆的喜马拉雅南缘推覆构造，频繁强烈的地震活动，使它成为欧亚地震系的一环。喜马拉雅山脉是青藏高原南部地壳厚度陡变带，但不是地壳最厚的地区，地壳处于重力均衡补偿不足的状态，由于印度次大陆强烈向北推挤，才支撑着喜马拉雅山脉地区地壳过剩的负载，并使其继续强烈上升。

东西两侧那加山和兴都库什地区的中源地震分布，反映了印度次大陆向欧亚大陆的俯冲，但由于印度次大陆总体是向北推进的，所以在喜马拉雅的东西两侧形成了带有逆冲分量的走滑断层带。

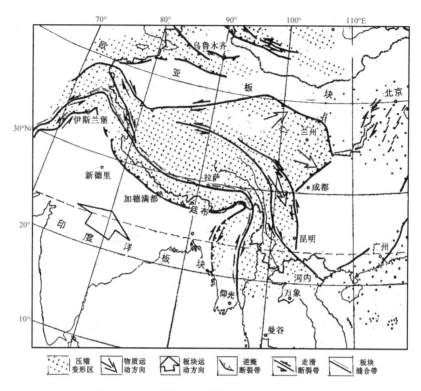

图 6.1-4　青藏高原现代构造形变场与板块运动

(2) 第二弧形构造带的强烈挤压和滇西南—印支的挤出构造（Ⅱ）。

该带包括帕米尔、西昆仑、藏北高原、横断山脉和滇西缅甸北部。印度次大陆东、西两个凸向北的弧顶尖角深深地揳入亚洲大陆的内部，迫使第二弧形构造带东西两个弧顶部分紧密地挤压在一起，形成东西两个向北凸出的挤压弧形构造带。

西部为帕米尔—西昆仑向北挤压推覆构造带。

东部为藏北高原、横断山脉和滇西缅甸弧形构造带，弧顶为紧密挤压在一起的横断山脉，弧的西翼为藏北高原，弧的东南翼为滇西和缅甸北部。印度板块的强烈向东北方向的推挤碰撞迫使青藏高原物质向滇西南方向挤出，形成了滇西南—印支挤出构造。弧形带南侧强烈向北推进，致使弧顶北侧的物质运移相对滞后，向东西两侧滑移，形成了第二弧形带弧顶两侧相反方向的走滑断层，其中东侧红河断裂和滇西、缅北为右旋，西侧藏北高原为左旋。

(3) 第三弧形构造带的左旋走滑和川滇挤出构造（Ⅲ）。

该带位于金沙江红河断裂以北，包括可可西里、巴颜喀拉山、鲜水河断裂和滇东断裂带，为东西转南北的狭长弧形构造带。

青藏高原中部的物质由于受到自南向北的强烈挤压，迫使南北方向缩短，物质被迫向东挤出，由于受到四川地块的阻挡，物质被迫由向东推移转而向南运移，形成了第三弧形构造带的川西—滇东挤出构造和一系列东西转南北的左旋走滑断裂。

(4) 青藏高原向北推移和阿尔金左旋走滑运动（Ⅳa）。

青藏高原的地壳物质在向北运移过程中，在青藏高原东北部的第四弧形构造带，受到塔里木地块阻挡，迫使物质向北东方向推移，从而形成了青藏高原北部的阿尔金山左旋走滑断层和祁连山挤压构造。

(5) 祁连山逆冲、左旋走滑运动和青藏高原东北部的挤出构造（Ⅳ）。

青藏高原向东北方向推移，在东北面又受到阿拉善地块和鄂尔多斯地块的阻挡，导致祁连山发生逆冲和左旋走滑断裂活动以及六盘山的逆冲断层活动。北东方向的挤压，又迫使地壳物质向东和东南方向运移，受到四川地块的阻挡，致使龙门山强烈隆起和龙门山前缘逆掩推覆断裂带的形成。

由此可见，由于印度洋板块向北挤压，青藏高原的现代构造以压缩形变为主要特征，其中的走滑断层是地壳物质在挤压过程中断层两侧物质运移速度不一致所引起的。

6.1.5　青藏高原的现代断裂活动

地震，尤其是大地震，是断裂最新活动的结果。地面地震地质调查结果认为，地震是断裂晚更新世、全新世活动的结果。现代地震的震源机制断层面解可以提供更精确的断裂现代活动的性质，因此，利用震源机制断层面解反演断裂的现代活动是可行的，也是最新的研究方法之一。从青藏高原主要的大断裂带与断层面解分布图（图 6.1-5）中，可以清晰地看出青藏高原各条断裂（不同部位）的现代活动性质。

震源机制断层面解由两组相交的共轭破裂面组成。两个共轭的节面中，同区域活动断层走向一致或接近一致的节面，取为震源区的主破裂面。地面地震地质考察研究结果表明，震源机制主破裂面往往与区域活动断裂的走向一致。因此，地震断层面解的主破裂面活动性质，可以反映活动断裂的现代活动性质。据此，结合地面地质的调查结果，编制出青藏高原现代构造形变图（图 6.1-6），图上清晰显示出青藏高原的现代断裂构造具有如下特征。

青藏高原地区以剧烈的构造变动著称于世，一系列向东北凸出的弧形构造带，构成高原现代断裂构造的主体格架。按其地质构造、地震活动性以及震源机制等性质的差异，将其划分为四重弧形构造带。

1. 喜马拉雅强烈挤压弧形逆冲断裂构造带

该带由近东西向印度河—雅鲁藏布江板块缝合带、喜马拉雅主中央断裂带和前缘的大逆掩断裂带、近南北向的缅甸那加山褶皱带组成，是一条巨型弧形构造带。第三纪和早更新世以前的沉积岩层强烈褶皱和断裂，并有大规模的岩浆侵入和混合岩化作用，现代构造形变十分强烈。

喜马拉雅地区的震源机制解多为近南北向的挤压应力场，在该应力场的作用下形成的东西向逆冲断层活动，反映出该区断裂现代活动性质为逆冲挤压构造。

2. 青藏高原南部弧形强烈挤压逆兼走滑断裂构造带

该带南界为印度河—雅鲁藏布江板块缝合带之北，包括班公湖—怒江深断裂带、澜沧江断裂带、金沙江—红河断裂带（又称三江断裂带）和其间的念青唐古拉山和横断山脉一带的褶皱断裂带。东侧弧顶为一系列紧密压缩在一起的"三江褶皱断裂带"。从弧顶转折向南至横断山南部,构造线呈扫帚状迅速散开。弧顶向西在藏北转为宽缓的近东西向构造带。

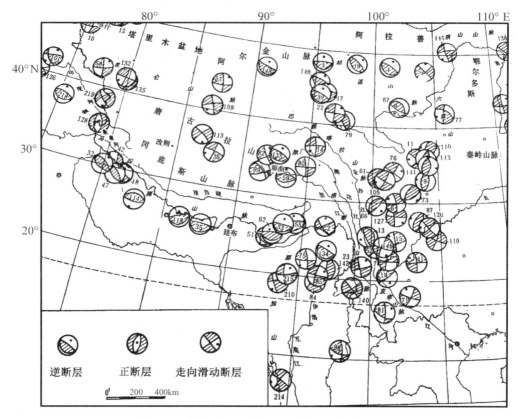

图 6.1-5　青藏高原地震震源机制断层面解分布图

弧顶部分地震断层面解为逆断层活动，而弧形带的南段和西段活动方式各不相同。南段在红河断裂带至伊洛瓦底江断裂带之间，多为具有逆冲分量的右旋走滑断层；西段是唐古拉山断裂至雅鲁藏布江断裂之间的近东西向断裂，均为带有逆冲分量的左旋走滑断层或逆断层，显示弧顶强烈向东北推进，两翼相对滞后而形成相反方向的走滑断层。区内也有少数震源机制显示为南北向正断层的地震分布。

3. 青藏高原中部弧形左旋走滑断裂构造带

该带位于青藏高原内部，是一个由东西走向转为北西走向，再转为南北向的狭长弧形构造带。该带位于金沙江—红河弧形断裂带的东北，北界西起青海南部的东西向可可西里山脉，经川西北西向的鲜水河断裂带至滇东南北向构造带，均具有以左旋走滑为主的断层活动性质。

沿该构造带发生的 20 多次 6～8 级地震，地震断层面解都具有以左旋走滑为主的断层活动性质。

4. 青藏高原北部向东推移挤压的弧形走滑断裂构造带

该带位于青藏高原北部和东北部，大多是古生代形成的构造带，中新生代再次遭受强烈的构造变动，使原有的构造性质受到改造。

青藏高原北部弧形构造带，弧顶六盘山和陇山一带，为近南北向新生代构造带，为挤压逆冲性质；弧的西翼阿尔金山断裂为左旋走滑断裂；祁连山断裂西段逆兼左旋走滑断层为主的构造活动；祁连山断裂东段和海原断裂带等为左旋走滑断层为主的构造活动；弧顶以南的南翼北东向龙门山构造带为压性兼右旋走滑活动性质。上述形变特征显示该弧形构造带强烈向东推进，两翼外侧相对滞后而形成相反走向的走滑活动。

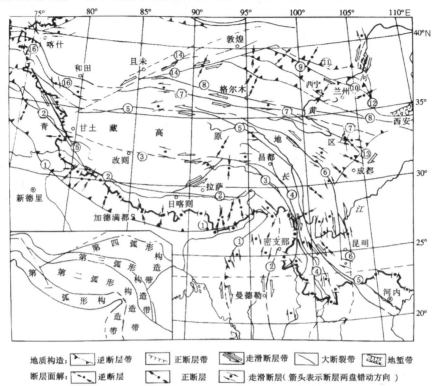

图 6.1-6　青藏高原地区主要弧形断裂带的现代构造形变特征

1. 喜马拉雅山褶皱断裂带；2. 印度河—雅鲁藏布江板块缝合带；3. 班公悉—怒江深断裂带；
4. 澜沧江褶皱断裂带；5. 金沙江—红河断裂带；6. 鲜水河—滇东断裂带；
7. 东昆仑南缘—南秦岭断裂带；8. 东昆仑北缘—北秦岭断裂带；9. 祁连山褶皱断裂带；10. 海原断裂带；
11. 走廊北缘—龙首山断裂带；12. 六盘山褶皱断裂带；13. 龙门山褶皱断裂带；
14. 阿尔金山南缘断裂带；15. 喀喇昆仑断裂带；16. 西昆仑褶皱断裂带

20 世纪以来发生过多次大地震，如 1920 年宁夏海原 8 级地震、1927 年甘肃古浪 8 级地震、1932 年玉门昌马 7.6 级地震、1933 年四川岷江叠溪 7.5 级地震、1976 年松潘—平武两次 7.2 级地震、2001 年可可西里 8 级地震、2008 年汶川 8 级地震。

祁连山褶皱带内的区域性大断裂都为平行于山脉走向的北西西向逆断层，第四纪逆断层活动屡见不鲜，祁连山七个地震的断层面解都表现为平行于构造走向的、以逆冲兼左旋走滑的断层性质。

近年来，兰州地震研究所对 1927 年古浪地震和 1954 年山丹地震进行了重新考察，认为它们都是北西或北西西走向，带有走滑分量的逆冲断层活动。发生在祁连山山脉东段的 1920 年海原大地震的地震断层，自固原到景泰全长 246 余千米，具有左旋走滑的断层活动性质。

龙门山断裂是一个中新生代活动的北东向逆冲断层，20 世纪末的几次强震都发生在龙门山一带的一系列北东向斜列断裂上。这里多次地震的断层面解结果显示，除 1960 年漳腊地震是北北东向右旋走滑活动外，其余地震都是北东走向的逆兼右旋走滑断层活动。

1920 年海原 8.5 级大地震就发生在这一构造带上。

6.1.6 青藏高原及邻区地壳短缩和厚度分布轮廓

印度洋板块对亚洲板块的强烈碰撞挤压，不仅引起青藏高原的强烈构造运动和构造变形，还迫使青藏高原地壳短缩、增厚，成为全球地壳最厚的地区。

本书在环文林、时振梁（1979）编制的《中国及邻区地壳厚度分布图》的基础上，根据目前收集的国内外文献和一些未刊出的资料，编制了青藏高原及邻区地壳厚度分布轮廓图（图 6.1-7），该图与其他研究者提出的等厚度线图相比，可以更直观地看到该区地壳厚度分布和地壳厚度陡变带的分布情况。

青藏高原作为我国地壳最厚的地区，最厚处可达 70km 以上。青藏高原及邻区有 3 个地壳厚度陡变带（图 6.1-8）。

1. 青藏高原南缘地壳厚度陡变带

位于第一弧形构造带下部，地壳厚度从雅鲁藏布江以北的 65km 左右陡变为印度恒河平原处的 40km 左右，落差约达 25km（图 6.1-8）。

2. 青藏高原中部地壳厚度陡变带

其位于昆仑山北坡即大致第三弧形构造带的西段。地壳厚度由 65km 左右递减为 60km，落差约达 5km。该弧形带的东南段（川西—滇东段），地壳厚度由 60km 左右递减为 45km，落差约达 15km。

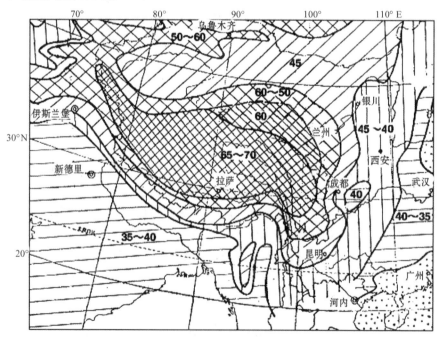

图 6.1-7 青藏高原及邻区地壳厚度分布轮廓图

3. 青藏高原北缘和东北缘地壳厚度陡变带

其位于第四弧形构造带上，祁连山一带地壳厚度由 60km 递减为塔里木盆地、阿拉善地块的 45km，落差达 15km 以上。龙门山一带落差最大，由 60km 突降到四川盆地处的 40km，落差达 20km。1920 年海原大地震就发生在青藏高原东北缘地壳厚度陡变带上。

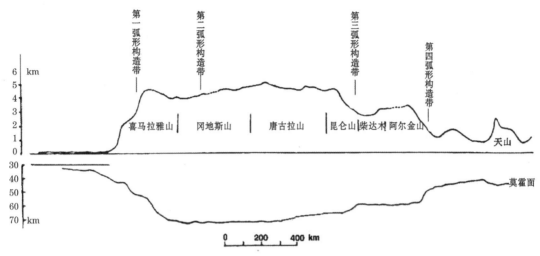

图 6.1-8　青藏高原及邻区地壳厚度和地形分布剖面图

　　整个青藏高原厚度的分布随弧形构造带而转弯。巨厚的地壳分布形态，反映这个地区的地壳在南北方向有强烈的短缩。地壳厚度变化在高原南北的分布是不对称的，南部和东部落差大，陡变剧烈。北部有两个陡变带，梯度变化也小些。地壳厚度分布的不对称性表明青藏高原的地壳变动在南缘、北缘和东缘最激烈。

　　上述地壳厚度陡变带控制了青藏高原绝大多数 7 级以上地震和全部 8 级以上地震的活动。

6.1.7　青藏高原的地震动力与地幔对流

1. 岩石圈板块应力产生机制

　　根据时振梁、环文林（1981）研究，我国及邻区岩石圈板块运动和岩石圈板块内部的大范围稳定应力场分布，有可能是岩石圈板块下部地幔物质对流所引起的。岩石圈板块的应力来源，是板块下面软流层物质快速流动或洋脊地幔涌流对上部岩石圈所产生的黏性拖曳作用（图 6.1-9），青藏高原属于前者。

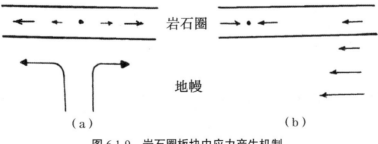

图 6.1-9　岩石圈板块中应力产生机制

(a) 洋脊地幔涌流；(b) 地幔物质快速流
（据时振梁、环文林，1981，略修改）

2．地球卫星测量的地球长波重力异常

近年来，国外利用卫星重力异常资料，对地幔软流圈物质对流可能性及其机制有了一些讨论，认为卫星所测量得到的长波长重力场，主要来源于地幔物质密度的差异，并提出卫星测量的长波重力正异常同巨厚的新生代造山带、深海沟俯冲带，即同大致向下对流所产生的巨大构造带相对应，并认为负异常可能表示软流层的运动部分。

根据库拉（Kaula）发表的全球卫星长波重力异常图，在中国及邻区一带，西太平洋板块俯冲带俯冲深度达 700km 以上的（日本列岛南）北北西向马里亚纳群岛岛弧带和地壳巨厚的喜马拉雅青藏高原是正异常区（图 6.1-10）。

纵贯我国中部和东部的是一条弧形负异常带，这条负异常带从西伯利亚经蒙古到华北，转四川、云南，直到东南亚半岛。这条弧形负异常带恰好位于青藏高原北缘、东缘与华北和华南西缘的交接地带。

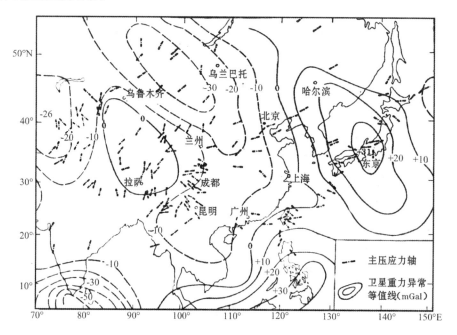

图 6.1-10　中国及邻区卫星长波重力异常与现代构造应力场分布图

（据时振梁、环文林，1981）

3．地壳内部主压应力走向与地幔对流

时振梁、环文林等（1982）把我国及邻区的主压应力轴，放在截取中国及邻区部分的卫星测量的长波长重力图上，编制了中国及邻区卫星重力异常与震源机制主压应力轴分布图（图 6.1-10）。图中有一个惊人的发现，绝大多数地区主压应力轴垂直于重力等值线，说明我国及邻区主压应力场与地球深部的运动密切相关。

虽然我们现在还不能认识卫星重力异常图的全部含义，但它大致代表着 100～400km 深处的地幔物质的密度差。图中的等重力异常线反映地幔物质的等密度线。地幔中的物质在正负异常间沿着异常梯度最大的地方，垂直于等值线方向，从高密度正异常区向低密度负异常区流动。

从图 6.1-10 中可以发现，震源机制所反映的我国及邻区各地的主压应力轴水平投影的总体方向，大都垂直于长波长的重力异常等值线，同地幔上部物质流动的轨迹非常相似。也可以说，地壳内的主压应力轴的走向就是地幔物质的流动方向在地表的反映。

青藏高原这样一个地壳内部构造局部差异较大的广大地域内，构造应力场如此大范围的一致，显然与地壳内部构造差异影响不大，而是与地壳以下尺度更大的更深层的地幔物质流动有关。

如我国华北地区处于西太平洋北北西向马里亚纳岛弧板块俯冲带重力正异常区与上述西伯利亚延伸过来的负异常区之间，重力异常等值线走向为北北西向，表明地幔物质将由正异常区以垂直于等值线的方向，向负异常区流动。华北地区正处于地幔正负异常之间地幔物质流动的区域内，北东东向应力轴与重力异常的等值线相垂直，因此主应力轴的走向正好反映了该区地幔对流的方向。

又如青藏高原地区，巨厚的地壳与青藏高原地区地幔正异常带相对应。从较大比例尺的图 6.1-11 中还可以看出，纵贯青藏高原的北部和东部，一条弧形负异常带从西伯利亚经蒙古到华北、四川、云南，直到东南亚半岛。这条弧形负异常带与青藏高原正异常带的交接部位，恰好位于青藏高原的北缘、东缘与华北和华南地块交会地带。

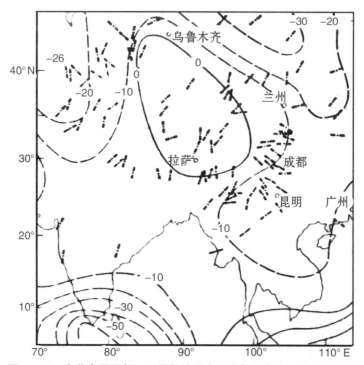

图 6.1-11　青藏高原及邻区卫星长波重力异常与现代构造应力场分布图

该弧形带以秦岭一带为弧顶；弧的北部位于祁连山一带，呈北西西方向；弧的顶部位于六盘山—秦岭一带，呈南北向；弧的南翼位于龙门山一带，呈北东方向分布。这条地幔物质对流最活跃的弧形地带与青藏高原东北部的第四弧形带的东北边缘完全一致。该带上的主压应力轴的水平投影都垂直于卫星重力等值线，与该区地幔对流的方向完全一致。

可见，青藏高原东北缘正处于这一地幔快速流动的区域。这一带强烈的构造运动和地震活动，动力来源应是该区下部地幔对流对上部岩石圈所产生的黏性拖曳作用。

可见，青藏高原第四弧形构造带的东北缘，发生 1920 年海原 8.5 级这样巨大的寰球大震和多次 8 级地震不是偶然的，其动力来源于更深部强烈的地幔对流。

上述青藏高原及邻区震源机制主压应力轴所反映的现代构造应力场和构造形变场的分布图像表明，青藏高原主压应力轴的分布在各个部位是有差异的，但又是很有规律的。如果说地壳内的主压应力轴的走向就是地幔物质的流动方向在地表的反映，那么，图 6.1-2 ~ 图 6.1-6 所示的青藏高原及邻区现代构造应力场与块体之间的构造形变的动力都来自地壳下部地幔对流。

大陆板块内部的构造运动不但受到岩石圈板块运动的制约，最根本的还是受到地幔上部，特别是软流圈物质不同密度区之间的局部对流，对地壳底部产生的黏性拖曳作用所制约。

6.2　海原大地震的地震孕育区地震活动与地震构造研究

从以上青藏高原地质构造和地震活动背景的研究中可以看出，青藏高原北部地震区虽然远离板块边界，但印度洋板块对青藏高原的碰撞影响，仍强烈影响到青藏高原北部地震区。这里孕育发生了我国大陆板块内最大的 1920 年 8.5 级海原大地震和多次 8 级大地震，这些地震的孕育和发生与青藏高原北部地震区的关系更为密切，因此需要对青藏高原北部地震区做更深入的研究。

6.2.1　海原大地震地震孕育区地震活动的空间分布

青藏高原北部地震活动区的地震，绝大多数分布在青藏高原的北缘和东北缘，构成一条向东凸出的、连续的弧形地震带，本书将其称为"青藏高原东北缘弧形地震活动带"。它与海原大地震的孕育与发生有着密切的关系（图 6.2-1）。

该弧形带顶部的地震活动分布于近南北向的六盘山—陇山一带和近南北向的兰州—临夏一带地区，弧的西翼地震主要分布在北西西向的祁连山脉、河西走廊和宁夏弧形山脉一带，弧的南翼地震分布在北东向的天水至龙门山一带。1920 年海原大地震发生在弧顶六盘山与西翼祁连山交会过渡的地区。

6.2.2　海原大地震地震孕育区地震活动的时间分布

青藏高原东北缘弧形地震活动带的地震活动在时间分布上，具有明显的同步性。它们一同相对平静，一同整体活动，且平静期、活动期周期性重复着。也就是说，该区的地震活动是作为一个整体进行能量孕育、积累和释放的，当能量积累到足够大时，又以一个整体通过一系列地震活动进行释放（图 6.2-2）。

从图中可以看出，1400—1550 年间该区处于相对平静阶段，只有零星的 6 级地震活动。1550—1730 年间进入了显著活动阶段，发生了以 1654 年天水 8 级大地震为中心的一系列 6 ~ 7.5 级地震，1718 年甘肃通渭 7.5 级地震后结束了该活动期。

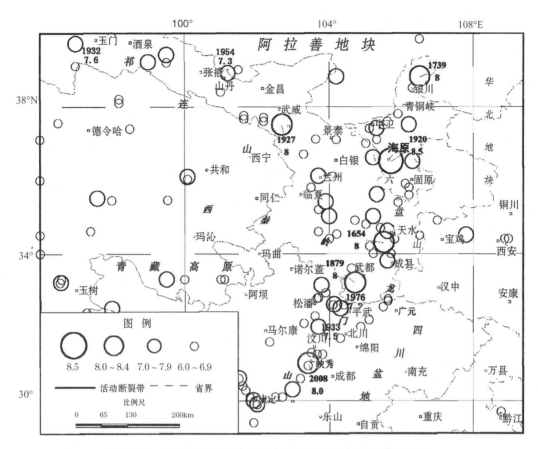

图 6.2-1　青藏高原东北缘弧形地震活动带地震活动的空间分布

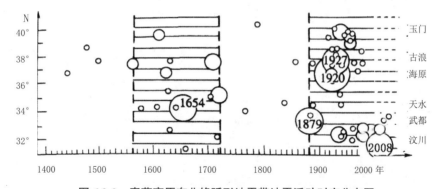

图 6.2-2　青藏高原东北缘弧形地震带地震活动时空分布图

1720—1836 年的 100 多年间，地震活动进入第二个相对平静阶段，只发生过零星 6 级地震。从 1879 年甘肃武都 8 级大地震开始，区内地震活动进入第二个显著活动阶段。1920 年宁夏海原 8.5 级寰球大震发生后，该区开始进入活动高潮期，紧接着在祁连山河西走廊一带发生 1927 年甘肃古浪 8 级地震、1932 年甘肃玉门昌马 7.6 级地震。1933 年以后大地震活动转移到龙门山一带，先后发生了 1933 年龙门山叠溪 7.5 级地震，1976 年松潘、平武间两次 7.2 级地震，2008 年汶川 8 级地震（表 6.2-1）。

从以上分析中可以看出，青藏高原东北缘弧形地震活动带的地震活动共同经历了从相对平静阶段到显著活动阶段的演化过程，即从能量积累到释放的全过程，我们把这个过程称为一次地震活动期。1400 年以来，青藏高原东北缘弧形地震活动带共经历了两次地震活动期，活动周期为 300 ~ 350 年。

6.2.3 海原大地震的地震孕育区地震活动演化过程

青藏高原东北缘弧形地震带中，第二个地震活动期历史记载的资料较全（表 6.2-1），可以更详细地分析该区地震活动期的演化过程。环文林、时振梁（1987）发表在美国权威刊物《Tectonophysics》上的《中国及邻区 8 级地震活动及其演化》一文，曾做过详细研究。

表 6.2-1 青藏高原东北缘弧形地震活动带海原 8.5 级大地震为主体的地震序列
（$M \geqslant 7$，1720-01-01 — 2008-05-12）

年 - 月 - 日	震级	经度	纬度	深度 /km	烈度	精度	参考震中
1879-07-01	8	104.7°E	33.2°N	—	XI	1	甘肃武都南
1920-12-16	8.5	105.7°E	36.5°N	17	XII	1	宁夏海原
1920-12-25	7	105.2°E	36.3°N	—		2	甘肃黄家洼山南缘
1927-05-23	8	102.7°E	37.5°N	12	XI	1	甘肃古浪
1932-12-25	7.6	97.0°E	39.7°N	—	X	1	甘肃玉门昌马
1933-08-25	7.5	103.7°E	32.0°N	—	X	1	四川茂汶北叠溪
1954-02-11	7.25	101.2°E	38.9°N	10	X	1	甘肃山丹东北
1954-07-31	7	104.2°E	38.2°N	—	IX	1	甘肃武威民勤东
1976-08-16	7.2	104°08′E	32°37′N	15	IX	1	四川松潘、平武间
1976-08-23	7.2	104.3°E	32.5°N	23	VIII	1	四川松潘、平武间
2008-05-12	8	103.41°E	31.01°N	14	XI	1	四川汶川

如果用应变释放曲线来表达这个过程，则看出区内的地震活动从能量积累到释放的全过程又可细分为四个发展阶段（图 6.2-3）。

（1）应变积累阶段：1720—1836 年近 120 年的时间里只发生过 2 次 6 级地震，以应变积累为主，为应变积累阶段。

（2）前震活动阶段：1837—1919 年的 82 年时间里，发生过 1897 年武都 8 级地震和多次 5 ~ 6 级地震。这些地震在空间上非常有规律地分布在未来发生海原 8.5 级地震震中区的周围，形成所谓的前震围空区。我们称这个发展阶段为前震活动阶段。

（3）主震活动阶段：1920—1933 年的短短 13 年里，连续发生了 1920 年宁夏海原 8.5 级地震、1927 年甘肃古浪 8 级地震、1932 年甘肃玉门昌马 7.6 级地震、1933 年四川叠溪 7.5 级地震，我们称这个高速释放的发展阶段为主震活动阶段。

（4）余震活动阶段：1934—2020 年及以后，地震活动开始放缓，逐渐离开海原大地震活动中心区，破裂向外围扩展，最后消失。其间，发生了 1954 年甘肃山丹 7.25 级地震、1954 年武威民勤东 7 级地震，1976 年四川松潘、平武间两次 7.2 级地震，2008 年四川汶川 8 级地震，我们称这个发展阶段为余震活动阶段。

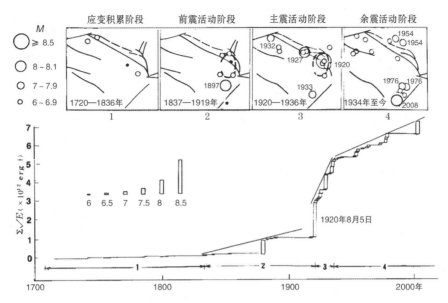

图 6.2-3　青藏高原东北缘弧形地震带海原大地震地震序列演化过程
（环文林、时振梁，1987，增编）

从应变释放曲线上看,青藏高原东北缘弧形地震活动带的第二地震活动期的地震活动，就是海原 8.5 级大地震为主体的一个完整的、典型的地震活动序列，发生在它们之前的地震活动为其前震活动，发生在它们后面的地震活动为其余震活动。

可见 8.5 级这样的"寰球大震"代表的不是单个地震，而是以 1920 年 8.5 级地震为主体的一群地震，它们共同经历了从能量积累到能量释放的全过程。因此，1920 年海原 8.5 级地震有着相当大的孕育区，只有像青藏高原北部地震区这样的大区域才可能孕育出 8.5 级以上的大地震。

海原 8.5 级大地震序列的上述孕育到释放的全过程，像一个巨大的天然实验室，向人们演绎了大地震的震源从孕育至破裂，在时间和空间上的发展演化全过程。

根据环文林、时振梁（1987）的研究，在我国大陆内部有 5 个能孕育 8.5 级大地震的地震区，分别是华北地震区、青藏高原北部地震区、青藏高原南部地震区、喜马拉雅地震区和天山地震区。

6.2.4　海原大地震地震孕育区的活动大断裂带

地震，特别是大地震，是断裂最新活动的结果。青藏高原东北缘弧形地震活动带的现代断裂活动是在老构造基础上，经新生代以来历次构造运动的改造而演化成现今构造格局的。这些断裂与该区的地震活动密切相关。

青藏高原东北缘弧形地震活动带的活动断裂构造，由于受到老构造格局的影响，共由三组构造组成，以东昆仑—西秦岭北缘深断裂（编号 8）为界，北部为北西—北西西向祁连山—河西走廊断裂构造系（9、10、11、12），南部为北西西向秦岭构造系（8、7），东南部为北东向龙门山褶皱断裂系（13）（图 6.2-4）。这些深大断裂控制了该区的地震活动（图 6.2-5）。

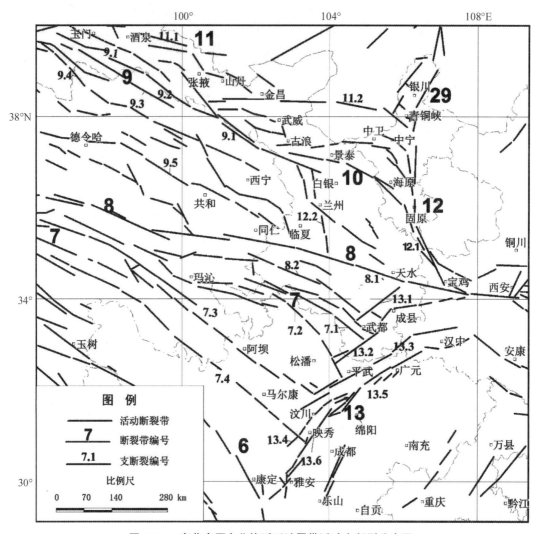

图 6.2-4　青藏高原东北缘弧形地震带活动大断裂分布图

根据 6.1 节青藏高原断裂带的断裂编号，给出各支断裂的编号和名称。

①东昆仑南缘—西秦岭南缘活动深大断裂带（7）。

包括下列支断裂：武都—舟曲断裂（7.1）、玛曲—若尔盖—平武断裂（7.2）、阿坝—黑水河断裂（7.3）、达日—班玛—马尔康断裂（7.4）。

②东昆仑北缘—西秦岭北缘活动深大断裂带（8）。

包括下列支断裂：东昆仑北缘—西秦岭北缘断裂（8.1）、西秦岭断裂（8.2）。

③祁连山活动深大断裂带（9）。

包括下列支断裂：祁连山北缘断层（9.1）、中祁连北缘断层（9.2）、中祁连南缘断层（9.3）、党河南山断层（9.4）、青海湖南山断裂（9.5）。

④海原活动深大断裂带（10）。

⑤走廊北缘—龙首山大断裂带（11）。

包括下列支断裂：河西走廊北缘断裂（11.1）、龙首山断裂（11.2）。

⑥六盘山深大断裂带（12）。

包括下列支断裂：六盘山断裂（12.1）、临夏—兰州断裂（12.2）。

⑦龙门山活动深大断裂带（13）。

包括下列支断裂：天水—礼县断裂（13.1）、武都—文县断裂（13.2）、青川—平武断裂（13.3）、汶川—茂县断裂（13.4）、映秀—北川断裂（13.5）、芦山断裂（13.6）。

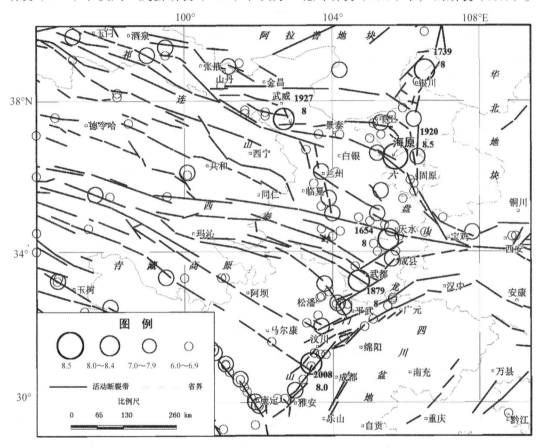

图 6.2-5　青藏高原东北缘弧形地震带活动断裂与强震震中分布图

6.2.5　海原大地震地震孕育区的现代构造应力场和构造形变场

青藏高原北部地震区的断裂构造，虽然受老构造的制约，但从 6.1 节青藏高原的现代构造应力场和现代构造形变场的研究结果看，印度洋板块对青藏高原的碰撞挤压，使青藏高原内部物质层层向北推移，并强烈变形。这一强烈挤压应力一直延伸到青藏高原东北部，并使青藏高原东北部的地壳物质向北、向东推移，使原有的构造格局发生了明显的改造，形成了现代的构造应力场和构造形变场。

1. 青藏高原东北缘弧形地震带内部的现代构造应力场和构造形变场

青藏高原东北部向东推移的地壳物质，首先引起青藏高原东北部构造区内部的地壳物质强烈形变。区内分布着许多北西西—北西向断裂，这些巨大的切穿地壳的深断裂，把地壳切成了许多同走向的块体。地壳内物质的流动,也受到这些深断裂软弱破裂面的制约,致使块体内部物质的流动转化为沿这些软弱破裂面的滑动。动力来源自西南向东北,致使这些块体都沿断裂面向东滑移,断裂南盘是主动盘,向东滑移的幅度大于北盘,北盘向东滑移相对滞后,致使区内的一系列北西西向断裂发生了强烈的沿走向相对滑动的左旋走滑运动,在这里形成了非常复杂而又有序的现代构造应力和构造形变的分布图像(图 6.2-6)。

2. 青藏高原东北缘弧形地震带周缘的现代构造应力场和形变场

以东昆仑—西秦岭北缘深断裂(编号 8)为界,北部为北西西向祁连山—河西走廊断裂构造系(9、10、11、12),南部为北西西向秦岭构造系(8、7),两者的现代构造应力场和形变场由于受到老构造格局的制约,出现较大差异。

(1)河西走廊—祁连山断裂构造系周缘的现代构造应力场和形变场。

应力传到青藏高原东北缘,外围是阿拉善地块、华北地块和华南四川地块。这些刚性较强的地块,使青藏高原北缘向东流动的地壳物质受到多方面的阻碍,导致这里的构造形变形成复杂多样的分布图像(图 6.2-6)。

青藏高原东北部的地壳物质在向北推移过程中,首先受到东北面的阿拉善地块和鄂尔多斯地块的阻挡,在祁连山西段形成逆冲为主兼左旋走滑的构造形变,左旋运动致使地壳物质又向东和东南方向滑移,导致祁连山断裂东段原有的挤压逆冲性质被迫受到改造,转变为左旋走滑运动。

祁连山地壳物质向东推移,移至青藏高原东缘,受到刚性较强的华北地块的阻挡,不能再向东推移,被迫沿华北地块的边缘向南发生弯曲变形,形成了南北向的六盘山和陇山新生代强烈褶皱隆起带和挤压逆冲断层活动带。

(2)北西西向秦岭构造系东南缘的现代构造应力场和形变场。

东昆仑—西秦岭北缘深断裂(编号 8)以南的地壳物质在向东南运移过程中受到四川地块的阻挡,迫使地壳物质向东和东南方向挤出,导致龙门山构造带新生代强烈褶皱隆起并向四川地块方向推覆,形成了逆兼右旋走滑的龙门山断裂构造带和龙门山前缘的逆掩推覆构造带。

从图 6.2-6 中可以看出,区内的地壳物质都向东滑移,所有箭头都指向东,由于受到周围地块的阻挡,在周缘地带形成了应力的高度集中区。青藏高原东北缘弧形地震带内的地震就发生在这些应力的高度集中区内。

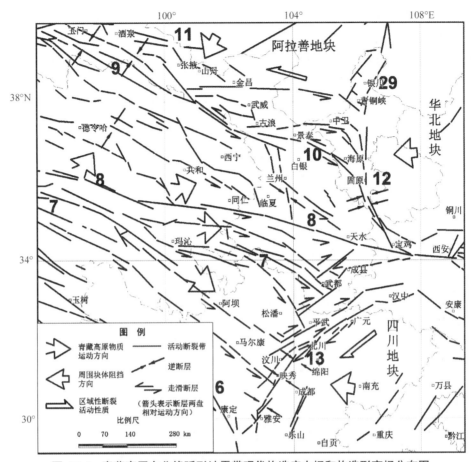

图 6.2-6　青藏高原东北缘弧形地震带现代构造应力场和构造形变场分布图

6.3　海原大地震孕育区的大地震发震构造研究

由以上分析，青藏高原东北缘弧形地震活动带的地震活动是以一个整体在大范围内进行孕育的，而应力的释放是在该范围内应力相对集中的地区内一些特殊构造部位发生，因此发震构造研究也有重要意义。

根据上述研究，由于印度洋板块强烈碰撞亚洲板块，青藏高原形成北北东向构造应力场，引起青藏高原内部强烈变形。该应力场传到青藏高原东北缘，由于受到外围阿拉善地块和华北、华南地块的阻挡，在这里形成了应力的高度集中区，在这些应力高度集中区内的一些特殊构造部位发生了以海原大地震为主体的一群大地震。

6.3.1　1920 年海原 8.5 级大地震和 1927 年古浪 8 级大地震发震构造研究

1.1920 年海原 8.5 级大地震发震构造

青藏高原北缘地震构造内的地壳物质强烈向东运移的过程中，祁连山构造带的东段，除受到阿拉善地块的阻挡外，东面还受到华北地块的强烈阻挡，使北西西向的东祁连构造带向北东方向挤出，并与西祁连构造带拉伸断开，形成向东北方向凸出的宁夏弧形构造带。

该弧形构造向东北方向挤出逆冲推覆到华北地震构造区的北北东向的银川地堑之上，银川地堑的南半部被迫消减到宁夏弧形构造带之下。

继续向东推移的弧形构造带又受到刚性较强的华北地台的强烈阻挡，迫使该弧形构造带的东翼不能再向东滑移，被迫沿华北地块的边缘向南弯曲、折断，成为强烈挤压隆起的南北向的六盘山新生代褶皱断裂带，最终形成了向东北方向凸出的、东缘紧密挤压在一起的、不对称的多重"宁夏弧形构造带"（图 6.3-1）。1920 年海原 8.5 级大地震就发生在这些块体强烈向东滑移，被迫挤压弯曲、折断，应力高度集中的宁夏弧形构造带上的规模最大、左旋位移幅度最大的海原左旋走滑活动构造带上（图 6.3-2）。

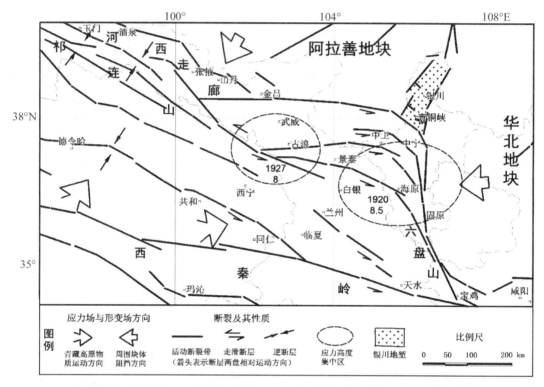

图 6.3-1　1920 年海原 8.5 级大地震和 1927 年古浪 8 级大地震发震构造模式图

2. 1927 年古浪 8 级大地震发震构造

东祁连构造带组成了宁夏弧形构造带的西翼，由于宁夏弧向北东方向挤出，与西祁连构造带完全断离，之后仍不断受到向东的挤压，弧形带的东移受到强烈的阻挡，迫使该弧形带的西翼向西反弹，沿祁连山北缘断裂的东段逆向向西滑移，致使宁夏弧的西翼与祁连山北缘断裂直接相撞。在相撞处两者断裂交叉的特殊结构部位，形成了又一个应力高度集中区（图 6.3-1）。1927 年古浪 8 级大地震就发生在这个应力高度集中的特殊构造部位。

在宁夏弧其他三条断裂的应力高度集中区内也分别发生了多次 6～7 级地震（图 6.3-2）。

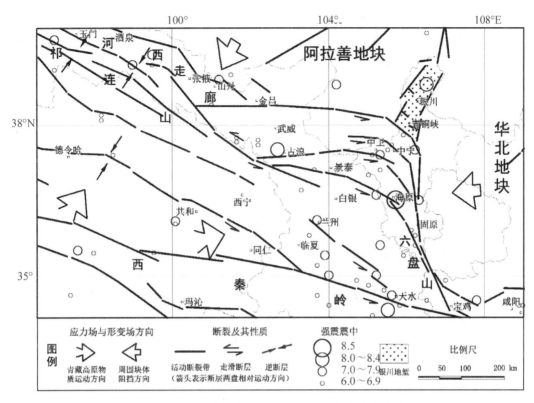

图 6.3-2　宁夏弧形构造带的发震构造与震中分布图

6.3.2　龙门山 2008 年汶川地震等三次 8 级大地震的发震构造

以秦岭北缘深断裂为界，青藏高原东北部地震构造区的南部，由于受到来自青藏高原向东的挤压应力场，一系列北西西向的块体沿断裂向东南方向滑移，导致青藏高原内部北西西向西秦岭构造系的一系列断裂发生左旋走向滑动。沿断裂向东南方向滑移的地壳块体到达龙门山时受到龙门山北东向断裂的阻挡，使龙门山北东向断层受到强烈挤压、撞击，从而被肢解成许多段，形成一系列斜列状分布的北东向逆兼右旋走滑断裂带，并沿这些北东向斜列分布的断裂带，形成一个个应力高度集中区，在这些应力高度集中区内发生了一系列大地震（图 6.3-3、图 6.3-4）。

1．1654 年 8 级天水—礼县大地震发震构造

在北西西向的西秦岭北缘断裂（8）与北东向的天水—礼县断裂（13.1）交会处，沿 8 号断裂向东南滑移的地壳物质受到北东向天水—礼县断裂的强烈阻挡，使天水—礼县断裂发生右旋走滑运动并形成应力的高度集中区，发生了 1654 年 8 级天水—礼县大地震。

2．1897 年武都—文县 8 级地震发震构造

在北西西向的西秦岭南缘，武都—舟曲断裂（7.1）与北东向的武都—文县断裂（13.2）交会处，沿 7.1 号断裂向东南滑移的地壳物质受到武都—文县断裂的强烈阻挡，使北东向的武都—文县断裂发生右旋走滑运动并形成应力的高度集中区，发生了 1897 年武都—文县 8 级地震。

3. 1976 年平武 7.2 级和 7.1 级地震发震构造

在北西西向的西秦岭南缘，玛曲—若尔盖—平武断裂（7.2）与北东向的青川—平武断裂（13.3）交会处，沿 7.2 号断裂向东南滑移的地壳物质受到青川—平武断裂的强烈阻挡，使北东向的青川—平武断裂发生右旋走滑运动并在两者交会区形成应力高度集中区，发生了 1976 年平武 7.2 级和 7.1 级地震。

4. 1933 年茂汶北叠溪 7.5 级大地震发震构造

在北西西向的西秦岭南缘，阿坝—黑水河断裂（7.3）与北东向的青川—平武断裂的西端延长线交会处，沿 7.3 号断裂向东南滑移的地壳物质受到青川—平武断裂西延线的强烈阻挡，使北东向的青川—平武断裂的西端发生右旋走滑运动并形成应力的高度集中区，发生了极震区为北东向的 1933 年茂汶北叠溪 7.5 级大地震。

5. 2008 年汶川 8 级大地震发震构造

在北西西向的西秦岭南缘，达日—班玛—马尔康断裂（7.4）与北东向的汶川—茂县断裂（13.4）和映秀—北川断裂（13.5）交会处，沿 7.4 号断裂向东南滑移的地壳物质受到汶川—茂县断裂和映秀—北川断裂的强烈阻挡，使北东向的这两条断裂发生逆兼右旋走滑运动并形成应力的高度集中区，发生了 2008 年汶川 8 级大地震（图 6.3-3）。

从以上分析中可以看出，青藏高原东北缘弧形地震活动带的几次 8 级以上大地震的极震区，都有序地排列在青藏高原东北缘弧形地震活动带应力高度集中的东部边缘的一些特殊构造部位的发震断层上（图 6.3-4）。

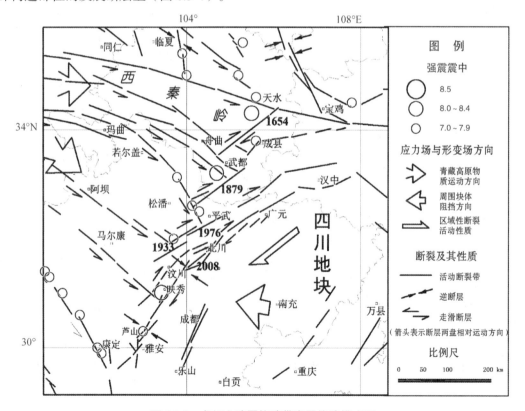

图 6.3-3 龙门山地震构造带发震构造模式图

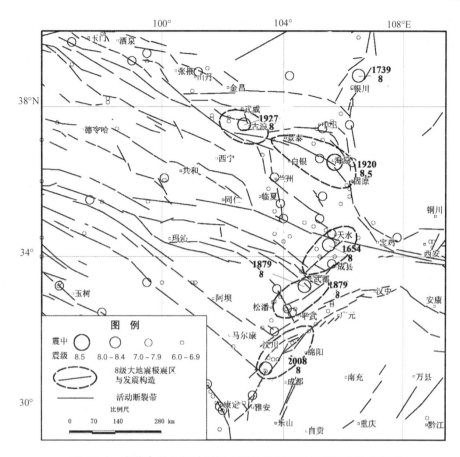

图 6.3-4　青藏高原北部地震区 8 级地震极震区与发震构造分布图

6.3.3　海原大地震的孕震构造和发震构造研究小结

1. 海原大地震的孕震构造

巨大的青藏高原东北缘弧形地震带内，发生过 1920 年海原 8.5 级大地震 1 次，8 ~ 8.4 级大地震 3 次，7 ~ 7.9 级地震 19 次，6 ~ 6.9 级地震 51 次。该地震区虽然远离板块边界，但地震活动仍很强烈。

青藏高原东北缘弧形地震带的地震活动共同经历了从相对平静阶段到显著活动阶段的演化过程，即从能量积累到释放的全过程。

青藏高原东北缘弧形地震带第二地震活动期的地震活动，是以海原 8.5 级大地震为主体的一个完整的、典型的大地震活动序列，发生在它们之前的地震为其"前震活动"，发生在它们之后的地震为其"余震活动"。

可见，8.5 级这样的"寰球大震"代表的不是单个地震，而是以 1920 年海原 8.5 级大地震为主体的一群地震，它们共同经历了从能量积累到能量释放的全过程。因此，1920年海原 8.5 大级地震有着相当大的孕育区，只有像青藏高原北部地震区这样的大区域才可能孕育出 8.5 级以上的大地震。

2．海原大地震的发震构造应力场特征

印度洋板块对亚洲板块的剧烈碰撞，使青藏高原内部构造受到强烈挤压，所形成的强大的北北东向水平挤压应力场覆盖了整个青藏高原。在青藏高原东北缘，向东移动的地壳物质由于受到外围阿拉善地块、华北地块和四川地块的阻挡，在这里形成了应力的高度集中。海原大地震为主体的一系列大地震就发生在这一水平构造应力场高度集中区的构造应力环境中。

3．海原大地震的发震构造形变场特征

在青藏高原水平构造应力场环境中，青藏高原内部物质被挤压变形，地壳短缩，地势强烈隆起，块体之间相互挤压、相互滑移，甚至向青藏高原外围挤出，形成了形变特征不同的四重挤压弧形构造带，海原大地震就发生在活动强烈的青藏高原东北缘弧形地震构造带内。

青藏高原东北缘弧形地震构造带的断裂构造由三组深大断裂组成：北部为北西西向祁连山—河西走廊断裂构造带，南部为北西西向秦岭断裂构造带，东南部为北东向龙门山褶皱断裂构造带。

青藏高原东北部的地壳物质在向北东方向推移过程中，由于受到东北面的阿拉善地块、鄂尔多斯地块、华北地块和四川地块的阻挡，这些青藏高原北缘深大断裂控制的构造带，在印度洋板块的强烈碰撞挤压下都发生了强烈的变形。

在祁连山西段形成逆冲为主兼左旋走滑的构造形变；在六盘山和陇山形成南北向新生代强烈褶皱隆起带和挤压逆冲断层活动带；在龙门山一带新生代强烈隆起并向四川地块推覆，形成逆兼右旋走滑的龙门山断裂构造带和龙门山前缘逆掩推覆构造带。

海原大地震及其他 7 ～ 8 级大地震就发生在这些现代仍强烈活动的走滑断裂构造带内。

4．海原大地震的发震构造黏滑运动的构造结构特征

本区大地震的发震断层带有一个共同的特征，就是都发生在斜列状排列的走滑断裂上。海原大地震发生在斜列状分布的祁连山和宁夏弧形构造带内，海原大地震的发震断层由 6 条次级断层斜列组合而成。

龙门山的几次 7 ～ 8 级地震都发生在龙门山北东向排列的一系列斜列状分布的走滑断裂上，这些斜列状分布的北东向断裂还分别与北西向的西秦岭断裂带的断裂交会。

走滑断裂的斜列状结构和断裂交叉结构是走滑断层发生黏滑运动，并导致巨大能量积累的重要原因，海原大地震及一系列 8 级大地震都发生在该区斜列状分布的走滑断层上。

5．海原大地震孕育发生的构造规模特征

青藏高原东北缘弧形地震活动带的断裂构造由三组深大断裂组成——北部北西西向祁连山—河西走廊深大断裂构造带、南部北西西向秦岭深大断裂构造带和东南部北东向龙门山深大断裂构造带。这些深大断裂控制了该区的 8 级以上地震活动（图 6.2-5）。

青藏高原东北缘弧形地震构造带位于青藏高原北缘地壳厚度的陡变带上，构造带两侧的地壳厚度落差达 15 ～ 20km。地壳厚度陡变带控制了青藏高原绝大多数 7 级以上地震和全部 8 级以上地震活动。1920 年海原大地震就发生在青藏高原东北缘地壳厚度陡变带上。

该区的 8 级以上大地震都发生在长达 2000km 以上的青藏高原东北缘巨型弧形地震构

造带内，只有如此巨大的地震构造带才能孕育海原 8.5 级寰球大震。发震断层规模越大，发生的地震震级越大，8.5 级海原大地震发震断层长达 200 ～ 300km，本区其他 8 级大地震的发震断层长度都在 100 ～ 200km 之间。

在以上特征的共同作用下，孕育和发生了以 1920 年海原 8.5 级大地震为主体的一系列大地震。

6.4　确定大地震发震构造的四个必要条件

通过以上对海原大地震发震构造的重点剖析研究，我们对大地震的发震构造条件有了比较系统的认识，据此，总结并提出，从地震动力学的角度分析，发生大地震的发震断层必须同时具备下列四个条件。

1. 构造应力环境条件

地震是在现代构造应力场的作用下，岩层变形破裂的结果。研究表明，如果一条断层上能够发生地震，它必须处于现代构造应力场的强烈作用下。不同的应力场，断层的活动性质和活动强度也不同。

2. 最新构造变形条件

在现代构造应力场的作用下，不是所有的断层都能够发生地震，只有在明显出现了与晚更新世以来构造应力场相对应的构造变形的断裂上（即活动断层上），特别是发生现代构造形变的断层上，才能够发生大地震。因此，断层的活动性质和活动性也是判断是否是发震构造的重要条件之一。

3. 黏滑运动的介质结构条件

地震是在现代构造应力场的作用下，活动断层继续活动的结果。但不是所有的活断层上都能够发生现代地震，只有那些具有发生黏滑运动特殊结构的活断层部位才能够积累足够大的能量，使断层发生黏滑运动，从而发生大地震。斜列状结构是走滑型发震断层发生黏滑运动的最主要特征，我国的大地震发震构造都具有斜列状结构特征。

4. 足够大的断裂规模条件

强震的发生还必须具备能够积累巨大能量的构造条件和构造规模条件，断裂规模越大，发生地震的强度越高。

本书认为：只有同时满足这四个条件的断层部位，才可以判定为发震构造。

参考文献

李善邦，1957. 中国地震区域划分图及其说明. 地球物理学报，(2)：127-158.

丁国瑜，1980. 线性构造和地震活动. 地质与地球化学，(3)：1-9.

丁国瑜，1982. 活动走滑断裂带的断错水系与地震. 地震，(1)：3-8.

丁国瑜，1984. 中国的活断层 // 国家地震局科技监测司. 大陆地震活动和地震预报国际学术讨论会论文集. 北京：地震出版社.

丁国瑜，1979. 我国地震活动与地壳现代破裂网络，地质学报，(1)：22-34.

万自成，柴枳章，王士平，等，1987. 1920年海原8.5级大地震的地质构造背景 // 国家地震局地球物理研究所，中国地震考察（第一卷）. 北京：地震出版社.

王兰民，郭安宁，王平，等，2020. 1920年海原大地震震害特征与启示. 城市与减灾，（6）：43-53.

李四光，1973. 地质力学概论. 北京：科学出版社.

刘元龙，王谦身，武传珍，等，1977. 喜马拉雅山脉中部地区的地壳构造及其地质意义的探讨. 地球物理学报，20(2)：143-149.

刘百篪，1979. 中国大陆地震的应力调整场动态模型. 地震地质，(3)：24-40.

刘百篪，2020. 1920年海原大地震调查回顾. 城市与减灾，（6）：36-42.

任纪舜，王作勋，陈炳蔚，等，1999. 从全球看中国大地构造. 北京：地质出版社.

邓起东，张裕明，许桂林，等，1979. 中国构造应力场的主要特征及其与板块运动的关系. 地震地质，1(1)：11-22.

李善邦，1981. 中国地震. 北京：地震出版社.

汪一鹏，1979. 我国板内地震和中新生代应力场. 地震地质，(3)：1-11.

汪素云，陈培善，1980. 中国及邻区现代构造应力场的数值模拟. 地球物理学报，23(1)，35-45.

汪素云，高阿甲，许忠淮，1993. 中国及邻区地震震源机制特征 // 国家地震局震害防御司. 中国地震区划文集. 北京：地震出版社.

汪素云，许忠淮，俞言祥，1996. 中国及其邻区周围板块作用力的研究. 地球物理学报，39(6)：764-771.

汪素云，1996. 中国大陆地震震源分布特征的初步研究. 地震研究，19(3)：310-314.

汪素云，许忠淮，愈吉祥，等，1997. 我国大陆应力场特征和强震关系的分区研究 // 国家地震局科技发展司. 中国大陆2005年前强震危险性预测研究. 北京：地震出版社.

宋仲和，谭承业，1965. 用瑞利和勒夫面波群速度确定我国地壳厚度. 地球物理学报，14(1)：33-44.

宋方敏，朱世龙，汪一鹏，等，1983. 1920年海原地震中的最大水平位移及西华山北缘断裂地震重复率的估计. 地震地质，5(4)：29-38.

时振梁，环文林，武宦英，等，1973. 我国强震活动和板块构造. 地质科学，（4）：281-293.

时振梁，环文林，武宦英，等，1974. 中国地震活动的某些特征. 地球物理学报，17(1)：1-13.

时振梁，环文林，姚国干，等，1974. 1932 年昌马地震破裂带及其形成原因的初步探讨. 地球物理学报，17(4)：272-290.

时振梁，环文林，鄢家全，等，1981. 中国及邻区现代构造应力场和现代构造形变特征 // 中国地质学会构造地质专业委员会. 第二届全国构造地质学术会议论文选集. 北京：科学出版社.

时振梁，环文林，卢寿德，等，1982. 中亚、东亚大陆地震活动特征. 中国科学（B 辑），（9）：840-849.

时振梁，环文林，1981. 中国及邻区现代构造应力场和现代构造形变特征 // 中国地质学会构造地质专业委员会. 第二届全国构造地质学术会议论文选集. 北京：科学出版社.

时振梁，环文林，张裕明，等，2004. 核电厂地震安全性评价中的地震构造研究. 北京：中国电力出版社.

汪一鹏，1979. 我国板内地震和中新生代应力场. 地震地质，（3）:1-11.

环文林，时振梁，鄢家全，等，1979. 中国及邻区现代构造形变特征. 地震学报，1(2)，109-123.

环文林，汪素云，时振梁，等，1980. 青藏高原震源分布与板块运动. 地球物理学报，23(3)，269-280.

环文林，葛民，王士平，等，1986. 1920 年海原 8.5 级地震的地震断层带及孕震构造考察研究的初步结果. 国际地震动态，（1）：3-7.

环文林，葛民，王士平，等，1987. 1920 年海原 8 级大地震形变带考察报告 // 时振梁. 中国地震考察. 北京：地震出版社.

Huan Wenlin, Shi Zhenliang, 1987. Great earthquakes of M≥8 in the mainland of China and their evolution. Tectonophysics, 138（1）：55-68.

环文林，葛民，常向东，1991. 1920 年海原 8 级大地震的多重破裂特征. 地震学报，（1），21-31，129.

环文林，汪素云，宋昭仪，1994. 中国大陆内部走滑型发震构造的构造应力场特征. 地震学报，16(4)：455-462.

环文林，张晓东，宋昭仪，1995. 中国大陆内部走滑型发震构造的构造变形场特征. 地震学报，17(2)，139-147.

环文林，张晓东，宋昭仪，1997. 中国大陆内部走滑型发震构造黏滑运动的结构特征. 地震学报，19(3)，225-234.

环文林，汪素云，俞言祥，等，1997. 中国大陆内部地震发生机制及力学模型研究 // 国家地震局科技发展司. 中国大陆 2005 年前强震危险性预测研究. 北京：地震出版社.

环文林，葛民，吴宣，等，2020. 1920 年海原大地震地震破裂带调查与研究新进展. 城市与减灾，（6）：21-35.

环文林，葛民，吴宣，等，2020.《1920 年海原大地震地震破裂带调查与研究》编写过程中的一些进展与收获 //《一九二〇年海原大地震》编委会. 一九二〇年海原大地震. 北京：地震出版社.

张文佑，锺嘉猷，叶洪，等，1975. 初论断裂的形成和发展及其与地震的关系. 地质学报，（1）:17-27.

国家地震局兰州地震大队，1976. 1920 年 12 月 16 日的海原大地震. 地球物理学报，19(1)：42-49.

唐荣昌等，1976．1973 年炉霍 7.9 级地震的地裂缝特征及地震成因的初步探讨．地球物理学报，19(1)：18-27，71-74．

罗灼礼，1980．震源应力场、形变场和倾斜场．地震学报，（2），169-185．

黄汲清，1980．中国大地构造及其演化．北京：科学出版社．

黄汲清，任纪舜，姜春发，等，1977．中国大地构造基本轮廓．地质学报，（2）：117-135．

梅世蓉，1960．中国的地震活动性．地球物理学报，9（1）：1-19．

郭增建等，1962．1949 年到 1960 年中国大地震的震源机制研究．地球物理学报，（1）：22-27．

孙广忠，吕梦麟，1964．地壳结构的轮廓和形成．地质科学，（4）：331-340．

郭增建，秦保燕，徐文耀，等，1973．震源孕育模式的初步讨论．地球物理学报，（1），43-48．

常承法，郑锡澜，1973．中国西藏南部珠穆朗玛峰地区地质构造特征以及青藏高原东西向诸山系形成的探讨．中国科学，（2）：190-201．

曾融生，滕吉文，阚荣举，等，1965．我国西北地区地壳中的高速夹层．地球物理学报，（2）:94-106．

曾融生，师洁珊，1978．1974 年 5 月 10 日云南永善一大关主震的多重性．地球物理学报，21（2），160-173．

杨利华，刘东生，1972．珠穆朗玛峰地区新构造运动．地质科学，(3)，209-220．

阚荣举，张四昌，晏凤桐，等，1977．我国西南地区现代构造应力场与现代构造活动特征的探讨．地球物理学报，20(2)：96-109．

鄢家全，时振梁等，1981．青藏高原的现代构造．地球物理学报，24(4)，285-393．

戴华光，1983．1947 年青海达日 7 级地震．西北地震学报，5(3)，71-77．

周俊喜，张生源，1983．1932 年昌马 7.5 级地震形变及其构造背景的初步分析．西北地震学报，3(1)，92-99．

周俊喜，刘百篪，1983．海原地震断层 (景泰段) 全新世活动及海原地震水平断错．西北地震学报，（4），104-105．

宋方敏，朱世力，汪一鹏，等，1983．1920 年海原地震中的最大水平位移及西华山北缘断裂地震重复率估计．地震地质，5(4)，29-38．

柴积章，万自成，环文林，等，1985．海原一景泰断裂带的左旋错动特征 // 《中国地震年鉴》编委会．中国地震年鉴．北京：地震出版社．

陈运泰，2020．纪念海原大地震一百周年．城市与减灾，2020，（6）：1-4．

国家地震局地质研究所，宁夏回族自治区地震局，1990．海原活动断裂带地质图（1∶50000）．北京：地震出版社．

国家地震局地质研究所，宁夏回族自治区地震局，1990．海原活动断裂带．北京：地震出版社．

宁夏回族自治区地震局，中共海原县委、海原县人民政府，2010．1920 年海原大地震．银川：阳光出版社．

韩同林，1987．喜马拉雅岩石圈构造演化 西藏活动构造．北京：地质出版社．

陈运泰，冯学才，贾云鸿，1988．1927 年甘肃古浪 8 级地震 // 郭增建，马宗晋．中国特大地震研究．北京：地震出版社．

西藏自治区科学技术委员会，国家地震局科技监测司，1988．西藏察隅、当雄大地震．拉萨：西藏人民出版社．

戈赵漠，杨章，郑福婉，1988. 1931 年新疆富蕴 8 级地震 // 郭增建，马宗晋. 中国特大地震研究. 北京：地震出版社.

四川省地震局，1989. 鲜水河活动断裂带. 成都：四川科学技术出版社.

国家地震局地质研究所，宁夏回族自治区地震局，1990. 海原活动断裂. 北京：地震出版社.

丁国瑜，1990. 全新世断层活动的不均匀性. 中国地震，（1）：1-9.

曾融生，孙卫国，1992. 青藏高原及其邻区的地震活动性和震源机制以及高原物质东流的讨论. 地震学报，14（增刊），534-563.

国家地震局兰州地震研究所，1992. 昌马活动断裂带. 北京：地震出版社.

邓起东，刘百篪，张培震，等，1992. 活动断裂工程安全性评价和位错量的定量评估. 活断层研究，(2)，236-246.

滕春凯，白武明，王新华，1992. 用有限元方法研究含摩擦多断层周围的应力场. 地球物理学报，（4）：469.

张之立，刘新美，1982. 三维断裂扩展方向的理论分析和余震分布图像的预报. 地球物理学报，（0z1）：569.

董瑞树，冉洪流，1993. 中国大陆地震震级和地震活动断层长度的关系讨论. 地震地质，15(4)，396-399.

鄢家全，时振梁，环文林，等，1979. 中国及邻区现代构造应力场的区域特征. 地震学报，1(1)：10-24.

黄玮琼，李文香，曹学峰，1994. 中国大陆地震资料完整性研究之一：以华北地区为例. 地震学报，16(3)：273-280.

国家地震局，1996. 中国地震烈度区划图（1990）概论. 北京：地震出版社.

邓起东，1996. 中国活动构造研究. 地质论评，42(4)：295-299.

俞言祥，环文林，许忠准，等，1997. 斜列状走滑型发震断层破裂扩展模型的统计分析 // 国家地震局科技发展司. 中国大陆 2005 年前强震危险性预测研究. 北京：地震出版社.

张之立，方兴，1987. 断裂构造体系的形成和扩展过程的力学分析及应用. 中国科学（B 辑），（11）：1213-1224.

张之立，方兴，1988. 研究地震破裂过程的一种新的方法及其应用. 地震学报，（1）：1-10.

张之立，1994. 断裂之间的相互作用和应力场计算. 地震学报，16（1）：32-40.

Upton Close，Elsie McCormick，1922. Where the Mountains Walked. National Geographic Magazine，41(5):445-464.

W M Kaula，1972. Global gravity and mantle convection. Tectonophysics, 13(1-4)：341-359. .

Hari Natain，1973. Crustal structure of the Indian subcontinent. Developments in Geotectonics，（8）：249-260.

S Uyeda，A Miyashiro. Plate Tectonics and the Japanese Islands: A Synthesis. Geological Society of America Bulletin，85(7)：1159-1170.

T W C Hilde，S Uyeda，L Kroenke，1977. Evolution of the Western Pacific and its margin. Tectonophysics，38 (1-2)：145-165.

ZviBen-Avraham，1978. The evolution of marginal basins and adjacent shelves in East and Southeast Asia. Tectonophysics，45(4)，269-288.

笠原庆一，1984. 地震力学. 北京：地震出版社.